★★★
"十三五"
国家重点图书出版规划项目

21世纪高等教育信息安全系列规划教材

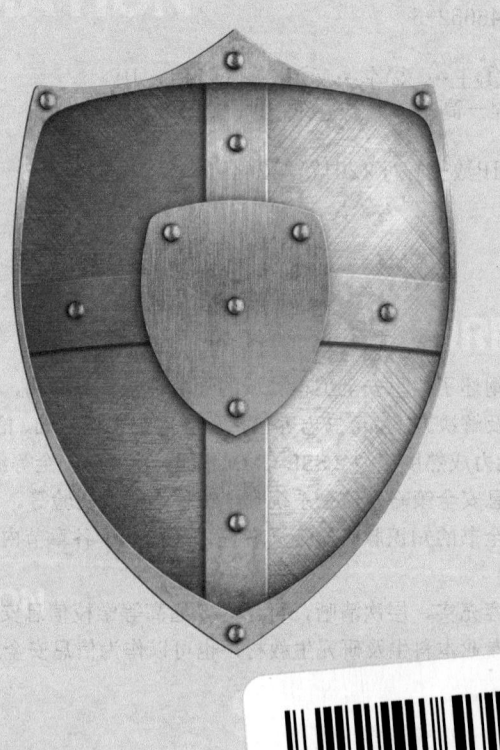

U0299350

信息安全工程与实践

王瑞锦◎主编

李冬芬 朱国斌 张凤荔◎编著

人民邮电出版社

北 京

图书在版编目（CIP）数据

信息安全工程与实践 / 王瑞锦主编；李冬芬，朱国
斌，张凤荔编著. -- 北京：人民邮电出版社，2017.8（2024.1重印）
21世纪高等教育信息安全系列规划教材
ISBN 978-7-115-46652-5

Ⅰ. ①信… Ⅱ. ①王… ②李… ③朱… ④张… Ⅲ.
①信息安全－安全工程－高等学校－教材 Ⅳ. ①TP309

中国版本图书馆CIP数据核字（2017）第244515号

内 容 提 要

本书全面、系统地阐述了信息安全工程领域的经典理论体系结构，辅以典型工程案例，为读者展示了成熟的分析方法及解决方案。全书内容包括信息安全工程基础、信息系统安全工程过程（ISSE工程）、信息安全工程能力成熟度模型（SSE-CMM 模型）、信息安全等级保护、信息安全风险评估、信息安全管理基础、信息安全策略、信息系统安全工程案例及实验等。

本书的结尾，围绕全书的知识脉络，为读者提供了紧贴于各章节内容的实验任务，方便读者进行实践。

本书难易适中，内容充实、层次清晰，可作为普通高等学校信息安全、软件工程、计算机科学技术、网络空间安全等专业本科生及研究生教材，也可以作为信息安全工程师的参考手册。

◆ 主　　编　王瑞锦

　　编　　著　李冬芬　朱国斌　张凤荔

　　责任编辑　邹文波

　　责任印制　陈　犇

◆ 人民邮电出版社出版发行　　北京市丰台区成寿寺路 11 号

　　邮编　100164　电子邮件　315@ptpress.com.cn

　　网址　http://www.ptpress.com.cn

　　北京九天鸿程印刷有限责任公司印刷

◆ 开本：787×1092　1/16

　　印张：16.5　　　　　　　　　2017 年 8 月第 1 版

　　字数：398 千字　　　　　　　2024 年 1 月北京第 5 次印刷

定价：49.80 元

读者服务热线：(010)81055256　印装质量热线：(010)81055316
反盗版热线：(010)81055315
广告经营许可证：京东市监广登字 20170147 号

前　言

随着科学技术的飞速发展，人类社会发生了翻天覆地的变化，信息技术作为科学技术的一个重要分支，在人类的生产、生活中扮演者越来越重要的角色。相关数据显示，2016 年，我国电子商务交易市场规模居全球第一，电子商务交易额超过 20 万亿元，占社会消费品零售总额的比重超过 10%。信息产业已经渗透到人类生活的方方面面，以信息技术为基础的信息产业已经成为世界经济的重要支柱产业。但随之而来的是一次次骇人听闻的信息泄露事件，个人信息就如同被包裹在泡沫中，一戳就破。坚持积极防御、综合防范的方针，全面提高信息安全防护能力，重点保障基础信息网络和重要信息系统安全，创建安全健康的网络环境，保障和促进信息化发展，保护公众利益，维护国家安全已经刻不容缓。

信息系统安全问题单凭技术是无法得到彻底解决的。它的解决涉及政策法规、管理、标准、技术等方方面面，任何单一层次上的安全措施都不可能提供真正的全方位的安全。信息系统安全问题的解决更应该站在系统工程的角度来考虑。

"三分技术、七分管理"，安全问题的产生很大程度上是由于对信息资产所面临威胁的严重性认识不足，缺乏明确的信息安全方针和完整的信息安全管理制度，相应的管理措施还不到位。信息安全管理作为信息安全保障体系中重要的一环，应该得到广泛的关注。

本书以作者所在团队多年来在信息安全工程与管理方面相关教学以及研究工作为基础，参考最新的信息安全工程与管理的相关标准和规范，提炼国内外信息安全工程与管理领域的最新成果，全面、系统地介绍了信息安全工程与管理的基本框架、体系结构、控制规范等相关知识。

全书共分为 8 章，按照信息安全工程理论与技术的脉络逐步展开。第 1 章信息安全工程基础，描述了信息安全问题产生的根源，并依此提出了信息安全工程的概念。第 2 章信息系统安全工程过程，详细讲解了安全需求的挖掘、定义、设计、实施和评估过程，并辅以相关实例系统地介绍了信息系统安全工程。第 3 章信息安全工程能力成熟度模型，引入能力成熟度模型对组织的工程能力进行评估，详细分析了能力成熟度模型的体系结构及其应用。第 4 章信息安全等级保护，系统性地阐述了我国信息安全等级保护体系建设，并给出了信息系统安全定级方法。第 5 章信息安全风险评估，全面解释了信息风险评估方法，同时讲解了相关风险评估软件的使用方法。第 6 章信息安全管理基础，在概述信息安全管理标准的同时，重点介绍信息安全体系过程。通过具体实例对信息安全体系准备、建立、实施和运行、监视和评审、保持和改进、认证过程进行了具体的分析。第 7 章信息安全策略，对常见的信息安全问题进行了解释，同时针对这些问题，提出了可行性防护方案。第 8 章信息系统安全工程案例，是信息安全工程的实践部分，在了解信息安全工程前沿技术的同时，对前 7 章所涉及的理论框架进行了回顾。附录展示紧贴各章内容的实验任务，旨在增强读者实践的能力，这也是本书设计的核心理念。

本书难易适中、内容充实、层次清晰，可作为普通高等学校信息安全、软件工程、网络工程、物联网工程等专业本科生及研究生教材，也可以作为信息安全工程师的参考手册。

本书由电子科技大学信息与软件工程学院牵头，与成都理工大学网络安全学院合作编写。参加本书编写工作的有：王瑞锦、李冬芬、朱国斌、张凤荔。具体编写分工如下：王瑞锦编写第 1~3 章，张凤荔编写第 4 章，朱国斌编写第 5 章，李冬芬编写第 6~8 章。张雪岩、刘崛雄、唐晨、魏楷等几位研究生参与了本书部分章节的资料收集和整理，李悦、黄俊钦本科生对书稿资料收集和插图做了不少工作，诚挚感谢他们对本书所做的贡献。

信息安全工程与实践是以工程实践的角度看待信息安全，是信息安全应用发展的新趋势，本书初步总结了此领域的理论及技术，以期有益于读者。

编者

目　录

第1章　信息安全工程基础 ·· 1

1.1　信息安全概述 ··· 1

　　1.1.1　信息安全的发展 ·· 2

　　1.1.2　信息安全的目标 ·· 3

1.2　信息安全保障 ··· 4

　　1.2.1　信息安全问题的产生 ·· 5

　　1.2.2　信息安全保障模型 ·· 5

　　1.2.3　信息保障技术框架 ·· 9

　　1.2.4　信息安全保障体系建设 ··· 11

1.3　信息安全工程 ··· 14

　　1.3.1　信息安全工程的概念 ·· 14

　　1.3.2　信息安全工程的发展 ·· 15

　　1.3.3　信息安全工程相关理论技术 ·· 17

本章小结 ··· 18

思考题 ·· 19

第2章　信息系统安全工程过程 ··· 20

2.1　信息系统安全工程概述 ··· 20

　　2.1.1　信息系统安全工程的基本功能 ··· 21

　　2.1.2　信息系统安全工程的实施框架 ··· 22

2.2　信息安全需求的挖掘 ·· 23

2.3　信息系统安全的定义 ·· 25

2.4　信息系统安全的设计 ·· 26

2.5　信息系统安全的实施 ·· 27

2.6　信息系统安全的评估 ·· 28

2.7　信息系统安全工程实例 ··· 28

本章小结 ··· 37

思考题 ·· 37

第3章 信息安全工程能力成熟度模型 ·· 39

3.1 能力成熟度模型简介 ··· 39

3.2 信息安全工程能力成熟度模型基础 ································· 41

    3.2.1 信息安全工程能力成熟度模型的起源 ···················· 41

    3.2.2 信息安全工程能力成熟度模型的基本概念 ··············· 42

3.3 信息安全工程能力成熟度模型的体系结构 ····················· 44

    3.3.1 信息安全工程能力成熟度模型的参考模型 ··············· 44

    3.3.2 信息安全工程能力成熟度模型的过程域 ·················· 45

    3.3.3 域维和能力维 ··· 49

3.4 信息安全工程能力成熟度模型的应用 ··························· 52

    3.4.1 应用场景 ·· 52

    3.4.2 过程改进 ·· 59

    3.4.3 能力评估 ·· 61

    3.4.4 信任度评估 ·· 63

3.5 信息安全工程能力成熟度模型与信息系统安全工程 ··········· 64

3.6 信息安全工程能力成熟度模型的新发展 ························· 65

本章小结 ··· 66

思考题 ··· 67

第4章 信息安全等级保护 ··· 68

4.1 概述 ··· 68

    4.1.1 等级保护的发展 ·· 69

    4.1.2 等级保护的意义 ·· 75

4.2 信息系统安全等级保护制度 ···································· 76

    4.2.1 信息系统安全等级保护原则 ······························ 76

    4.2.2 信息系统安全等级保护体系 ······························ 77

4.3 信息系统安全等级保护方法 ···································· 83

    4.3.1 安全域 ·· 83

    4.3.2 内部保护和边界保护 ······································· 84

    4.3.3 网络安全保护 ··· 85

    4.3.4 主机安全保护 ··· 86

    4.3.5 应用保护 ·· 87

4.4 信息系统的安全等级 ··· 87

    4.4.1 信息安全等级保护等级划分 ······························ 87

    4.4.2 信息安全定级步骤 ·· 94

本章小结 ··· 98

思考题 ··· 99

第 5 章 信息安全风险评估 ·· 100

5.1 信息安全风险评估基础 ··· 100
5.1.1 信息安全风险评估的概念 ·························· 101
5.1.2 信息安全风险评估的发展 ·························· 101
5.1.3 信息安全风险评估的原则 ·························· 102
5.1.4 信息安全风险评估的意义 ·························· 102
5.2 信息安全风险评估要素 ··· 103
5.3 信息安全风险评估过程 ··· 108
5.3.1 风险评估准备 ·· 108
5.3.2 识别并评估资产 ··· 109
5.3.3 识别并评估威胁 ··· 110
5.3.4 识别并评估脆弱性 ····································· 111
5.3.5 确认安全控制措施 ····································· 112
5.3.6 风险分析 ··· 112
5.3.7 风险处理 ··· 114
5.4 风险计算算法 ·· 116
5.4.1 使用矩阵法计算风险 ·································· 117
5.4.2 使用相乘法计算风险 ·································· 119
5.5 典型风险评估算法 ·· 120
5.5.1 OCTAVE 法 ·· 121
5.5.2 层次分析法 ··· 123
5.6 风险评估工具 ·· 125
5.6.1 风险评估管理工具 ····································· 125
5.6.2 信息基础设施风险评估工具 ···················· 128
5.6.3 风险评估辅助工具 ····································· 134
5.7 风险评估案例 ·· 135
本章小结 ·· 138
思考题 ·· 138

第 6 章 信息安全管理基础 ·· 140

6.1 概述 ·· 140
6.1.1 信息安全管理的概念 ·································· 141
6.1.2 国内外信息安全管理现状 ························· 142
6.1.3 信息安全管理意义 ····································· 143
6.1.4 信息安全管理内容与原则 ························· 144
6.1.5 信息安全管理模型 ····································· 146
6.1.6 信息安全管理实施要点 ····························· 147

6.2　信息安全管理标准 ··· 147
　　6.2.1　信息安全管理标准的发展 ·· 147
　　6.2.2　BS7799 主要内容 ··· 151
6.3　信息安全管理体系简介 ··· 154
6.4　信息安全管理体系的过程 ·· 155
　　6.4.1　信息安全管理体系的准备 ·· 156
　　6.4.2　信息安全管理体系的建立 ·· 157
　　6.4.3　信息安全管理体系的实施和运行 ·································· 163
　　6.4.4　信息安全管理体系的监视和评审 ·································· 165
　　6.4.5　信息安全管理体系的保持和改进 ·································· 171
　　6.4.6　信息安全管理系统的认证 ·· 172
本章小结 ··· 178
思考题 ··· 178

第 7 章　信息安全策略 ··· 179
7.1　信息安全策略概述 ·· 179
　　7.1.1　信息安全策略的定义 ··· 180
　　7.1.2　信息安全策略的格式 ··· 180
　　7.1.3　信息安全策略的保护对象 ·· 181
　　7.1.4　信息安全策略的意义 ··· 182
7.2　信息安全策略的内容 ··· 182
　　7.2.1　物理和环境安全策略 ··· 183
　　7.2.2　计算机和网络运行管理策略 ······································· 184
　　7.2.3　访问控制策略 ·· 188
　　7.2.4　风险管理及安全审计策略 ·· 190
7.3　信息安全策略的制定过程 ·· 190
　　7.3.1　信息安全策略的制定原则 ·· 190
　　7.3.2　信息安全策略的制定流程 ·· 191
　　7.3.3　组织的安全策略 ·· 193
7.4　安全策略实施与管理 ··· 195
　　7.4.1　策略管理方法 ·· 195
　　7.4.2　策略管理架构 ·· 196
　　7.4.3　策略规范 ··· 198
　　7.4.4　策略管理工具 ·· 199
本章小结 ··· 201
思考题 ··· 201

第 8 章　信息系统安全工程案例 ·· 203
8.1　案例一　基于掌纹识别技术的私密信息保险箱 ···················· 203

8.1.1 生物认证技术简介 ·· 203
8.1.2 基于掌纹识别技术的私密信息保险箱及其性能测评 ········· 208
8.2 案例二 基于区块链的论文版权保护系统 ····················· 217
8.2.1 区块链技术简介 ·· 217
8.2.2 基于区块链的论文版权保护系统及其性能测评 ············· 219

附录 实验 ·· 227
实验一 基于 ISSE 过程的网络安全需求分析及解决方案 ········· 227
实验二 网络信息系统风险评估 ································· 229
实验三 信息安全方针的建立 ··································· 238
实验四 ISMS 管理评审 ·· 240
实验五 基于信息安全策略的网络防火墙报文解析 ··············· 242
实验六 基于信息安全策略的网络防火墙流量统计 ··············· 244
实验七 网络安全扫描工具 Nessus 的使用 ······················ 249
实验八 简单网络扫描器的设计与实现 ··························· 250

参考文献 ·· 252

第 1 章

信息安全工程基础

当今世界已经进入了信息时代，在商场，谁掌握了信息就等于掌握了商机；在战场，控制了信息权就等于控制了战场。随着信息地位的越发重要，信息安全的作用也越发凸显。信息安全是指信息网络的硬件、软件及其系统中的数据受到保护，不受偶然的或者恶意的原因而遭到破坏、更改和泄露，系统能连续可靠正常地运行，信息服务不中断。信息安全涉及计算机科学、网络技术、通信技术、密码技术、信息安全技术、应用数学、数论、信息论等多个领域。

信息安全工程是从工程的角度将概念、原理、技术和方法应用于研究、开发、实施与维护信息系统安全的过程。通过整个信息安全工程过程，我们可以建立起能够面对错误、攻击和灾难的可靠信息系统。

本章旨在对信息安全工程进行整体的介绍。在 1.1 节中，我们将对信息的本质进行概述，从信息论的观点对信息安全的重要性进行阐述，介绍信息安全发展的几个重要时期以及各个时期的特点，并从四个层面上介绍信息安全的具体目标。1.2 节在对信息安全保障这个重要的概念进行解释的同时，我们将对信息安全问题的产生原因进行阐述，并从三方面对信息安全保障模型进行叙述。接着，对 IATF 保障框架进行详细介绍并对信息安全保障体系建设进行相关说明。在 1.3 节，我们将对信息安全工程做一个整体的概述，包括其基本概念、发展历程。最后对本书所涉及的理论技术作一个简要的概述。

【学习目标】

- 了解信息安全的发展和现状，学习信息安全的目标。
- 对信息安全保障进行深入学习，包括模型和框架。
- 对信息安全工程进行初步学习，掌握概念、实施方法和技术支持。

1.1 信息安全概述

"信息是能够用来消除随机不确定性的东西"，这是信息论创始人克劳德·香农在 1948 年提出的对信息的数学定义。信息是对客观世界中各种事物的运动状态和变化的反映，是客观事物之间相互联系和相互作用的表征，表现的是客观事物运动状态和变化的实质内容。

人类社会在经历了机械化、电气化之后，进入了一个崭新的信息化时代。在信息时代，信息产业成为世界第一大产业。信息就像水、电、石油一样，已经成为一种基础资源。信息和信息技术改变着人们的生活和工作方式。离开计算机、电视和手机等电子信息设备，人们将无法正常生活和工作。因此可以说，在信息时代人们生存在物理世界、人类社会和信息空间组成的三维世界中。

早在 1982 年，加拿大作家威廉·吉布森在其短篇科幻小说《燃烧的铬》中创造了 Cyberspace

一词，意指由计算机创建的虚拟信息空间。此后，随着信息技术的快速发展和互联网的广泛应用，Cyberspace 的概念得到不断丰富和演化。目前，国内外对 Cyberspace 还没有统一的定义。我们认为，它是信息时代人们赖以生存的信息环境，是所有信息系统的集合。因此把 Cyberspace 翻译成信息空间或网络空间是比较好的。

人身安全是人对其生存环境的基本要求，即要确保人身免受其生存环境的危害。因此，哪里有人那里就存在人身安全问题，人身安全是人的影子。同样，信息安全是信息对其生存环境的基本要求，即要确保信息免受其生存环境的危害。因此，哪里有信息那里就存在信息安全问题，信息安全是信息的影子。

根据信息论的基本观点，系统是载体，信息是内涵。因此，网络空间安全的核心内涵仍是信息安全，没有信息安全就没有网络空间安全。

1.1.1 信息安全的发展

提及信息安全这一词，很多人会联想到 IT、计算机、网络等词语，而信息安全的发展阶段大致可以分为以下 4 个时期。

第一个时期为 20 世纪 40～70 年代。其主要标志是 1949 年香农发表的《保密系统的通信理论》。在此阶段中，通信技术不发达，人们主要使用电话、传真等进行通信，其主要的安全问题为通信过程中的信息交换，其主要的解决方法是通过密码（主要是序列密码）解决通信安全的保密问题，所以这一阶段可以称为"通信安全时期"。这一阶段人们的研究重点在于探究各种复杂程度的密码来防止信息被窃取，而这种复杂程度限于当时的计算能力。

第二时期为 20 世纪 70～80 年代的"计算机安全时期"。这一时期半导体和集成电路技术得到飞速发展，因而推动了计算机软硬件的发展。同时网络技术的发展使数据传输可以通过计算机网络来完成，人们关注的焦点扩展为网络数据传输、处理和存储的保密性、可用性和完整性，主要保证动态信息不被窃取、解密或篡改，从而让读取信息的人能够看到准确无误的信息。1977 年美国国家标准局（NBS）公布的国家数据加密标准（DES）和 1983 年美国国防部公布的可信计算机系统评价准则（Trusted Computer System Evaluation Criteria，TCSEC，俗称橘皮书）标志着信息安全由简单的通信问题转变为信息系统安全问题。

第三时期是从 20 世纪 90 年代开始兴起的网络时代。这一时期被称为"信息系统安全时期"。随着互联网技术的飞速发展，网络规模的扩大化以及网络的开放性，信息无论是企业内部还是外部都得到了极大的开放，而由此产生的信息安全问题跨越了时间和空间。信息安全的焦点已经从传统的保密性、完整性和可用性 3 个原则衍生为诸如可控性、抗抵赖性、真实性等其他的原则和目标。这一阶段的安全威胁主要有网络入侵、病毒破坏、信息对抗等，其重点在于保护比"数据"更精炼的"信息"，以确保信息在存储、处理和传输过程中免受偶然或恶意的非法泄密、转移或破坏，安全措施主要有防火墙、防病毒、漏洞扫描、入侵检测、PKI、VPN 等。

第四时期是从 21 世纪开始的"信息安全保障时期"。这一时期的主要标志是 1998 年美国国家安全局（NSA）提出的《信息保障技术框架》（IATF）。信息安全保障这一理念，不仅仅是从系统漏洞方面考虑，还要从业务的生命周期、业务流程来进行分析，其核心思想是综合技术、管理、过程、人员等，在不同的阶段进行安全保障。通过把安全管理和技术防御相结合，如今的防护措施已经不再是被动地保护自己，而是主动地防御攻击，也就是说安全保障理念已经从风险承受模式走向安全保障模式，信息安全阶段已经转变为从整体角度考虑体系建设的信息安全保障时代。

第五时期是从 2009 年至今。这一时期被称为 Cyber Security/Information Assurance（CS/IA），也就是网络空间安全和信息安全保障相结合。2009 年 10 月美国正式成立网络作战司令部，在美国的带动下，世界各国的信息安全政策、技术和实践等方面都发生着重大的变革，各国在信息安全方面都达成一个共识，那就是将网络安全提升到国家安全的重要程度。其核心思想是：从传统防御的信息保障（IA），发展到"威慑"为主的防御、攻击和情报三位一体的信息保障/网络空间安全（IA/CS），即网络防御（Defense）、网络攻击（Offense）和网络利用（Exploitation）。

当前，一方面信息技术与产业的空前繁荣，另一方面危害信息安全的事件不断发生。敌对势力的破坏、黑客攻击、恶意软件侵扰、利用计算机犯罪、隐私泄露等，对信息安全构成了极大威胁。

黑客攻击已经成为经常性、多发性的事件。全国性或国际性的大型活动，都可能遭到大量的黑客的攻击。计算机病毒等恶意代码是黑客的主要攻击武器。目前，计算机病毒有几万种，而且还在继续增加。追求经济和政治利益已经成为研制和使用计算机病毒的新目的。恶意软件的开发、生产、销售，形成了一条地下产业链。

利用计算机进行经济犯罪带来的影响已经远超普通经济犯罪。目前网上银行诈骗和电信诈骗等成为案件的高发区，钓鱼银行网站、伪造银行卡、网络诈骗、电话诈骗等，给人民群众造成了严重的经济损失。

网络上仍存在相当多的有害内容。垃圾邮件、黄赌毒内容、伪科学的内容、政治上不健康的内容时有发现，网络环境还待进一步规范、治理。宣扬网络精神文明成为国家的一项重要任务。

综上所述，网络空间安全的形势是严峻的。

1.1.2　信息安全的目标

信息论的基本观点告诉我们，信息不能脱离它的载体而孤立存在，因此我们不能脱离信息系统而孤立地谈论信息安全。也就是说，每当我们谈论信息安全时，总是不可避免地要谈论信息系统的安全。这是因为，如果信息系统的安全受到危害，则必然会危害到存在于信息系统之中的信息的安全。据此，我们应当从信息系统的角度来全面考虑信息安全的内涵。

信息安全的总体目标是保护信息免受各种威胁的损害，以确保业务连续性，业务风险最小化，投资回报和商业机遇最大化。

从纵向来看，信息安全主要包括以下 4 个层面：设备安全、数据安全、行为安全以及内容安全。其中数据安全即是传统的信息安全。

1. 设备安全

信息系统设备（硬设备和软设备）的安全是信息系统安全的首要问题。这里包括三个侧面。

（1）设备的稳定性：保证设备在一定时间内不出故障的概率。

（2）设备的可靠性：保证设备能在一定时间内正确执行任务的概率。

（3）设备的可用性：设备随时可以正确使用的概率。

2. 数据安全

数据安全是指采取措施确保数据免受未授权的泄露、篡改和毁坏。传统的信息安全强调信息（数据）本身的安全属性。数据安全主要包含以下3点。

（1）保密性：数据不被未授权者知晓的属性。

（2）完整性：保证数据正确的、真实的、未被篡改的、完整无缺的属性。

（3）可用性：数据可以随时正常使用的属性。

除了上述3点之外，数据安全的基本要求还延伸至其他方面，比如下述几点。

（1）真实性：对信息的来源进行判断，能对伪造来源的信息予以鉴别。通过保证信息的真实性来防止被虚假信息欺骗。

（2）不可抵赖性：建立有效的责任机制，防止用户否认其行为，这一点在电子商务中极其重要。

（3）可控性：对信息的传播及内容具有控制能力。管理机构对危害国家的来往信息、使用加密手段从事非法的通信活动等进行监视审计，从而达到对信息的控制。

3. 行为安全

行为安全是从主体行为的过程和结果来考察是否会危害信息安全，或者说是否能够确保信息安全。从行为安全的角度来分析和确保信息安全，符合哲学上实践是检验真理唯一标准的基本原理。

（1）行为的秘密性：行为的过程和结果不能危害数据的秘密性，必要时行为的过程和结果也应是保密的。

（2）行为的完整性：行为的过程和结果不能危害数据的完整性，行为的过程和结果是预期的。

（3）行为的可控性：当行为过程偏离预期时，能够发现、控制或纠正。

4. 内容安全

内容安全是信息安全在政治、法律、道德层次上的要求，是语义层次的安全。

（1）信息内容在政治上是健康的。

（2）信息内容在法律上符合国家法律法规。

（3）信息内容符合中华民族优良的道德规范。

根据上面的分析，要确保信息系统的安全，就必须确保信息系统的设备安全、数据安全、行为安全和内容安全。信息系统的硬件系统安全和操作系统安全是信息系统安全的基础，密码和网络安全等技术是信息系统安全的关键技术。确保信息系统安全是一个系统工程，只有从信息系统的硬件和软件的底层做起，从整体上综合采取措施，才能有效地确保信息系统的安全。

1.2 信息安全保障

在本节中，我们首先将介绍信息安全问题产生的原因，包括内在和外在因素。接着我们将重点对信息安全保障进行全方位的介绍，对其中信息安全保障模型，我们将从保障要素、生命周期和安全特征3个方面进行说明；对IATF框架，我们将对它的整体框架以及信息保障技术进行叙述。最后，我们将对国内外的信息安全保障体系建设进行详细介绍。

1.2.1　信息安全问题的产生

从 20 世纪 90 年代开始，随着互联网技术飞速发展至今，人类已经步入了大数据时代。大数据在健康医疗、金融商务、物流快递、城市管理、社会治理、生产制造等领域都具有无穷的潜力，其带来的革命性进步令人神往。

大数据应用的场景越来越多、越来越深入。例如，根据关键基础设施的数据、特定行业的基础数据以及生产数据，能够分析出一个国家的重要战略情报，直接关系到国家安全。可以说，数据越来越值钱。因此也成为违法犯罪分子的重点关注目标。全球各式各样的数据安全事件层出不穷，包括直接盗取数据进行倒卖、用数据构建精准诈骗活动，甚至对用户数据进行加密，然后勒索赎金。数据安全正在成为全世界的热点安全问题，从当今人类社会发展来看，如果数据安全问题失控，必然会影响全社会对数字经济的信心，阻碍人类社会的进步。

从信息安全的角度来看，信息安全问题产生的根源主要分为内在因素和外在因素。

内在因素主要是信息系统的复杂性，其复杂性又可以分为过程复杂和结构复杂。对过程复杂性而言，从理论上来看，在程序和数据上存在"不确定性"，不论是从软件还是硬件上都可能导致未知的错误；从设计的角度看，在设计时所考虑的优先级中，相对于易用性、代码大小、执行程度等因素，安全性往往被放在次要位置；在实现上来说，软件本身总存在 Bug；而在系统的使用上，由于人的操作失误造成的相关信息的丢失或修改同样会导致安全问题；最后在系统维护的过程中，由于安全设计和实现的不完整或者管理的不完善也会给不法分子提供攻击的机会。结构复杂性主要指系统涉及各方面的协调运行，比如网络中的其他系统和资源，开放的网络端口，远程的用户使用，公共信息服务等。

外在因素主要指人为威胁和自然威胁。人为威胁有情报威胁，比如间谍搜集国家的政治、军事、经济信息，针对国家进行非法活动；恐怖分子破坏公共秩序，散布恐怖信息，制造混乱，发动政变；犯罪团伙实施报复，实现经济目的，破坏社会制度；商业间谍进行非法窃取；黑客进行网上盗窃、恐吓、诈骗等。而自然威胁则指的是恶劣的自然环境所导致的系统瘫痪，信息无法传递、丢失等，这些恶劣环境包括雷雨天、冰雪天、洪水、台风等自然灾害。

1.2.2　信息安全保障模型

信息安全保障是在信息系统的整个生命周期中，通过对信息系统的风险分析，制定并执行相应的安全保障策略，从技术、管理、工程和人员等方面提出安全保障要求，确保信息系统的保密性、完整性和可用性，降低安全风险到可接受的程度，从而保障系统实现组织机构的使命。图 1-1 描述了信息系统安全保障模型。

信息系统安全保障模型包括保障要素、生命周期和安全特征这 3 个方面。

1. 保障要素

保障要素强调信息安全技术体系、信息安全工程过程、信息安全管理体系和高素质的人员队伍。

（1）信息安全技术体系

完善的信息安全技术体系是实现信息保障的重要手段，信息安全保障中各种安全服务就是通过各种防御技术来体现的，如图 1-2 所示。该图展现了部分保障信息安全的核心技术。在使用路由器时更改默认的系统口令；使用防火墙的安全策略实现严格的访问控制，以允许必要的流量通过防火墙，阻止到 Internet 的未授权的访问，保证网络资源不被非法使用和非法访问；通过入侵检测技术实时监控网络传输，自动检测可疑行为，分析来自网络外部入侵信号和系统内部的非法活动，在系统受到危害前发出警告，对攻击做出实时的响应，并提供补救措施，最大程度地保障系统安全；在系统内部使用反病毒产品防止计算机病毒对系统的传染和破坏，利用计算机 CPU 内嵌的防病毒技术来防范大部分针对缓冲区溢出漏洞的攻击；通过漏洞扫描等手段对本地计算机系统的安全脆弱性进行检测，发现可能被利用的漏洞，同时通过补丁管理对相关的漏洞进行修复；对系统中重要的数据文件进行加密以防止信息被窃取；使用审计系统对一个信息系统的运行状况进行检查与评价，以判断信息系统是否能够保证资产的安全、数据的完整并有效利用组织的资源。

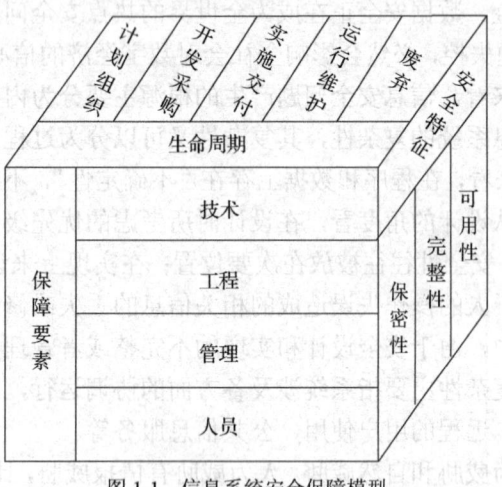

图 1-1　信息系统安全保障模型

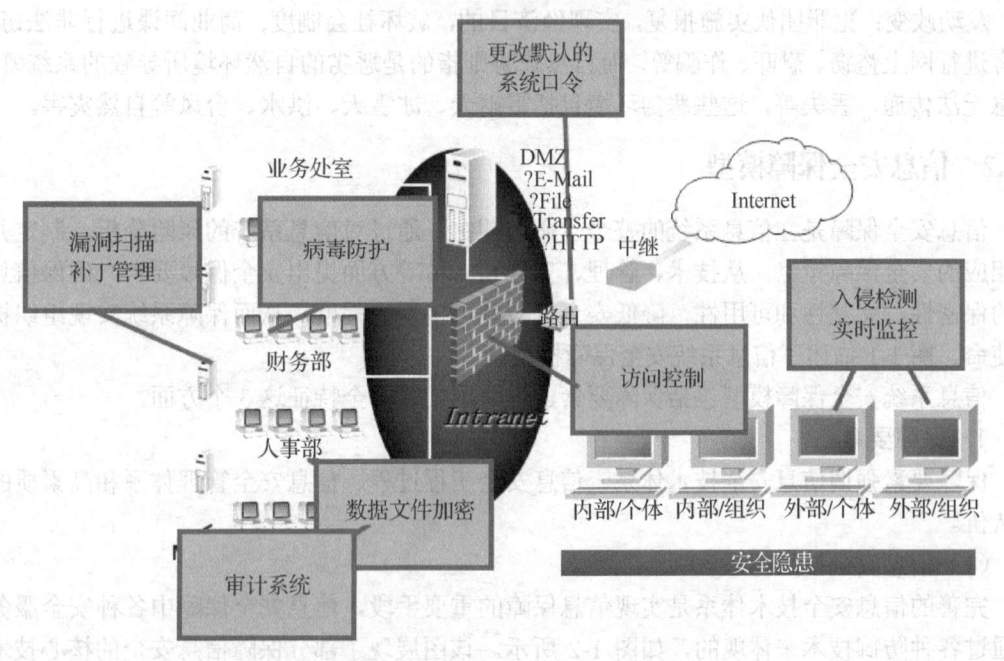

图 1-2　保障信息安全的核心技术

（2）信息安全工程过程

信息安全是一个复杂的系统工程，因此解决安全问题应该从工程学、方法论的角度来考虑，通过一系列的工程过程来实现信息安全保障。比如通过风险评估来对采用的安全策略和规章制度进行评审，发现不符合项；采用模拟攻击的形式对目标可能存在的安全漏洞进行检查，从而确定存在的安全隐患和风险级别；通过安全需求分析来发掘出系统的安全需求，时刻根据系统的变化进行同步发展；根据实际情况来进行安全体系设计来确保安全体系的可靠性、可行性、完备性和可扩展性；制定相应的安全策略来调动、协调和指挥各方面的力量，共同维护信息系统的安全等。

（3）信息安全管理体系

随着组织机构的使命越来越依赖于信息系统，信息系统也越来越成为组织机构生存和发展的关键因素。信息系统的安全也成为了组织风险的一部分，为了保障组织机构能够完成其使命，必须为组织机构制定相应的管理体系来防范各种安全风险，如图 1-3 所示。国家、机构和相关业务所制定的策略、规范和标准，组织机构本身的使命要求以及相应的安全风险都推动着组织管理体系的建设。在管理体系的建设过程中，形成相应的策略体系，比如风险管理、业务持续性管理、应急响应管理、意识培训和教育等。通过相关的管理和培训对系统形成风险评估，最后将风险评估融入到整个安全管理的生命周期当中。

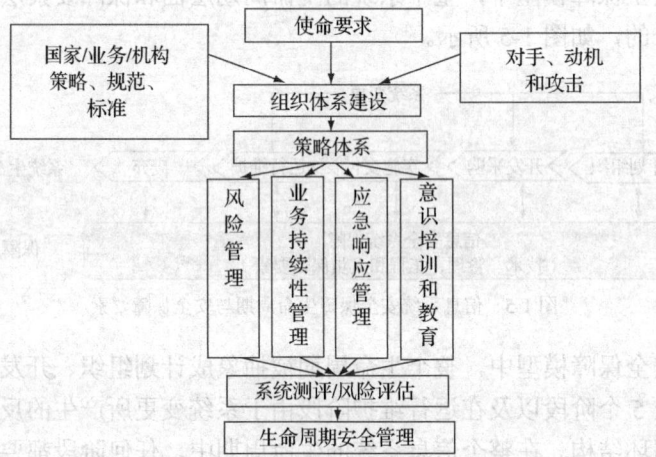

图 1-3 信息安全保障管理体系建设

（4）高素质的人员队伍

信息安全对抗归根结底是人与人的对抗，因此建立高素质的人员队伍对于信息安全尤为重要。保障信息安全不仅需要专业的信息技术人员，还需要提高信息系统普通使用者的安全意识，加强个人防范，如图 1-4 所示。

① 信息安全专业人员，比如注册信息安全专业人员（CISP），他们对信息安全相关的岗位和职责要十分清楚。由于从开始的计划组织到最后的废弃，整个过程他们都要进行相关的安全工作，因此他们需要通过培训学习信息安全的生命周期过程。

② 信息安全从业人员，比如注册信息安全员（CISM），要通过培训学习相关的安全的基础知识和安全文化以便进行相关工作。

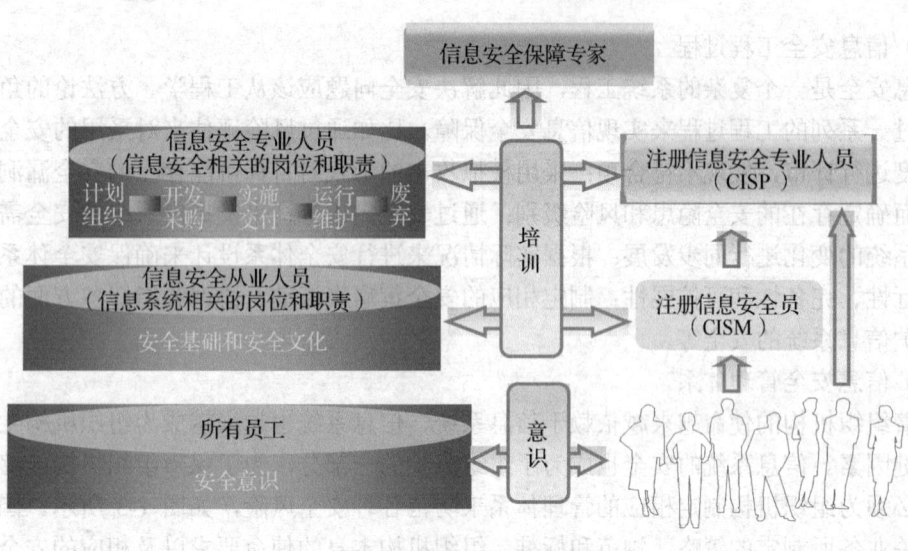

图1-4　高素质的人员队伍

③ 所有的普通员工，必须具备相关的安全意识来应对一些特殊情况，比如网络诈骗等。

2. 生命周期

在信息系统安全保障模型中，整个系统的生命周期层面和保障要素层面并不是相互孤立的，而是密不可分的，如图1-5所示。

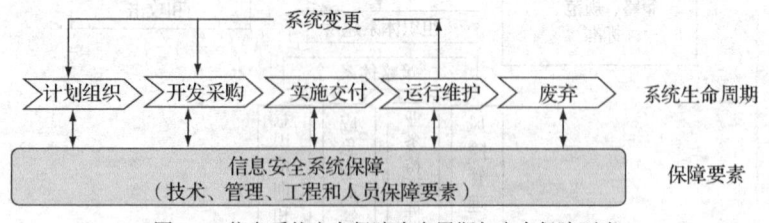

图1-5　信息系统安全保障生命周期与安全保障要素

在信息系统安全保障模型中，整个生命周期被抽象成计划组织、开发采购、实施交付、运行维护和废弃这5个阶段以及在运行维护阶段由于系统变更所产生的反馈，形成信息系统生命周期完整的闭环结构。在整个信息系统的生命周期中，任何阶段都要结合安全保障的 4 个要素对信息系统进行安全保障。

（1）计划组织阶段：组织机构的使命要求和业务要求决定了信息系统安全保障建设的需求。在此阶段，信息系统的风险和策略应加入到信息系统建设当中，从建设的开始阶段就需要综合考虑系统的安全保障要求，信息系统的建设和安全保障的建设应同步进行。

（2）开发采购阶段：此阶段是计划组织的细化、深入的具体体现。在此阶段中，应进行系统的需求分析、进行系统体系的设计以及相关预算申请和项目准备等管理活动。此外，还应基于系统需求和风险、策略等将信息系统安全保障作为一个整体，进行系统体系的设计和建设，从而形成信息安全系统保障的整体规划。组织机构可以根据具体的需求，对系统整体的技术、安全保障的设计进行评估，以此保证整体规划满足组织机构的建设要求和相关行业以及国家的其他要求。

（3）实施交付阶段：此阶段中，组织机构可以通过承建方进行安全服务资格要求和信息安全专业人员资格要求以确保施工组织的服务能力；组织机构还可以通过信息系统安全保障的工程保障对施工过程进行监督和评估，最终确保系统的安全性。

（4）运行维护阶段：信息系统进入运行维护阶段后，对信息系统的管理、运行维护和使用人员的能力等方面进行综合保障，是信息系统得以安全正常运行的根本保证。

（5）变更和反馈：信息系统投入运行后并不是一成不变的，它随着业务和需求的改变、外界环境的改变产生新的需求或增强原有的需求，接着重新进入信息系统的计划阶段。

（6）废弃阶段：当信息系统的保障不能满足现有的要求时，信息系统进入废弃阶段。

这样，通过在信息系统生命周期的所有阶段融入信息系统安全保障概念确保了信息系统持续动态的安全保障。

1.2.3 信息保障技术框架

信息保障技术框架（IATF）是由美国国家安全局（NSA）指定的描述信息保障的指导性文件。我国在 2002 年将 IATF 3.0 版引进国内后，IATF 对我国信息安全工作的发展和信息安全保证体系的建设起到重要的参考和指导作用。IATF 的信息保障的核心思想是纵深防御战略。所谓纵深防御战略，就是采用多层次的、纵深的安全措施来保障用户信息及信息系统的安全，如图 1-6 所示。

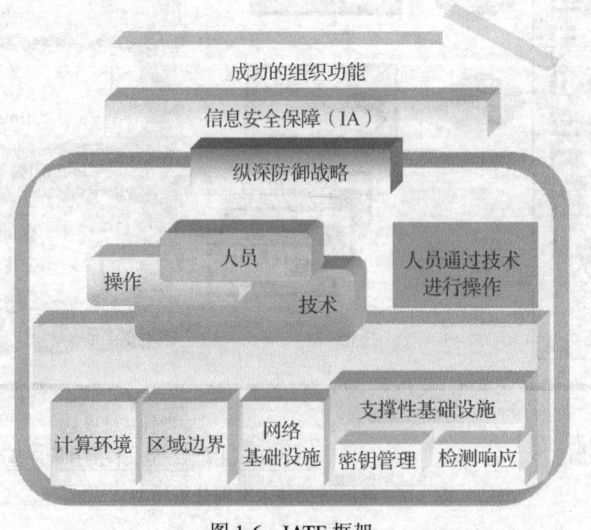

图 1-6　IATF 框架

在纵深防御战略中，人员、技术和操作是核心因素。要保障信息及信息系统的安全，三者缺一不可。

（1）人员（People）：人员是信息保障体系的核心，拥有、管理和使用着整个信息系统，是第一位的要素，同时也是最脆弱的。基于以上的几个特点，与人相关的安全管理在安全保障体系中越来越重要，必须对相关人员进行组织、技术和操作管理以及意识等多方面的培训。技术是安全的基础，管理是安全的灵魂。因此，应当在重视安全技术应用的同时加强安全管理。

（2）技术（Technology）：完善的信息安全技术体系是实现信息保障的重要手段，信息保障体系所应具备的各项安全服务就是通过技术机制来实现的。当然，这里所说的技术，已经不单单是以防护为主的静态技术体系，而是防护、检测、响应、恢复并重的动态的技术体系。

（3）操作（Operation）：或者叫运行，它构成了安全保障的主动防御体系。如果说技术的构成是被动的，那么操作和流程就是将各方面技术紧密结合在一起的主动的过程，其中包括风险评估、安全监控、安全审计、跟踪告警、入侵检测、响应恢复等内容。

在这个战略的3个主要层面中，IATF强调技术并提供一个框架以进行多层保护，以此来防范面向信息系统的威胁。该方法使得能够攻破一层或一类保护的攻击行为无法破坏整个信息基础设施。

IATF将信息系统的信息保障技术层面划分成了4个技术框架焦点域：本地计算环境、区域边界、网络及基础设施、支撑性基础设施。在每个焦点域范围内，IATF都描绘了其特有的安全需求和相应的可供选择的技术措施，如图1-7所示。

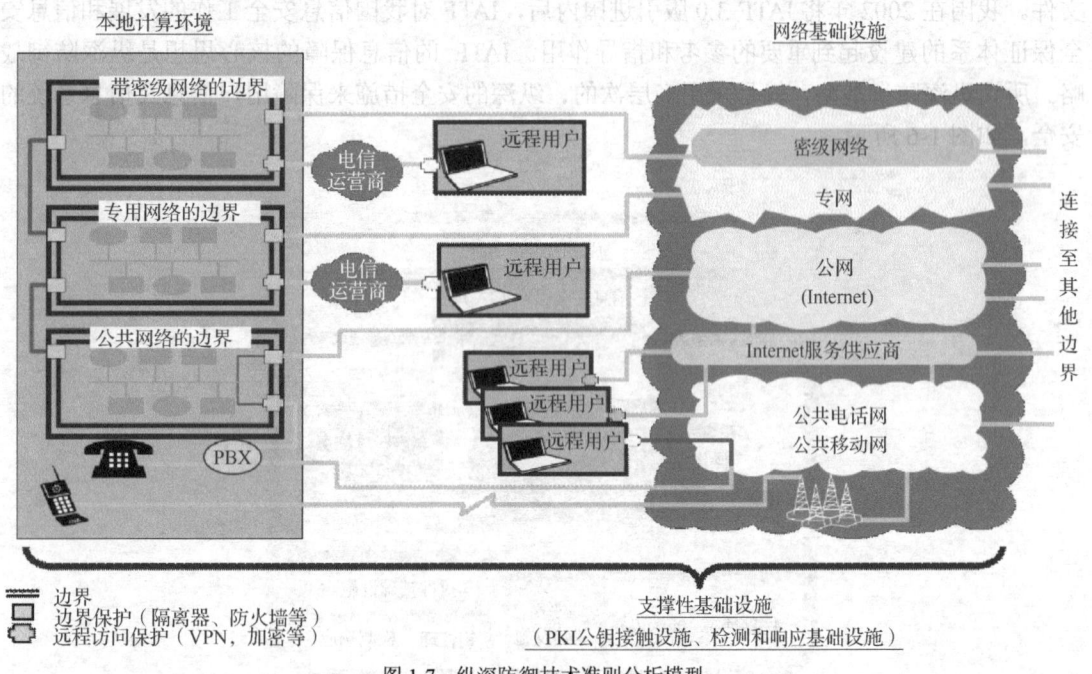

图1-7 纵深防御技术准则分析模型

（1）保护本地计算环境：用户需要保护内部系统应用和服务器，这包括在系统高端环境中的多种现有和新出现的应用，充分利用识别认证访问控制、机密性、数据完整性和不可否认性等安全服务。为了达到上述目标，可以使用如下方法：确保对客户机、服务器和应用实施充分的保护，以防止拒绝服务、数据未授权泄露和数据更改；防止未授权使用客户机、服务器或应用的情况；保障客户机和服务器遵守安全配置指南并正确安装了所有补丁；对所有的客户机与服务器的配置管理进行维护，跟踪补丁和系统配置更改信息；对内部和外部的受信任人员对系统从事违规和攻击活动具有足够的防范能力等。

（2）保护区域边界："域"是指由单一授权通过专用或物理安全措施所控制的环境，包括物理环境和逻辑环境。区域的网络设备与其他网络设备的接入点被称为"区域边界"。为了从专业或公共网络上获得信息和服务，许多组织通过其信息基础设施与这些网络连接。因此，这些组织必须对进出某区域（物理区域或逻辑区域）的数据流进行有效的控制与监视，从而保护其本地计算机环境不受入侵。为了达到上述目标，可以使用如下方法：针对变化性的威胁采用动态抑制服务；为区域内由于技术或配置问题无法自行实施保护的系统提供边界保护；针对用户向区域之外发送或接受区域之外的信息提供强认证以及经认证的访问控制等。

（3）保护网络及基础设施：为维护信息服务，并对公共的、私人的或保密的信息进行保护，避免无意中泄露或更改这些信息，防止受到拒绝服务的攻击，防止受到保护的信息在发送过程中的时延、误传或未发送，机构必须保护其网络和基础设施。为了达到上述目标，可以使用如下方法：提高骨干网可用性；使用安全的无线网络框架；提高系统的高度互联性以及使用虚拟专网等。

（4）支撑性基础设施建设：支撑性基础设施是实现纵深防御的另一技术层面。它可为纵深防御策略提供密钥管理、检测和响应功能，所要求的能够进行检测和响应的支撑性基础设施组件包括入侵检测系统和审计配置系统。为了达到上述目标，可以使用如下方法：提供支持密钥、优先权与证书管理的密码基础设施；对入侵和其他违规事件进行快速检测和响应；执行计划并报告连续性与重建方面的要求；对入侵行为进行的调查、信息收集和分析等。

1.2.4 信息安全保障体系建设

信息安全产业是国家信息安全保障体系建设的宏大战略目标的核心基础要素之一，它不仅肩负着为国家信息化基础设施和信息系统安全保障提供信息安全产品及服务的技术支撑作用，它本身的发展也受到国家信息安全保障体系建设宏观环境的影响。

伴随着信息科技产业的快速发展，云计算、移动互联网等新兴技术的应用日趋深入，信息安全面临着越来越严峻的挑战。随着一系列严重的信息安全事件的发生，世界各国都开始高度重视国家信息安全建设，推出相关的信息安全政策加强国家信息安全建设的保障。

1. 国外信息安全保障建设

美国是世界上信息技术、网络技术起步最早的国家之一，也是信息安全法律法规较为系统的国家，研究美国的信息安全战略是一个非常好的切入点。

美国的信息安全体系主要包括 4 个层次：安全技术层、安全管理层、政策法规层和人才培养层。在 4 个层次的构架中，政策法规层保护安全管理层和安全技术层，安全管理层保护安全技术层，人才的培养是为了培养各个层面的高端人才以便更好地实现战略目标。

在安全技术层，美国通过制定计算机安全评价标准，积极参与开发国际通用安全准则；着重推进安全技术的发展和更新；重视发展信息战的能力，开发反侦探技术，施行"积极防御"。

在安全管理层上，信息和信息系统安全由总统亲自领导；美国在执行《网络空间安全国家战略》过程中，成立整合了有关 22 个联邦机构安全力量的国土安全部。

政策法规层主要包括制定各项安全政策和策略、制定安全法规和条例、打击国内外的犯罪分子，依法保障通信网络和信息安全等。

近年来，美国一直将网络威胁视为最严峻的经济和国家安全挑战之一，并采取多种措施加强网络能力建设，强化网络防御体系，主要体现在以下几个方面。

（1）颁布多项战略政策，推动信息安全建设，启动《网络安全框架》，巩固关键基础设施安全防范。美国政府制定政策，积极推进政府之间、政府与企业之间的信息共享。2013 年 2 月奥巴马发布行政命令，提出政府将与私营机构共享针对美国境内特定目标的网络威胁信息；美国国防部也正在试点，尝试建立有效机制实现与国防工业企业共享威胁信息。2013 年，美国国家标准与技术研究院（NIST）完成了《关键基础设施网络安全框架（V1.0）》初稿；2014 年 2 月 12 日，奥巴马宣布启动美国《网络安全框架》，加快网络安全立法，强化网络监管。2014 年美国批准"网络安全信息共享法案"，进一步加强美国抵御网络攻击的能力。同年 9 月，美国发布《国家情报战略》，提升网络情报的重要性，积极防御网络空间威胁，强化网络空间作战能力。

（2）加强技术研发和对外渗透，美国的信息技术公司主导着全球网络和安全技术的发展。美国拥有网络空间的核心技术，英特尔公司垄断芯片制造，苹果公司称霸手机与平板电脑等网络终端，IBM 公司在计算机与网络服务上处于领先地位，甲骨文公司主导商业软件，微软公司控制视窗操作系统，谷歌公司则拥有世界上最强大的搜索引擎。美国采取各种措施，进一步发展攻防兼备的技术。美国国会出台的 2014 全年预算法案中，将用于改善网络安全的预算提高到 670 亿美元；2014 年 6 月，美国国防高级研究计划局（DARPA）启动网络自主防御系统的开发工作；2014 年 8 月，美国特种作战司令部开建开源数据挖掘项目，同时，在"智慧地球""数字城市"等信息化口号下，近些年一些美国公司已全面渗透到一些发展中国家的电信、金融、石油、物流等关键网络基础设施，掌控着这些国家的经济神经中枢，对其经济安全构成威胁。

（3）强化网络军事化建设，基于信息网络提升网络作战优势在美国政治经济和军事等重要领域有着重要作用。美国近年来非常重视网络军事化建设，并不断提高其网络作战能力。开展实战演练，提升网络攻防能力。美国政府出台一系列安全政策指令，对网络安全防御、网络作战进行指导。美国军方认为网络空间的安全防护能力直接关系美军作战目标的达成，2014 年积极开展网络安全防卫演练，美国防信息系统局为军用云服务配置了专用于保密信息的 IP 路由器网络；同年 12 月，美国发布国防部云计算安全要求草案，强化网军力量，占领网络空间主导权。2014 年 5 月 28 日，奥巴马在西点军校发表演讲，强调美国必须永远处于领导地位。美国国防部长哈格尔则表示将继续致力于扩大网络部队规模，提升美国在网络安全领域的能力。美国国防部计划在未来几年内将网络安全人员增加三倍。美国空军第 23 航战队在 2014 年到 2015 年招募千余名新兵，补充人力，负责网络空间领域任务。2014 年 9 月，美国陆军计划推出新的网络军事化分支队伍——"网络防护大队"。2014 年 4 月，美陆军西点军校成立了陆军网络学院，8 月，美空军学院宣布开设新的计算机网络安全专业，美军通过建设高校信息安全研究体系的方式培养和选拔出优秀的高级网络人才。

2015 年美国在网络和信息安全方面的新政策、新举措主要包括 12 个方面：加大网络安全投资规模、出台网络和信息安全法规、调整组建网络安全机构、修订完善网络和信息安全标准、强化网络空间军事能力、扩充网络空间军事力量、开展网络安全多方合作、举行网络安全演练、严格网络空间治理、研发信息安全关键技术、培养网络安全人才、开展网络安全审计等，具体如表 1-1 所示。

表 1-1　　　　　　　　　　　美国信息安全相关法律政策

时间	内容
2015 年 1 月	《云计算安全采办指南（SRG）》
	《数据汇总参考框架（DARA）》
2015 年 4 月	《保护计算机网络法案（PCNA）》
	《国家网络安全保护促进法案》
	《网络安全战略》
2015 年 6 月	《移动应用开发通用评估和验证标准》
2015 年 8 月	《联邦民用网络安全战略》
2015 年 10 月	《网络安全信息共享法案（CISA）》
2015 年 11 月	《美国国家反间谍战略 2016》
2015 年 12 月	《电邮隐私法案》

2016 年 2 月，奥巴马公布《网络安全国家行动计划》，将从提升网络基础设施水平、加强专业人才队伍建设、增进与企业的合作等 5 个方面入手，全面提高美国在数字空间的安全。该行动计划中的多项决策值得关注，包括：提议在国会 2017 财政年度预算中拿出 190 亿美元用于加强网络安全，第一次设立联邦首席信息安全官（CISO），下令成立国家网络安全促进委员会、联邦政府隐私委员会等。

2. 国内信息安全保障的建设

从战略角度来看信息安全，它不是简单的技术问题，必须要从法律威慑、管理规范、技术保障、产业支撑、基础设施建设等全局构建国家全局的安全保障体系。我国的一些信息安全方面的法律法规和举措如表 1-2 所示。

表 1-2　　　　　　　　　　　中国信息安全相关法律政策

时间	内容
1994 年 2 月 18 日	《计算机信息系统安全保护条例》
2004 年 8 月 10 日	《关于建立健全基础信息网络和重要系统应急协调机制的意见》
2005 年 12 月 13 日	《互联网安全保护技术措施规定》
2006 年 1 月 17 日	《信息安全等级保护管理办法（试行）》
2006 年 2 月 20 日	《互联网电子邮件服务管理办法》
2006 年 5 月 10 日	《信息网络传播权保护条例》
2007 年 6 月 22 日	《信息安全等级保护管理办法》
2008 年 3 月 15 日	《国务院关于机构设置的通知》
2009 年 12 月 26 日	《中华人民共和国侵权责任法》
2012 年 5 月 5 日	《"十二五"国家政务信息化工程建设规划》
2013 年 1 月 11 日	《关于数据中心建设布局的指导意见》
2013 年 2 月 1 日	《信息安全技术公共及商用服务信息系统个人信息保护指南》

时间	内容
2013 年 5 月 17 日	《关于切实做好寄递服务信息安全监管工作的通知》
2013 年 7 月 16 日	《电信和互联网用户个人信息保护规定》《电话用户真实身份信息登记规定》
2014 年 8 月 28 日	《加强电信和互联网行业网络安全工作的指导意见》
2014 年 10 月	《关于进一步加强军队信息安全工作的意见》
2015 年 4 月	《关于加强社会治安防控体系建设的意见》
2015 年 4 月 20 日	《国家安全法草案》
2015 年 12 月	《关于运用大数据加强对市场主体服务和监管的若干意见》
2016 年 6 月 28 日	《移动互联网应用程序信息服务管理规定》
2016 年 7 月	《关于加强网络安全学科建设和人才培养的意见》
2016 年 11 月 7 日	《中华人民共和国网络安全法》
2016 年 12 月 27 日	《国家网络空间安全战略》
2017 年 3 月 1 日	《国家网络空间国际合作战略》

经过近年来的发展,在国家高度重视和业界的共同努力下,我国信息安全产业在安全理念、市场规模、技术标准、主流产品和人才培养等各个方面都取得了显著的进步,实现了全面的飞跃,在部分关键领域基本满足了信息化建设的需要,有力支撑了国家信息安全保障体系的建设。近年来中国信息安全产业市场一直保持高速发展,并且潜力巨大,受世界瞩目。

我国信息安全产业虽然取得了长足的发展,但我国信息安全产业的基础薄弱、起步晚,面临的挑战大、形势严峻也是必须面对的事实。我国的信息安全产业在政府引导、企业参与和用户认可的良性循环中稳步成长,产业总体规模持续扩大,企业竞争实力显著增强。但是相比发达国家而言,我国信息安全产业缺乏顶层设计和国家战略,财政投入不足,相关人才匮乏,法律机制与产业体系不健全,形势依然十分严峻。建立自主强大的信息安全产业是确保国家网络和信息安全的关键,无论是从应对复杂多变的国际形势、增强国家信息安全角度考虑,还是从我国信息产业的发展的新的增长点考虑,建立我国自主可控的信息安全产业是未来国家信息安全保障体系建设工作的重中之重。

1.3 信息安全工程

本节首先对信息安全工程的基本概念进行一个基本说明,对其发展历程进行介绍,然后说明借鉴系统工程(SE)来开发形成信息安全工程的过程,对安全工程的两种实施方法 ISSE 和 SSE-CMM 进行简要介绍,最后对整个信息安全所涉及的理论技术进行概述。

1.3.1 信息安全工程的概念

为了解决信息安全保障的问题,我们不能单纯地依靠技术或安全产品的堆砌来实现,还应依赖于复杂的系统工程——信息安全工程。

信息安全工程是采用工程的概念、原理、技术和方法,来研究、开发、实施与维护信息系统安全的过程，它将经过时间证明是正确的工程实践流程、管理技术和当前能够得到的最好的技术方法相结合，来解决信息安全保障问题。

我们在日常生活当中，可以遇到很多需要有严格的安全保障的信息系统，例如，银行的 ATM 系统、网上支付系统、学生成绩管理系统。若 ATM 系统出了问题，则会破坏经济秩序；若网上支付系统出了问题，则会影响用户的利益；成绩管理系统出了问题则会影响学校的教学管理。一些系统问题则会产生更为严重的后果，比如核武器控制系统一旦出问题，则会危及人类的生存。

信息安全工程有着清晰的研究范畴，包括其实现目标、原理和适用范围，风险评估的方法和手段、安全体系结构的构建、安全方案的实施等。同时，由于信息安全工程是系统工程，就必须用系统工程的概念来对待和处理信息安全问题。工程实施单位需要从工程的角度考虑系统安全需求分析，系统安全的定义、设计、实施和评估等过程；管理单位则建议采用信息安全工程能力成熟度模型（SSE-CMM）来对相关的实施过程进行评估。只有这样才能保证整个信息系统的安全。

1.3.2 信息安全工程的发展

在很久之前，人们根据长期实践的经验把各种保密方法用于战争、商业情报等方面来保证信息的安全性，由此形成了原始的信息安全工程思想。但是，信息安全工程真正作为一门现代化的学科还是从 20 世纪 90 年代后开始的。随着系统科学和系统工程的兴起和发展，信息安全工程也随之蓬勃发展，这也与管理科学、信息论以及计算机技术等现代科学技术的出现密不可分。

系统工程（SE）是系统学科的一个应用分支学科，它的兴起与管理学科的发展、信息论、控制论以及计算机的出现相互联系，也和生产生活的发展相关联。它是在完成大规模的复杂工程和科学研究等任务时为解决相应的系统问题而出现的。最早的信息安全工程就来源于系统工程，如图 1-8 所示。

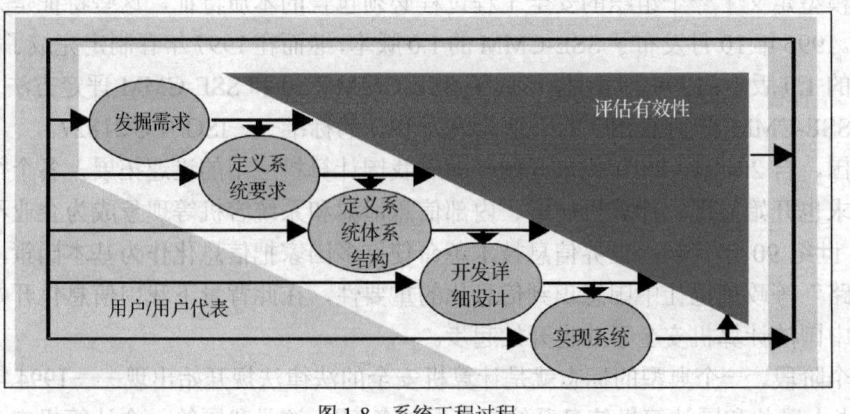

图 1-8　系统工程过程

使用系统工程研究问题一般优先考虑系统的整体框架，而后进入详细的设计，即先进行系统的总体设计，然后进行各子系统或具体问题的研究。系统工程方法是以系统整体功能最优为目标，通过对系统的综合、分析构造系统模型来调整改进系统的结构，使之达到整体最优。其研究是以系统思想为指导，采取的理论和方法综合集成各学科、各领域的理论和方法。系统工程研究强调多学科协作，根据研究问题涉及的学科和专业范围，组成一个合理的知识结构体系。

信息系统安全工程（Information System Security Engineering，ISSE）是美国军方根据系统工程（SE）过程的原理，面向信息安全开发的方法学，与 SE 之间是映射关系。美国军方于 1994 年 2 月 28 日发布了《信息系统安全工程手册 V1.0》，随后发布了一系列相关的军标和指令。

由于 ISSE 由系统工程发展而来，因而仍沿袭了以时间维来划分工程元素的方法学，由此暴露出了一些不足之处：很多安全要求应该在整个工程过程中来实现，尤其是信息安全保证的要求，而 ISSE 对其缺乏有针对性的讨论；此外，信息安全的内容极其复杂，一次完整的信息安全工程过程往往会涉及多个复杂的安全领域，而有些领域的时间过程性不明显，所以以时间维为线索的描述方式不适合反映这些内容。

之后，在 ISSE 的发展上，出现了第二种思路：过程能力成熟度的方法，其基础是 CMM（能力成熟度模型）。

1986 年 11 月，美国软件工程研究所（Software Engineering Institute，SEI）在 Mitre 公司的协助下，着手开发过程成熟度框架，用于帮助机构改进其软件过程，并提供一种能够用来评价软件承制方能力的方法。1987 年 9 月，SEI 发布了软件过程成熟度框架的一个简短描述，不久后，该框架在被过程工程领域誉为软件过程之父的 Humphrey 所著的《软件过程管理》中做了扩充。CMM 的 1.0 版在 1991 年 8 月由卡内基-梅隆大学软件工程研究所发布。虽然 CMM 还不够完善，但它代表了软件行业大多数人的想法，并且 CMM 确实能够帮助软件组织改进软件质量。

系统安全工程-能力成熟度模型 SSE-CMM（Systems Security Engineering Capability Maturity Model），起源于美国国家安全局（NSA）在 1993 年 4 月提出的一个专门应用于系统工程的能力成熟模型（CMM）的构思，其目的是建立和完善一套成熟的、可度量的安全工程过程。该模型定义了一个组织的安全工程过程必须包含的本质特征，这些特征是完善的安全工程保证。1996 年 10 月发布了 SSE-CMM 的 1.0 版本，继而在 1997 年春制定完成了 SSE-CMM 评定方法的 1.0 版本；1999 年 4 月，形成了 SSE-CMMV2.0 和 SSE-CMM 评定方法 V2.0；2002 年 3 月，SSE-CMM 得到了 ISO 的采纳，成为 ISO 的标准——ISO/IEC 21827。

在我国，自 20 世纪 80 年代末开始，随着我国计算机应用的迅速拓展，各个行业、企业的安全需求也开始显现，计算机病毒、内部信息泄漏和系统宕机等现象成为企业不可忽视的问题。20 世纪 90 年代初，世界信息技术革命使许多国家把信息化作为基本国策，美国"信息高速公路"等政策也让中国意识到信息化的重要性，在此背景下我国信息化开始进入较快发展期，中国的计算机安全事业也开始起步。

在这个阶段，一个典型的标志就是计算机安全的法律法规开始出现——1994 年公安部颁布了《中华人民共和国计算机信息系统安全保护条例》，这是我国第一个计算机安全方面的法律，较为全面地从法律法规的角度阐述了计算机信息系统安全相关的概念、内涵、管理、监督、责任，这标志着我国信息安全管理发展到计算机与网络信息系统安全管理阶段。中国安全产业起步的另一个重要标志是，在这个时期中，许多企事业单位开始把信息安全作为系统建设中的重要内容之一，加大了投入，开始建立专门的安全部门来开展信息安全工作；一大批基于计算机及网络的信息系统建立起来并开始运行，在部门业务中起到重要作用，成为不可分的部分，如金融与税务业。可以说，企事业界对信息安全的重视对整个信息安全学术发展起到了推动作用，这是产业市场发展的关键之一。

从 1999 年前后到现在，中国安全产业进入快速发展阶段，逐步走向正轨。其最重要的特征是，就是国家高层领导重视信息安全工作，国家出台了一系列重要政策、措施。1999 年国家计算机网络与信息安全管理协调小组和 2001 年国务院信息化工作办公室成立专门的小组负责网络与信息安全相关事宜的协调、管理与规划，都是国家信息安全走向正轨的重要标志。与此同时，国家在信息安全的法律、规章、原则、方针上都有对应措施。发布了一系列文件。同时，这个阶段安全产业和市场开始迅速发展，增长速度明显加快。1998 年中国信息安全市场销售额仅 4.5 亿元人民币左右，之后十多年间以惊人的速度发展。在 2014 年，我国信息安全市场达到 321.28 亿元，全球信息安全市场比 2013 年增长 21%。2015 年我国信息安全市场规模达到了 410.2 亿元。其中，中国自主研发、自主生产的安全设备发展较快，品种也逐步健全。虽然中国网络安全和信息安全产业还是存在不少的问题，还不能说十分的全面，但只要我们继续深入贯彻国家政策，加上党和政府的高度重视与大力支持以及全社会的共同努力，我国信息安全管理必能实现可持续发展。

1.3.3　信息安全工程相关理论技术

信息安全工程是信息安全保障的重要组成部分，但是却被广泛忽视。从普通管理者的角度看，信息安全的状况是"重技术、轻管理"；从一般安全人员看，信息安全的状况是"重应用、轻安全"；从专业人员的角度看，信息安全的状况是"重要素、轻过程"。信息安全工程就是要解决信息系统生命周期的"过程安全"问题。

信息安全的建设是一个系统工程，它要求对信息系统的各个环节进行统一的综合考虑、规划和架构，并要时时兼顾组织内外不断发生的环境因素的变化，任何环节上的安全缺陷都会对系统构成威胁。在这里我们可以引用管理学上的"木桶原理"加以说明。

"木桶原理"指的是：一个木桶由许多块木板组成，如果组成木桶的这些木板长短不一，那么木桶的最大容量不取决于长的木板，而取决于最短的那块木板。这个原理同样适用信息安全。一个组织的信息安全水平将由与信息安全有关的所有环节中最薄弱的环节决定。信息从产生到销毁的生命周期过程中包括了产生、收集、加工、交换、存储、检索、存档、销毁等多个环节，表现形式和载体会发生各种变化，这些环节中的任何一个都可能影响整体信息安全水平。要实现信息安全目标，一个组织必须使构成安全防范体系这只"木桶"的所有木板都要达到一定的长度（水平）。

图 1-9 显示了信息安全工程中所用到的相关理论与技术。

其中 ISSE（信息系统安全工程）和 SSE-CMM（系统安全能力成熟度模型）都是信息安全工程的典型实施方法，而这些实施方法都是基于等级保护的。通过等级保护，我们可以对信息系统的安全保护能力进行划分，针对不同级别的安全问题实施相关的保护。风险评估则是通过有效的风险分析，找出系统的弱点及威胁，度量安全风险。在制定安全策略时，我们要结合风险评估所分析出来的安全问题以及相关的需求来制定详细、全面的应对措施和处理方法。信息安全管理控制则是为了将安全管理落实到信息安全建设的各个方面，从而提供对内部人员的管理监督。安全技术则是在实现信息安全保障的各个过程中所用到的一些专业技术，比如通过访问控制、口令技术等来防止未授权用户的访问，通过密码技术来保证信息的完整性、可用性和保密性等，通过防病毒技术来防止计算机病毒对系统的入侵攻击等。

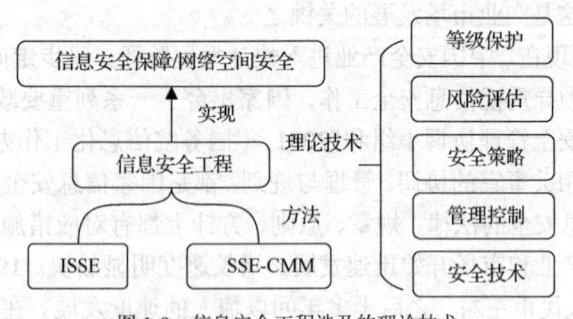

图 1-9　信息安全工程涉及的理论技术

由于信息安全是一个多层面、多因素的、综合的、动态的过程，如果组织凭着一时的需求，想当然地去制定一些控制措施和引入某些技术产品，都难免存在挂一漏万、顾此失彼的问题，使得信息安全这只"木桶"出现若干"短木块"，从而无法提高安全水平。正确的做法是遵循国内外相关信息安全标准与最佳实践过程，考虑到组织对信息安全的各个层面的实际需求，在风险分析的基础上引入恰当控制措施，针对不同的安全等级制定相应的安全策略，将各种安全技术和方法运用到其中，从而实现信息安全的有效管理。

本章小结

信息安全的基本目标可从设备安全、数据安全、行为安全以及内容安全 4 个层面来看。设备安全包括设备的稳定性、可靠性和可用性；数据安全主要包括数据的保密性、完整性和可用性；行为安全包括行为的秘密性、完整性和可控性；内容安全包括内容是否健康、合法以及符合道德规范。

信息安全问题产生的根源分为内在因素和外在因素。内在因素主要是信息系统的复杂性，其复杂性又可以分为过程复杂和结构复杂；外在因素主要指人为的威胁和自然的威胁。

信息安全保障是在信息系统的整个生命周期中，通过对信息系统的风险分析，制定并执行相应的安全保障策略，从技术、管理、工程和人员等方面提出安全保障要求，确保信息系统的保密性、完整性和可用性，降低安全风险到可接受的程度，从而保障系统实现组织机构的使命。

信息保障技术框架（IATF）的纵深防御战略中，人员、技术和操作是核心因素。IATF将信息系统的信息保障技术层面划分成了 4 个技术框架焦点域：本地计算环境、区域边界、网络及基础设施、支撑性基础设施。

信息安全工程是采用工程的概念、原理、技术和方法，来研究、开发、实施与维护信息系统安全的过程，是将工程实践流程、管理技术和技术方法相结合的过程。

信息安全工程中典型的实施方法有 ISSE 过程和 SSE-CMM 模型，为了实现信息安全保障而运用到的理论都有等级保护、风险评估、制定安全策略、管理控制等，使用到的技术有访问控制、口令机制、密码学、防病毒策略等。

思考题

1. 信息的本质是什么？它的重要性体现在哪里？
2. 什么是信息安全？它是如何发展的？
3. 信息安全的目标体现在哪些方面？
4. 信息安全保障是什么？它有哪些要素和特征？
5. 简述信息系统安全保障的生命周期。
6. 信息保障技术框架由哪些部分组成以及各个部分有哪些作用？
7. 请简要说明国内外信息安全保障体系的建设异同。
8. 什么是信息安全工程？为什么需要信息安全工程？
9. 信息安全工程是如何发展起来的？
10. 信息安全工程涉及哪些内容？

第 2 章

信息系统安全工程过程

从 20 世纪 90 年代中期到 21 世纪初期，无论是政府部门、企业还是个人用户，安全意识都在明显增强。在 Internet 飞速发展的短短几年内，人们对安全的理解在一步步加深，从早期的安全就是杀毒防毒，到后来的安全就是安装防火墙，再发展到现在的购买系列安全产品。但是这些理解依然存在着"头痛医头，脚痛医脚"的片面性，没有将信息安全问题作为一个系统工程来考虑。

信息安全保障问题的解决既不能只依靠纯粹的技术，也不能只靠简单的安全产品的堆砌，它需要依赖复杂的系统工程——信息安全工程。安全关注点的动态变化性，使信息安全工程在信息安全保障中占有着重要的地位。信息安全的原理适用于系统和应用的开发、集成、运行、管理和维护，它将经过时间考验的工程实施流程、管理技术以及最好的技术方法相结合起来，从而解决信息安全保障问题。

本章旨在对安全工程的实施方法中的信息系统安全工程（ISSE）过程进行详细的介绍说明。在 2.1 节当中，我们将对 ISSE 过程的整体结构说明，列出它的 5 个阶段，并介绍它的基本功能和基本实施框架。在接下来的 2.2~2.6 节中，我们会对 ISSE 的几个具体过程进行分别描述介绍，包括系统安全需求的挖掘、系统安全的定义、系统安全的设计、系统安全的实施与系统安全的评估这几个阶段。最后在 2.7 节中，我们将用具体的实施案例对 ISSE 给出一个直观、详细的实施过程。

【学习目标】
- 了解 ISSE 过程的基本功能和实施框架。
- 掌握 ISSE 过程的各个阶段的实施要点。
- 理解 ISSE 过程的应用。

2.1 信息系统安全工程概述

信息系统安全工程（ISSE）作为信息系统安全建设的方法论，是发掘用户信息保护需求，以经济、精确和简明的方法来设计和制造信息系统的一门科学。它指导安全建设的全过程，它不仅可以用来设计、实现独立的软硬件系统，还可以为集成的计算机系统的设计和重构提供服务。它根据设计人员提供的设计要素，结合相关的设计接口，控制成本到最低限额的情况下，使得整个系统的安全性能达到最大，这是系统工程在安全建设的具体体现。其主要目的是确定安全风险，并且采用系统工程的方法使安全风险降到最低或得到有效控制。

ISSE 作为系统工程的一个部分，主要分为发掘信息保护需求、确定系统安全要求、设计系统安全体系结构、开展详细安全设计、实施系统安全和评估信息保护有效性这几个阶段，如图 2-1 所示。

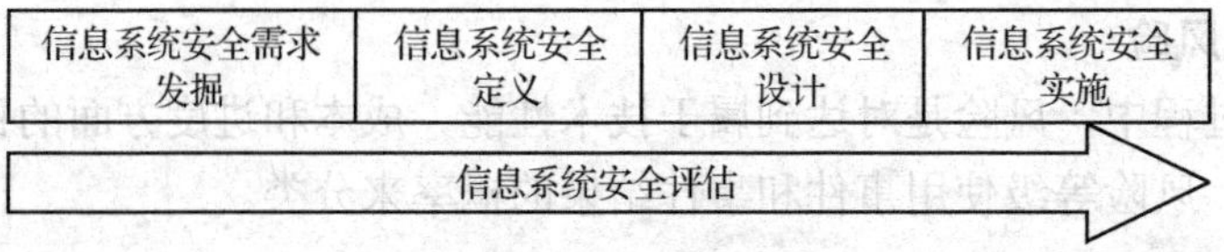

信息系统安全需求发掘	信息系统安全定义	信息系统安全设计	信息系统安全实施
信息系统安全评估			

图 2-1　ISSE 过程图

ISSE 的含义就是将系统工程思想应用于信息安全领域，在系统生命周期的各阶段充分考虑和采取安全措施，其指导思想如下。

（1）以满足用户安全需求为目的。

（2）以系统风险分析为基础。

（3）以系统工程的方法论为指导。

（4）以技术、运行、人作为要素。

（5）安全技术以纵深防御为支撑。

（6）以生命期支持保证运行安全。

（7）安全管理以安全实践为基础。

（8）安全质量以测评认证为依据。

（9）质量保证以动态安全原理（PDCA）为方法。

2.1.1　信息系统安全工程的基本功能

在整个系统的生命周期内，ISSE 具有以下 6 个基本功能。

1. 安全规划与控制

系统和安全项目的管理与规划活动，开始于一个机构从业务角度来承担对应的工程。如果安全规划做得足够好，那么就能为系统将安全需求转化成有效的设计和实现提供坚实的基础。规划和准备活动为建立要求的可跟踪性、基准程序和客户确认提供了平台。

2. 确定安全需求

系统特有的需求和定义一般是在两个级别上给出：从用户角度给出高级操作的安全要求定义；从系统开发者或集成者的工程观点出发，提出更正式的安全要求的规范式定义。

3. 支持安全设计

通过安全设计，一个被选择的系统体系结构可以被形式化，然后转换为稳定的、可生产的和有良好经济效益的系统设计。对信息系统而言，这种转换通常包括软件开发和软件设计，还可能包括信息数据库或知识库的安全设计。

4. 分析安全操作

它将影响信息系统产品，特别是产品安全生产过程和产品本身的安全要求的解决方案。通过这一功能的反复应用与安全设计支持功能相结合，将确认"过程"安全解决方案。安全操作概念的分析和定义是系统工程和 ISSE 过程的集成部分，是对安全认证和认可（C/A）的关键输入。

5. 支持安全生命周期

SPO（系统项目办公室）将一直监督系统的整个生命期各阶段的计划，包括开发、生产、现场工作、维护、培训和处理等。在操作和维护期间，对过程设计、操作确认等都可以用充分准备的生命周期支持计划及其实现来完成。

6. 管理安全风险

在系统工程过程中，风险是对达到属于技术性能、成本和进度方面的目的和目标的不确定性的一种量度。风险等级使用事件和事件结果的概率来分类。

2.1.2 信息系统安全工程的实施框架

ISSE 规定了在各个阶段中应该达到的目的，即输入/输出关系，没有规定具体的工具和方法，只是从系统论的角度指明了一个框架和范围，实施的细节依赖于已有经验的积累。

ISSE 过程存在于完整的系统开发生命周期（System Development Life Cycle，SDLC）中，ISSE 的实施是以信息系统安全保障工程的实施为载体，指导信息系统安全保障体系的建设。其核心内容就是在系统生命周期内，ISSE 过程计划的具体实现系统生命周期的调查/分析/立项阶段、开发/采购/设计阶段、实施阶段和运行/维护阶段，分别对应 ISSE 的发掘信息安全需求、定义与设计信息安全系统、实施信息安全系统和评估信息安全系统的过程，它们与信息系统安全保障工程实施的关系如图 2-2 所示。

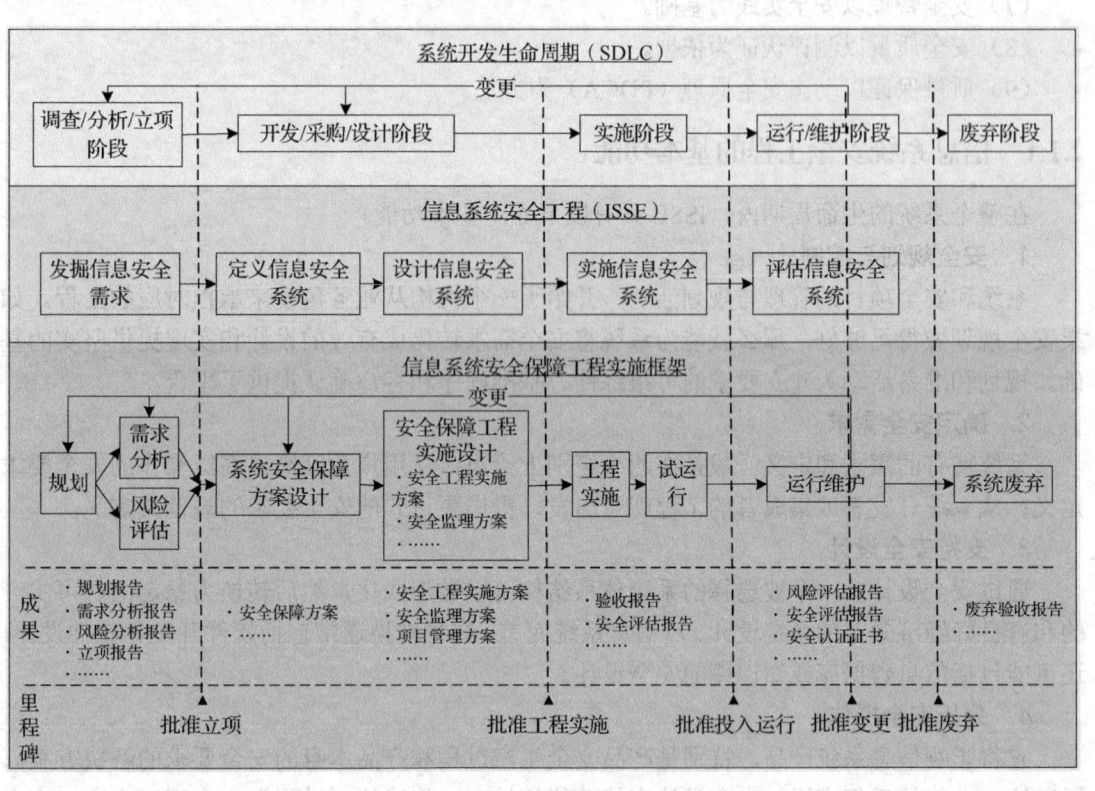

图 2-2　信息系统安全保障工程实施简要框架

（1）调查/分析/立项阶段：该阶段是发掘信息安全需求的阶段。此阶段需要完成工程规划、需求分析和风险评估过程，形成相应的规划报告、需求分析报告、风险评估报告、可行性报告等，并进行综合形成最终的立项报告进行评审。决策者可以基于相应结果和相关的法律法规、政策标准批准进行立项，进入下一阶段。

（2）开发/采购/设计阶段：该阶段是定义和设计信息安全系统的阶段。此阶段需要进行系统安全保障方案及其实施的设计，形成相应的设计文档，包括：安全保障方案、安全保障工程实施方案、安全保障监理方案、安全服务方案等。在方案预设计和详细设计过程中，必要时可进行模型仿真环境测试。在完成相关测试、评审及合同授予工作后，决策者可以基于相应结果和相关的法律法规、政策标准批准进入工程实施阶段。

（3）实施阶段：该阶段是对信息安全系统进行工程实施和试运行过程的阶段。此阶段需要完成验收报告、安全评估报告等。完成系统验收和系统安全评估后，决策者可以基于相应结果和相关的法律法规、政策标准批准系统投入运行。

（4）运行/维护阶段：该阶段是在系统运行过程中评估信息系统有效性的阶段。此阶段需要完成测试报告、评估报告、认证证书等，或者说，在运行阶段，可根据需要进行安全测试等安全服务，定期进行风险评估和系统评估，并进行系统认证。当系统发生变更时，重复相应生命周期阶段，并需要根据实际情况批准系统废弃，进入废弃阶段。

（5）废弃阶段：该阶段是系统生命周期的终结，需要完成系统废弃验收报告，决策者可以基于相应结果和相关的法律法规、政策标准批准进行废弃并进行相应废弃处理工作。

2.2　信息安全需求的挖掘

信息安全需求发掘是信息系统安全工程重要的一步，是完成信息系统安全工程的基础。在这一步，需要和用户一起确定整个信息系统的安全需求。在整个过程中，首先要了解相关的业务需求，确定信息和任务之间的关系以及其重要性。界定相关法律和法规的要求，明确设计限制，如电子政务的有关要求、国家安全管理机构的相关规定、相应的安全标准以及国际、国家的有关安全标准等；以及本行业、本部门的相关规定和标准。整个过程大致分为了解信息保护需求、掌握信息系统威胁以及考虑信息安全策略三个部分，其过程图如图 2-3 所示。

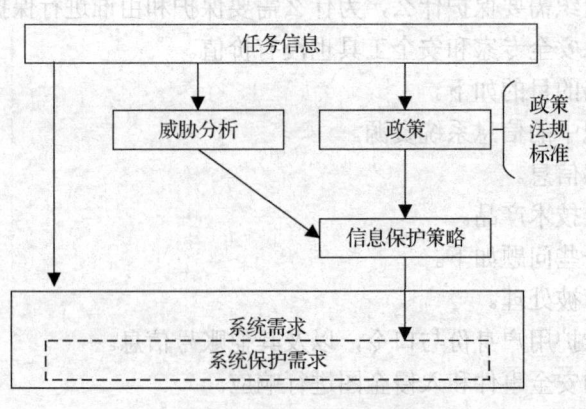

图 2-3　信息安全需求发掘过程

1.　了解信息保护需求

在信息安全需求发掘这一过程中，首先要考虑的是存在哪些信息威胁以及这些威胁会带来怎样的损失，例如机密信息泄露、用户未授权访问、数据被篡改等。用户通常对整个业务流程中存在的重要信息都是有了解的，但是对于这些信息如何进行保护等级划分，根据等级进行相应的保护，以及这些信息遭到破坏时会造成怎样的危害，该采取怎样的措施，用户可能会不知道如何处理。ISSE 需要做的就是：帮助用户分析信息和业务流程的关系，通过对系统资源的调查和资源的价值的分析，完成系统风险的排序，对信息进行分级划分，根据相应的排序最终形成系统的安全策略。

2. 掌握信息系统威胁

信息系统的脆弱性体现在信息系统的威胁当中。ISSE 需要同用户一起定义各种信息威胁，包括在信息系统的设计、生成、使用、维护以及销毁的整个生命周期中可能面临的威胁。

一个信息系统主要受到的威胁大致来自于以下几个方面。

（1）恶意攻击：指人为有目的性地破坏行为，通常包括主动攻击和被动攻击。主动攻击指的是攻击者伪装、重放、篡改信息流，甚至造成 DOS。试图通过修改、删除等操作来破坏信息。而被动攻击指的是攻击者未经用户同意和认可，通过监听、截取等操作获取信息，但不对数据信息做任何修改。

（2）系统漏洞：几乎所有的软件都存在安全漏洞，其原因包括软件的复杂性和多样性；软件由人来完成，而人的工作都不会完美无缺；软件的安全性需要投入成本等。

（3）系统本身的缺陷：一个系统本身就存在一些安全缺陷，比如网络硬件、人员素质、安全标准、采用的网络拓扑结构等原因引起的安全问题。

对于这些存在的安全威胁，应当做出如下分析。

① 威胁所涉及的信息有哪些。

② 威胁主体所拥有的能力有多大。

③ 威胁攻击的途径。

④ 带来的后果有哪些。

3. 考虑信息安全策略

信息安全策略是一个组织解决信息安全问题最重要的步骤，也是组织整个信息安全体系的基础。它明确规定组织需要保护什么，为什么需要保护和由谁进行保护；没有合理的信息安全策略，再好的信息安全专家和安全工具也没有价值。

制定信息安全策略的目的如下。

（1）如何使用组织中的信息系统资源。

（2）如何处理敏感信息。

（3）如何采用安全技术产品。

安全策略涉及的一些问题如下。

（1）敏感信息如何被处理。

（2）如何正确地维护用户身份与口令，以及其他账号信息。

（3）如何对潜在的安全事件和入侵企图进行响应。

（4）如何以安全的方式实现内部网及互联网的连接。

（5）怎样正确使用电子邮件系统。

信息安全策略的保护对象包括硬件与软件、数据和人员。在制定信息安全策略时，需要考虑国家法律、法规、政策、行业规范、相关机构的约束、机构自身的安全需求等因素。整个安全策略的制定过程包括：确定信息安全策略的范围、风险评估/分析或者审计以及信息安全策略的审查、批准和实施。

2.3 信息系统安全的定义

信息系统安全要求是每一个信息系统进行安全建设时必须明确的，安全要求规定了信息系统建设时需要满足的条件，指导对安全措施和安全控制的选择，并且是安全建设完成后对系统建设进行检验的标准。

一般信息安全系统定义分为以下几个部分：确定信息保护的目标、描述信息系统联系、检查信息保护需求以及信息系统的功能分析，如图 2-4 所示。

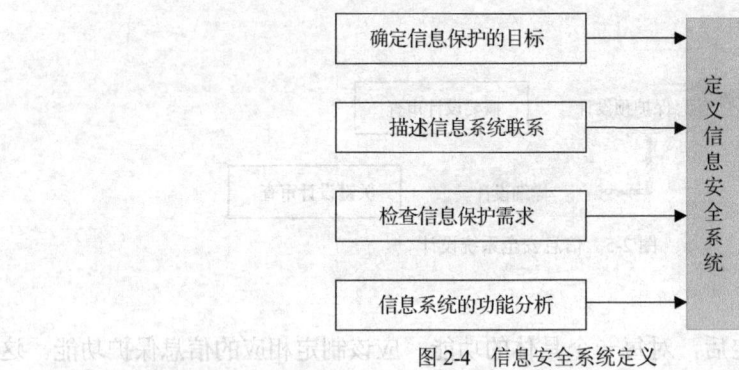

图 2-4　信息安全系统定义

1. 确定信息保护的目标

信息安全是信息化的重要组成部分，信息化是业务发展的重要组成部分，应该根据业务目标和信息系统的目标来确定信息安全保护目标。在描述信息系统中的保护对象时通常有以下的度量。

（1）信息保护目标对系统中的哪些对象提供支持。

（2）信息保护的目标会面临哪些威胁。

（3）所保护的目标在被威胁攻破后会带来怎样的后果。

（4）用怎样的保护策略来支持相应的信息保护目标。

2. 描述信息系统联系

信息系统联系指的是信息系统的安全背景环境，即与外界交互的功能接口。在确定系统的安全背景环境时，需要定义系统的边界以及对外界接口，并将安全功能分配到目标系统和外部系统中，标识出目标系统和外部系统之间的数据流以及这些数据流的保护需求。

3. 检查信息保护需求

信息系统安全工程师要确保所选择的解决方案能够满足任务或业务的安全需求，系统边界得到协调，并确保安全风险达到可接受的级别。信息保护需求从用户的期望经过协商定义后被转换成一系列的安全标准规范，对这些安全标准规范进行查缺补漏时需要满足正确性、完整性、一致性、不可否认性等特征。

4. 信息系统的功能分析

ISSE 使用许多系统工程工具来理解信息保护功能，并将功能分配给系统中各种信息保护的配置项。在定义信息安全系统中，对功能进行分析，必须分析备选系统体系结构、信息保护配置项，以及信息保护子系统是如何成为整个系统的一部分，这些功能是否能达到原本设定的目标，并理解它们如何才能与整个系统协调工作。

2.4 信息系统安全的设计

在确定信息系统保护目标并确定相应的需求之后，信息系统安全工程师要与系统工程师合作，一起分析待建系统的体系结构，完成功能的分析和分配、信息保护预设计以及信息保护详细设计等工作，如图 2-5 所示。

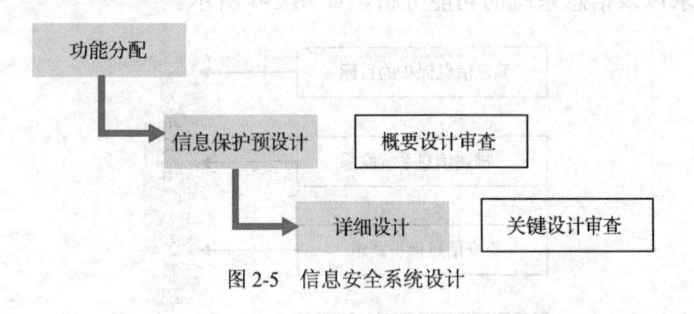

图 2-5　信息安全系统设计

1. 功能分配

当系统的一系列功能确定后，对每一个具体的功能，应该制定相应的信息保护功能。这些信息保护功能相互协作形成一个信息保护系统体系架构，用户保护整个信息系统的功能安全。整个功能分配过程如下。

（1）确定安全系统的组件或要素。

（2）将安全功能分配给这些要素，并描述这些要素间的关系。

2. 信息保护预设计

在信息保护预设计阶段，ISSE 工程师应分析设计约束和均衡取舍，完成初步的系统安全设计，并考虑生命周期的支持，具体包括以下内容。

（1）根据之前分析系统安全体系结构的结果，对已经定义好的安全功能进行检查和修改。

（2）选择相应的安全机制类型，验证并保证满足所有的安全需求。

（3）加入系统工程过程，对信息保护预设计进行审查，包括认证/认可（C/A）、管理决策和风险分析等。

3. 信息保护详细设计

在本活动中，信息系统安全工程师将进一步完善设计方案，细化安全规范，确保对安全体系结构的遵循，实施均衡取舍研究，主要包括以下内容。

（1）检查、细化并改进预设计阶段的成果。

（2）对解决方案提供细节设计资料以支持系统层和配置层的设计。

（3）检查关键设计的原理和合理性。

（4）设计信息保护测试与评估程序。

（5）实施并追踪信息保护的保障机制。

（6）检验配置项层设计与上层方案的一致性。

（7）提供各种测试数据。

（8）检查和更新信息保护的风险与威胁计划。

（9）加入系统工程过程，并支持认证/认可（C/A）和管理决策，提出风险分析结果。

2.5 信息系统安全的实施

这一阶段的目标是采办、集成、配置、测试、记录和培训，它使系统从设计转入运行。该项活动的结束标志是最终系统有效性行为评估，给出满足系统要求和任务需求的证据，整个过程如图 2-6 所示。

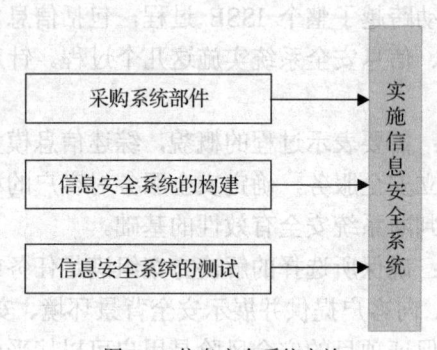

图 2-6 信息安全系统实施

1. 采购系统部件

系统部件的采购决定了是自行生产部件还是通过购买来获取部件，通常这需要以市场中产品的好坏、能否满足相应的需求为依据。在做相应的决定之前，应该对各种影响因素进行相应的考虑，比如：安全性、成本、易用性、风险等。在购买时，应该确定备选的商业现货（COTS）和政府现货（GOTS）等安全产品。在采购部件的过程中，具体应该注意如下几点因素。

（1）确保能够满足当前所有的安全需求。

（2）考察现有的多个产品，从中选出最满足当前系统部件需求的产品。

（3）考虑到未来技术发展的因素，将新的技术融入当前的系统当中。

2. 信息安全系统的构建

信息安全系统的构建是对信息系统的保护设计进行实现，包括对安全部件进行部署和集成。系统在整个构建的过程中会受到诸多因素的影响，而这些因素决定了信息安全系统的正确与否，具体考虑如下。

（1）部件的集成过程是否遵循相应的安全规范。

（2）部件的配置参数能否满足所需的安全服务。

（3）系统建造的流程是否依据了相应的设计文档。

3. 信息安全系统的测试

这个阶段的工作主要是检验信息安全系统的实现效果，包括功能的可用性、安全的有效性等，具体的工作如下。

（1）根据详细的安全设计对系统实现进行验证。

（2）所有的接口均需要测试，系统和设计工程师将撰写测试流程。

（3）通过集成测试验证子系统或系统的性能，确保能够防御此前的威胁评估中确定的威胁。

（4）验证系统的确能在集成和测试时，重要的一项工作是记录下安装、操作、维护和支持的流程。

（5）加入系统工程过程，并支持认证/认可（C/A）和管理决策，提供风险分析结果。

2.6　信息系统安全的评估

信息安全系统的评估活动跨越了整个 ISSE 过程，包括信息安全需求发掘、信息安全系统定义、信息安全系统设计、信息安全系统实施这几个过程。针对每个过程，其评估信息有效性的任务如下。

（1）信息安全需求发掘：需要表示过程的概貌，综述信息模型，描述任务或业务的信息攻击威胁。针对信息威胁建立安全服务，确定安全服务对客户的相对重要性。得到客户对本阶段活动结论的认同，作为判断系统安全有效性的基础。

（2）信息安全系统定义：确保所选择的解决方案组满足任务或业务的安全需求。调整系统的边界，提出安全上下文、向客户提供并展示安全背景环境、安全CONOPS 以及系统安全要求，并获得客户的认同。保证项目的安全风险是用户可以接受的。

（3）信息安全系统设计：开展正式的风险分析，确保所选择的安全机制能够提供所需的安全服务，并向客户解释安全体系结构如何满足安全要求。执行互依赖分析，比较安全机制的强度，审查所选择的安全服务和机制是否能够对抗信息威胁。一旦完成设计，风险评估的结果，尤其是风险减缓需求和残余风险，都将文档化并与客户共享以便得到其认可。

（4）信息安全系统实施：实施并更新风险分析，制定风险减缓策略。标识风险可能对任务带来的影响，并通知客户认可员及认证员。

2.7　信息系统安全工程实例

在国家互联网行业政策的引导下，近年来信息系统建设日趋完善，尤其是随着国家逐步加强现代信息化建设，信息系统的重要性逐渐提高，其安全保障成为建设过程的重点。目前，现有大型企业的生产已经高度依赖企业的信息化和各类信息系统。

信息系统现阶段还无法达到完全的自动化和智能化运行，因此需要各级技术人员对信息系统进行部署和维护。在整个信息系统运行的过程中，起主导作用的仍然是人，是各级管理员，设备的作用仍然仅仅停留在执行层面，因此信息系统稳定运行的决定因素始终都在于人员的操作。信息安全运维体系的作用是在安全管理体系和安全技术体系的运行过程中，发现和纠正各类安全保障措施存在的问题和不足，保证它们稳定可靠地运行，有效执行安全策略规定的目标和原则。当运行维护过程中发现目前的信息安全保障体系不能满足本单位信息化建设的需要时，就需要对保障体系进行新的规划和设计，从而使新的保障体系能够适应企业不断发展和变化的安全需求。下面，我们将基于 ISSE 过程对企业上机管理系统的安全保障工程建设进行详细的分析和说明。

1. 上机管理系统安全需求的发掘

为了提供一份满足用户在资金、安全、性能、时间等各方面要求的信息系统保护框架，我们对该系统进行分析讨论。

该企业上机管理系统主要进行处理的是记录，管理企业内部使用者对互联网的记录。信息类型分为多种，包括涉密信息、金融信息等，同时针对用户也包括个人隐私信息等。该系统的权限分为用户和管理员，用户是该系统的使用者，但是没有权利对系统进行管理和修改，管理员有权利对系统进行初始化、查看、修改、删除等操作。按照功能模块划分，该系统可分为管理员模块与用户模块，分别如图 2-7 和图 2-8 所示。

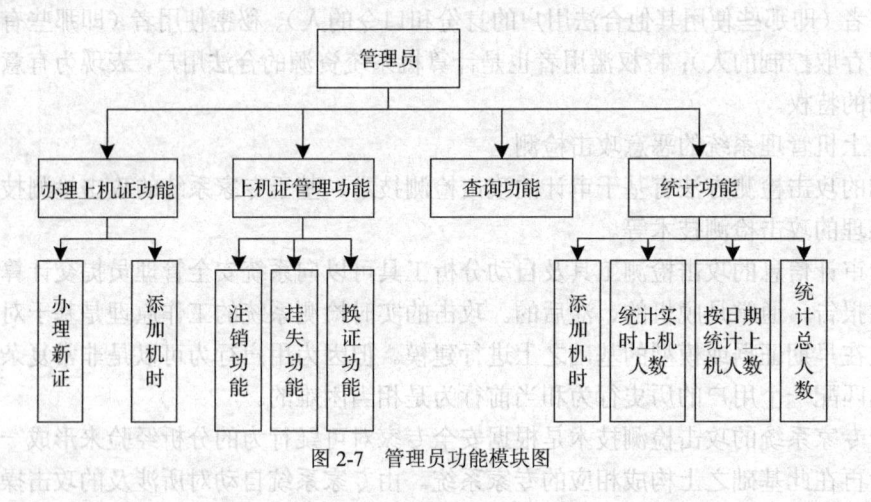

图 2-7　管理员功能模块图

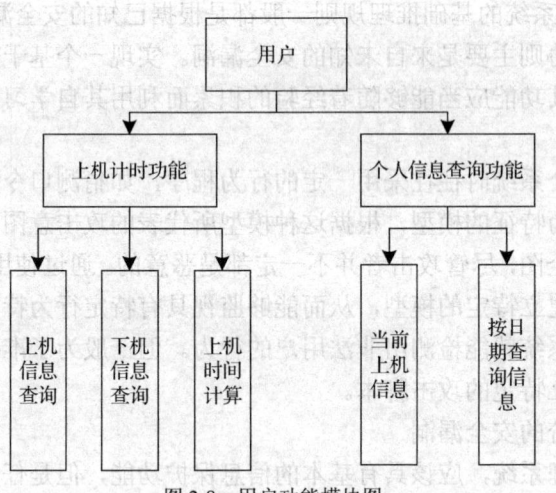

图 2-8　用户功能模块图

管理员具有办理上机证、上机证管理、查询、统计等功能，每个子功能又可进行更为细致的划分。用户作为上机管理系统的使用主体，主要具有上机计时功能和个人信息查询功能。

（1）上机管理系统的安全隐患

作为一套完善的企业上机管理系统，其在信息安全保护方面要有突出的防护能力，在面对诸多安全隐患时可以避免信息泄露事件的发生。所以，我们需要对该系统进行一系列的安全测试和排查，分析出该系统可能面对的恶意攻击、安全缺陷以及软件漏洞，并对该系统的结构隐患进行进一步的分析。

保证信息系统安全的经典手段是"存取控制"或"访问控制"，这种手段在现代的安全理论中都是实行系统安全策略的最为重要的手段。但是，无论在理论上还是在实践中，试图彻底填补一个系统的安全漏洞都是不可能的，同时也还没有一种切实可行的办法来解决合法用户在通过"身份鉴别"或"身份认证"后滥用特权的问题。

在信息系统中，一般至少应当考虑如下三类安全威胁：外部攻击、内部攻击和行为滥用。攻击者来自该计算机系统的外部则称作外部攻击；当攻击者就是那些有权使用计算机，但无权访问某些特定数据、程序或资源的人，并且企图越权使用系统资源时则被视为内部攻击，包括假冒者（即那些使用其他合法用户的身份和口令的人）、秘密使用者（即那些有意逃避审计机制和存取控制的人）；特权滥用者也是计算机系统资源的合法用户，表现为有意或无意地滥用他们的特权。

（2）上机管理系统的恶意攻击检测

考虑的攻击检测方法有基于审计的攻击检测技术、基于专家系统的攻击检测技术以及基于模型推理的攻击检测技术等。

基于审计信息的攻击检测工具及自动分析工具可以向系统安全管理员提交计算机系统活动的评估报告，通常是脱机的、滞后的。攻击的实时检测系统的工作原理是基于对用户历史行为以及在早期证据或模型的基础之上进行建模。但因为用户行为可以是非常复杂的，所以想要准确匹配一个用户的历史行为和当前行为是相当困难的。

基于专家系统的攻击检测技术是根据安全专家对可疑行为的分析经验来形成一套推理规则，然后再在此基础之上构成相应的专家系统。由专家系统自动对所涉及的攻击操作进行分析工作。因为作为这类系统的基础推理规则一般都是根据已知的安全漏洞进行安排和策划的，而对系统最危险的威胁则主要是来自未知的安全漏洞。实现一个基于规则的专家系统是一个知识工程问题，而且其功能应当能够随着经验的积累而利用其自学习能力进行规则的扩充和修正。

攻击者在入侵一个系统时往往采用一定的行为程序，如猜测口令程序，这种行为程序构成了某种具有一定行为特征的模型，根据这种模型所代表的攻击意图的行为特征，可以实时地检测出恶意的攻击企图，尽管攻击者并不一定都是恶意的。通过使用基于模型的推理方法，人们能够为某些行为建立特定的模型，从而能够监视具有特定行为特征的某些活动。根据假设的攻击脚本，这种系统就能检测出非法用户的行为。但一般为了准确判断，要为不同的入侵者和不同的系统建立特定的攻击脚本。

（3）上机管理系统的安全漏洞

作为一个上机管理系统，应该具有基本的信息保护功能，但是任何一个完整的系统都可能存在许多安全缺陷。

本系统在进行结构设计和代码设计时，主要考虑到用户使用的方便性，但是在安全性上，忽略了如该系统的远程控制、权限控制等方面，所以存在缺陷。上机管理系统在数据库管理上也存在一定的缺陷，不法分子可以在数据库或者应用程序中安装各种破坏程序来进行情报数据的收集。

虽然我们不能避免漏洞的产生，但是我们可以通过一些方法检测出这些漏洞并进行补救。常用的检测方法有静态检测、动态测试和混合检测。

静态检测技术就是我们软件工程师常说的软件静态测试，通过一定的技术手段直接分析软件的源代码，通过对编程源代码中的语法、语义进行分析，从最基本的逻辑中检测和去除可能存在的安全隐患。目前在静态测试过程中主要采取的方法有推断、数据流分析以及约束分析这三类。

　　动态测试不同于静态分析，是首先将系统"跑起来"，在系统执行的过程中对系统中的变量在特定时间域内的数值变化提取出来进行分析，看其是否符合我们预定的变化轨道，以此来判断软件在哪一个环节会存在安全隐患。

　　混合检测并不是单纯地将静态检测和动态检测结合起来形成先静态后动态或者先动态后静态的检测方法，而是在结合了二者的内容衍生出的检测方法，兼顾有两种检测方法的特点。这其中就包括了测试库技术、源代码的改编技术以及异常检测技术等。这些技术都是使用在不同需求和不同环境下的混合而成的软件漏洞检测技术。

　　（4）上机管理系统的相关策略

　　针对上机管理系统，我们为保护信息安全初步制定以下安全策略。

　　① 设置身份鉴别系统

　　首先在用户进入计算机信息系统前，系统要对用户的身份进行鉴别，以判断该用户是否为系统的合法用户，其目的是防止非法用户进入。这是系统安全控制的第一道防线。常用的身份鉴别系统是设置口令识别。

　　口令字的设置原理是：在信息系统中存放一张"用户信息表"，它记录所有的可以使用这个系统的用户的有关信息，如用户名和口令字等。用户名是可以公开的，不同用户使用不同的用户名，但口令字是秘密的。当一个用户要使用系统时，必须键入自己的用户名和相应的口令字，系统通过查询用户信息表，验证用户输入的用户名和口令字与用户信息表中的是否一致，如果一致，该用户即是系统的合法用户，可进入系统，否则将被挡在系统之外。

　　② 安装防火墙技术软件

　　"防火墙"是一种形象的说法，它实际上是计算机硬件和软件的组合，在网络网关服务器上运作，在内部网与公共网络之间建立起一个安全网关，保护私有网络资源免遭其他网络使用者的擅用或入侵。防火墙是网络安全的屏障：防火墙（作为阻塞点、控制点）能极大地提高一个内部网络的安全性，并通过过滤不安全的服务而降低风险。由于只有经过精心选择的应用协议才能通过防火墙，所以网络环境变得更安全。如防火墙可以禁止诸如众所周知的不安全的 NFS 协议，这样外部的攻击者就不可能利用这些脆弱的协议来攻击内部网络。

　　③ 安装网络版防病毒软件

　　防病毒服务器作为防病毒软件的控制中心，可以及时通过 Internet 更新病毒库，并强制局域网中已启动的终端及时更新病毒库软件。

　　④ 采取数据加密技术

　　采取加密技术可以保证数据在传输的过程中对数据流的加密，这样能够有效保证信息的安全。目前最常用的只有线路加密和端对端加密。线路加密是将需要保密的信息用不同的加密密钥提供安全保护；端对端加密则是信息发送者通过专用的加密软件，将要发送的信息进行加密，也就是说将明文加密成密文，然后进入 TCP/IP 数据包封装穿过网络，当这些信息一旦到达目的地，将由收件人运用相应的密钥进行解密，使密文恢复成为可读数据明文。

　　⑤ 加强管理来解决信息安全的问题

　　在进行技术方面的防护措施后，还要对网络管理人员进行培训，使其提高安全方面的意识和提高使用技能，使他们在进行操作时避免失误，以便更好地确保网络信息的安全性和可靠性。

2. 上机管理系统安全的定义

针对本系统，信息保护的内容主要为上机者的各种信息及系统自身的信息提供保护，保护基本要求可分为技术保护要求和管理保护要求，如图 2-9 所示。

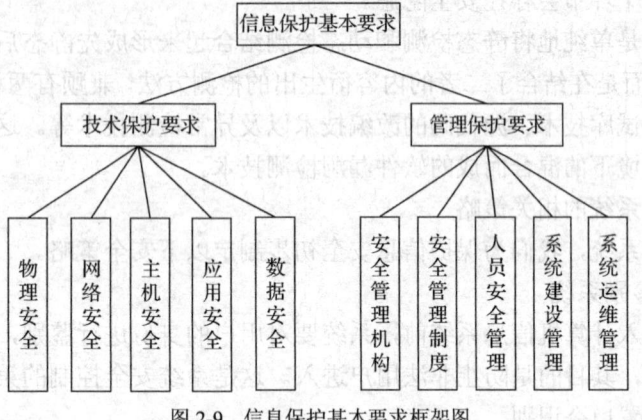

图 2-9　信息保护基本要求框架图

针对技术保护要求，我们需要保护系统的物理安全、网络安全、主机安全、应用安全以及数据安全。针对管理保护要求，我们需要安全的管理机构、安全的管理制度、人员安全管理、系统建设安全以及系统运维管理。

（1）信息保护目标和任务过程的相关威胁

确保该系统满足五大信息安全基本性质的目标：数据完整性、可用性、可靠性、数据机密性和不可抵赖性。

数据完整性：保证企业上机网络中用户之间传送的资源是完整的、未经篡改的数据包。

可用性：保证合法上机用户在申请其权限之内的公共资源时，服务器能够提供其需要的资源。

可靠性：保证在企业需要的时间段内，系统不会因为外部或内部攻击以及其他问题导致停止响应甚至崩溃的情况。

数据机密性：保证任意用户的身份信息和用户口令等私密信息在系统中得到机密性保护。

不可抵赖性：任意用户都不能否认自己进行的每一次操作，不能抵赖自己执行的非法操作。

根据网络安全 PDRR 模型（Protection、Detection、Reaction、Recorery，即防护、检测、响应、恢复）在 4 个方面建立安全技术体系。

防护：通过访问控制、信息系统完整性保护、系统与通信保护、物理与环境保护等安全控制措施，使企业上机信息系统具备比较完善的抵抗破坏的能力。

检测：通过采取入侵检测、漏洞扫描、安全审计等技术手段，对企业上机信息系统运行状态和操作行为进行监控和记录，对信息系统的脆弱性以及面临的威胁进行评估，及时发现安全隐患和入侵行为并发出警告。

响应：通过事件监控和处理工具等技术措施，提高应急处理和事件响应能力，保证在安全事件发生后能够及时进行分析、定位、跟踪、排除和取证。

恢复：通过建立企业上机信息系统备份和恢复机制，保证在安全事件发生后及时有效地进行信息系统设施和重要数据的恢复。

（2）上机管理系统的任务处理过程

针对系统的任务处理过程与其他系统间的逻辑边界，给出下述流程，具体流程图如图 2-10 所示。

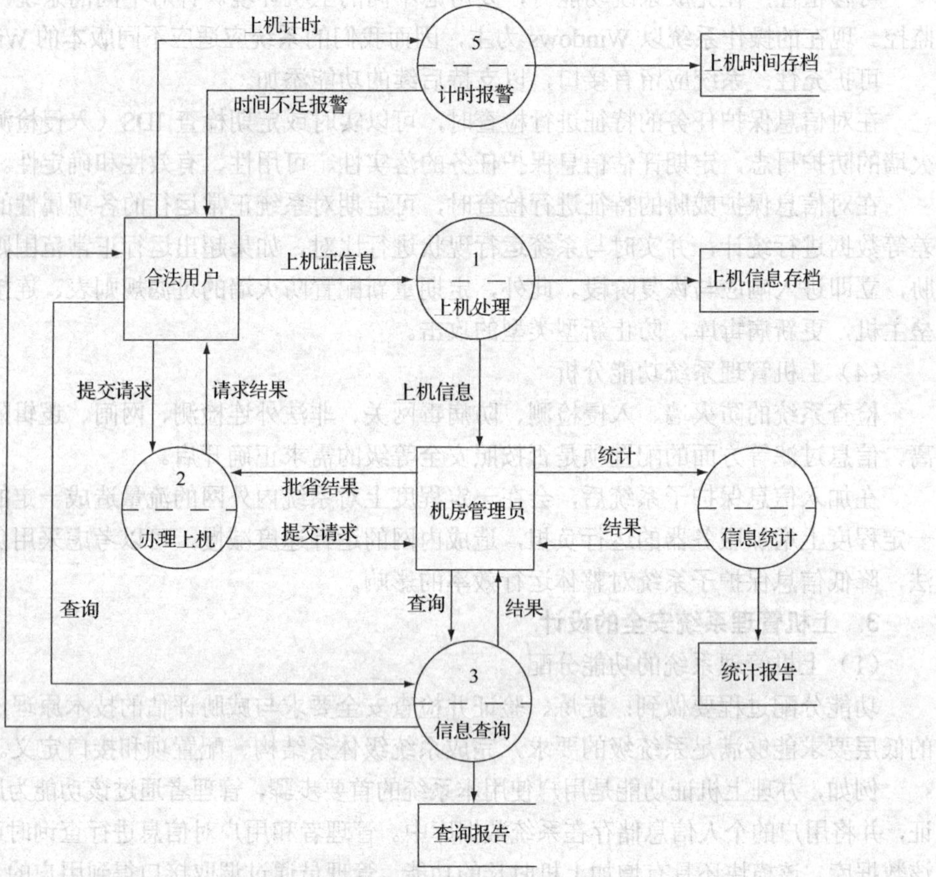

图 2-10　上机管理系统任务处理过程

合法用户进行登录，上机信息经过处理存档，交机房管理员查看。如有账号申请或注销，向系统提交申请，机房管理员调取批阅，将结果反馈给用户。用户和管理员均可查询上机信息。机房管理员可以进行上机统计，调取统计存档。用户若上机时间有问题，会受到系统的警报提示，用户也可查看上机信息，获取自己上机时间。

（3）上机管理系统信息保护需求检查

对信息保护目标进行特征检查时，我们从可靠性、易用性、安全性、可维护性、可移植性以及可扩充性几个方面入手。

可靠性：由于本系统要求能对机房上机人员及其相关信息进行管理，因此要求本系统能够及时地反映上机人员的情况。系统不能因某些突发的故障或者错误的查询而导致程序直接崩溃。系统要具有容错性，遇到错误的输入或者错误操作，系统要提示错误而不是直接崩溃。

易用性：系统的界面要简洁，直观。可以让管理者方便地查询到结果以及对用户进行管理。机房管理者在进行查询统计的时候，查询统计的结果要清楚明了地显示在系统的界面上。

安全性：系统要对系统的数据库的查询修改权限进行分配管理。系统的数据库应保存在本地，并进行备份。信息查询的时候只显示用户的姓名和上机时间，不能显示用户的敏感信息，以防个人信息泄露，给用户带来不便。

可维护性：在系统出现异常时，系统要有重置并维护当时数据库数据的功能。

可移植性：在完成系统功能时，要考虑不同的上机环境。针对不同的系统，都能够进行监控。现在的操作系统以 Windows 为主，因而我们的系统应适应不同版本的 Windows 系统。

可扩充性：系统应留有接口，以支持后续的功能添加。

在对信息保护任务的特征进行检查时，可以实时或定期检查 IDS（入侵检测系统）和防火墙的防护日志，定期评估信息保护任务的落实性、可用性、有效性和确定性。

在对信息保护威胁的特征进行检查时，可定期对系统正常运行的各项属性的平均值、方差等数据进行统计，并实时与系统运行现状进行比对，如果超出运行正常范围则认为出现威胁，立即进入响应与恢复阶段。此外，定期重新配置防火墙的过滤规则表、连接状态表和堡垒主机，更新病毒库，防止新型类型的攻击。

（4）上机管理系统功能分析

检查系统的防火墙、入侵检测、防病毒网关、非法外连检测、网闸、逻辑隔离、物理隔离、信息过滤等方面的配置项是否按照安全等级的需求正确开启。

在加入信息保护子系统后，会在一定程度上对系统内外网的流量造成一定的影响，并在一定程度上增加服务器的运行负担，造成内网的运行速度减慢，可以考虑采用负载均衡等办法，降低信息保护子系统对整体运行效率的影响。

3. 上机管理系统安全的设计

（1）上机管理系统的功能分配

功能分配过程要做到：提炼、验证并检查安全要求与威胁评估的技术原理，确保一系列的低层要求能够满足系统级的要求，完成系统级体系结构、配置项和接口定义。

例如，办理上机证功能是用户使用本系统的首要步骤，管理者通过该功能为用户注册上机证，并将用户的个人信息储存在系统数据库中。管理者和用户对信息进行查询时可以直接调取该数据库。该模块还具有增加上机时长的功能，管理员通过调取接口得到用户的上机时间与下机时间，并作减法运算，得出用户上机使用时间并相对应地根据用户需求增加上机时间。

（2）上机管理系统信息保护的预设计

身份鉴别要求包括以下内容。

① 对登录操作系统和数据库系统的用户进行身份标识和鉴别。

② 系统管理用户身份标识应具有不易被冒用的特点，口令应有复杂度要求并定期更换。

③ 应启用登录失败处理功能，可采取结束会话、限制非法登录次数和自动退出等措施。

④ 当对服务器进行远程管理时，应采取必要措施，防止鉴别信息在网络传输过程中被窃听。

⑤ 为系统不同用户分配不同的用户名，确保用户名具有唯一性这个原则。

⑥ 采用两种或两种以上的组合鉴别技术对用户进行身份鉴别。

访问控制要求包括以下内容。

① 启用访问控制功能，依据安全策略控制用户对资源的访问权限。

② 根据管理用户的角色分配权限，实现管理用户的权限分离，仅授予管理用户所需的最小权限。

③ 实现操作系统和数据库系统特权用户的权限分离。

④ 严格限制默认账户的访问权限，重命名系统默认账户，修改这些账户的默认口令。

⑤ 及时删除冗余的、过期的账户，避免共享账户的存在。

⑥ 对重要信息资源设置敏感标记。

⑦ 依据安全策略严格控制用户对有敏感标记的重要信息资源的操作。

安全审计要求包括以下内容。

① 审计范围应覆盖到服务器和重要客户端上的每个操作系统用户和数据库用户。

② 审计内容应包括重要用户行为、系统资源的异常使用和重要系统命令的使用等。

（3）上机管理系统的详细信息保护设计

上机管理系统的系统层设计如图 2-11 所示。

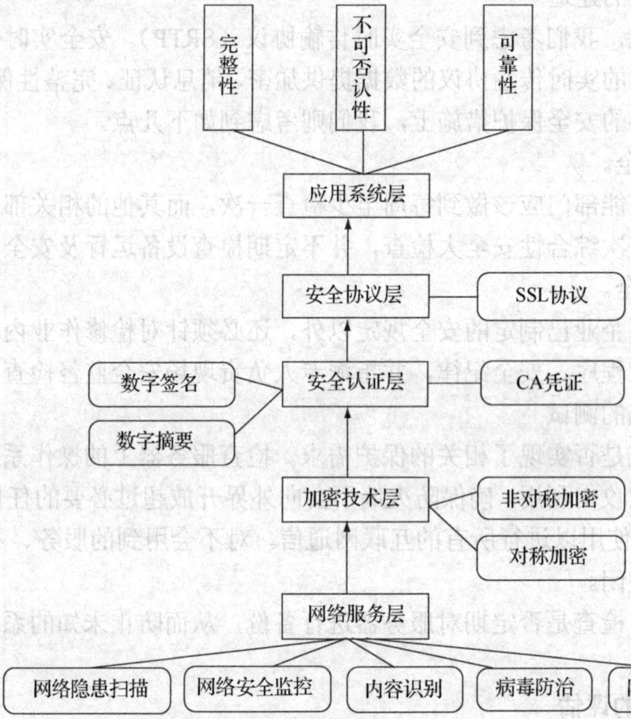

图 2-11　上机管理系统的系统层设计

对认证/认可（C/A）的详细设计如下。

① 应用系统身份认证

利用 CA 认证体系同现有应用系统的身份认证方式相结合，针对重要业务系统或重要岗位，进行身份验证，保留登录记录，落实责任，方便管理。

② 综合应用平台单点登录

对已建设的信息系统进行整合和数据交流，提供统一身份验证平台，实行信息门户单点登录。CA 认证体系建设和该平台相结合，使单点登录系统更安全，并便于管理。

③ 远程 VPN 访问身份认证

上机管理系统需要接受企业的管理，CA 认证系统和 VPN 远程访问控制相结合，更能保障身份唯一性，大幅提高互联网访问的安全性。

4. 上机管理系统安全的实施

（1）部件采购

通过分析上机管理系统部件的安全需求，我们得到如下结论：企业上机系统需要安全的系统防护，包括用户机不能攻击服务器、在企业外部无法连接服务器和用户无法不经过验证使用客户机。

通过分析，我们给出上机管理系统部件的可行性选项：

一台 Linux 服务器+一台 Linux 验证服务器+防病毒网关服务器+若干客户机。

在技术方面，需考虑验证技术、数据库存储技术、防攻击技术。这些技术可以通过使用安全的登录服务器、安全的付费数据库、安全的防攻击服务器和安全的传输协议来实现。

（2）上机管理系统的建造

在安全管理规范上，我们考虑到安全实时传输协议（SRTP）。安全实时传输协议旨在为单播和多播应用程序中的实时传输协议的数据提供加密、消息认证、完整性保证和重放保护。

在系统部件与设备的安全保护措施上，我们则考虑到如下几点。

① 设备的运行安全。

作为设备管理的职能部门应该做到每周至少检查一次，而其他的相关部门（比如安全管理部门）应每月组织一次综合性安全大检查，并不定期检查设备运行及安全管理状况。

② 设备的检修安全。

设备检修时，除了企业已制定的安全规定以外，还必须针对检修作业内容、范围提出补充安全要求，明确作业程序、安全纪律，并指派专人负责现场安全监督检查工作。

（3）上机管理系统的测试

检查上机管理系统是否实现了相关的保护需求。检查服务器上的操作系统是否及时地打上补丁避免漏洞被蓄意攻击利用，确保防火墙不会向外界开放超过必要的任何 IP 地址，至少要让一个 IP 地址对外使用以进行所有的互联网通信。对不会用到的服务、不必要开的 TCP 端口等，应检查是否关闭。

在数据保护方面，检查是否定期对服务器进行备份，从而防止未知的系统故障或用户有意或无意的非法操作。

5. 上级管理系统的评估

基于 ISSE 上机管理系统的评估目标是通过风险评估，分析信息系统的安全状况，全面明确和掌握信息系统面临的安全风险，评估信息系统的风险，提出风险控制建议，为下一步完善管理制度及今后的安全建设和风险管理提供第一手资料。

本次评估的范围包括该信息系统网络、管理制度、使用或管理该信息系统的相关人员，以及由系统使用时所产生的文档、数据。

通过问卷调查、人员访谈、现场考察、核查表等形式，对基于 ISSE 的上机管理系统的业务、组织结构、管理、技术等方面进行调查。问卷调查、人员访谈的方式使用《调查表》，调查系统的管理、设备、人员管理的情况；现场考察、核查表的方式考察设备的具体位置，核查设备的实际配置等情况，得出有关基于 ISSE 的上机管理系统的描述。

针对该系统的风险评估项目可以分为项目准备、现状调研、检查与测试、分析评估及编制评估报告 5 个阶段，各阶段工作定义说明如下。

① 项目准备：项目实施前期工作，包括成立项目组，确定评估范围，制订项目实施计划，收集整理开发各种评估工具等。工作方式为研讨会。工作成果为《项目组成员信息表》《评估范围说明》《评估实施计划》。

② 现状调研：通过访谈调查，收集评估对象信息。工作方式为访谈、问卷调查。工作成果为《各种系统资料记录表单》。

③ 检查与测试：手工或工具检查及测试。进行资产分析、威胁分析和脆弱性扫描。工作方式为访谈、问卷调查、测试、研讨会。工作成果为《资产评估报告》《威胁评估报告》《脆弱性评估报告》。

④ 分析评估：根据相关标准或实践经验确定安全风险，并给出整改措施。工作方式为访谈、研讨会。工作成果为《安全风险分析说明》。

⑤ 编制评估报告：完成最终评估报告。工作方式为研讨会。工作成果为《信息系统综合评估报告》。

本章小结

信息系统安全工程（ISSE）是采用工程的概念、原理、技术和方法，来研究、开发、实施与维护信息系统安全的过程，它是将经过时间考验证明正确的工程实施流程、管理技术和当前能够得到的最好的技术方法相结合的过程。

ISSE 在系统的整个生命周期内，具有 6 个基本功能，分别为安全规划与控制、确定安全需求、支持安全设计、分析安全操作、支持安全生命周期以及管理安全风险。

ISSE 作为系统工程的一个部分，主要分为发掘信息保护需求、确定系统安全要求、设计系统安全体系结构、开展详细安全设计、实施系统安全和评估信息保护有效性这几个阶段。ISSE 过程存在于完整的系统开发生命周期中，其实施是以信息系统安全保障工程的实施为载体，指导信息系统安全保障体系的建设。

发掘需求是 ISSE 过程的起点，是针对用户需求以及用户环境中的相关策略、法规和标准的一系列判断。在定义系统阶段，需要将安全功能分配到目标系统和外部系统中，标识出数据流的保护需求。在系统的设计阶段，完成功能分析和分配的同时，还需要分配好相应的安全服务并选择安全机制。在系统实施阶段，工程人员将系统从规范变为现实，该阶段主要包括采办、集成、配置、测试等。评估信息保护的有效性活动则跨越了整个 ISSE。

ISSE 的诸多思想目前已经被纳入到 IATF 的体系中，它是一种十分有效的工程方法，对信息安全系统的建设具有独到的指导意义，能够对系统提供全方位的安全保护，使用户对安全具有更大的信心。

思考题

1. ISSE 是什么？主要包括哪些过程？
2. ISSE 的指导思想是什么？
3. ISSE 的基本功能有哪些？每个功能具有哪些作用？
4. 请简要概述 ISSE 的实施框架。

5. 信息系统的安全需求是如何发掘的？
6. 从哪些方面定义信息安全系统？
7. 信息安全系统的设计要经历哪几个过程以及每个过程需要做什么？
8. 实施信息安全时需要考虑哪些问题？
9. 信息安全系统评估在 ISSE 过程中各个阶段的作用有哪些？
10. 请简述 ISSE 在上机管理系统中的应用。

实验一　基于 ISSE 过程的网络安全需求分析及解决方案

实验内容：根据建网情况分析网络的安全需求，给出相应的分析过程，并根据安全需求进行具体规划，给出解决方案。

第 3 章

信息安全工程能力成熟度模型

对一个成熟的安全工程组织而言，从事工程的能力将直接关系到工程的质量，而工程过程的质量将直接影响用户对工程的信心。国际上通常采用能力成熟度模型（CMM）来评估一个组织的工程能力。CMM 模型认为，能力成熟度高的企业持续生产高质量产品的可能性更大，工程风险则更小。

为了将 CMM 模型引入到系统安全工程领域，有关国际组织共同制定了面向系统安全工程能力的成熟度模型（SSE-CMM）。该模型是在 CMM 模型的基础上，通过对安全工程进行管理，从而将系统安全工程转变为一个具有良好定义的、成熟的、可测量的先进工程学科。

本章着重介绍 SSE-CMM 模型的体系结构及其应用。在 3.1 节中，我们将对 CMM 模型进行简要介绍，从而引出 SSE-CMM 模型。针对该模型，我们将在 3.2 节当中，从其产生背景和概念两个方面进行初步介绍。在 3.3 节中，我们将介绍三类过程域，并且从"域维"和"能力维"两个维度来描述一个组织的安全工程过程必须包含的基本特性。对该模型的应用，我们将在 3.4 节中从应用场景、过程改进、能力评估和信任度评估几个方面来阐述。在 3.5 节中，我们将对 SSE-CMM 与 ISSE 两种方法进行一个全面的比较。最后在 3.6 节中，我们将介绍借鉴 CMM 的思想而形成的大数据安全能力成熟度模型 DSMM。

【学习目标】
- 了解 CMM 的基本概念及其等级划分。
- 学习 SSE-CMM 体系结构，尤其是从域维和能力维进行学习。
- 学习 SSE-CMM 的改进和评估过程。
- 了解 SSE-CMM 和 ISSE 之间的异同。

3.1 能力成熟度模型简介

"能力成熟度模型"的英文为 Capability Maturity Model for Software（CMM）。它是对软件组织在定义、实施、度量、控制和改善其软件过程的实践中各个发展阶段的描述。CMM 的核心是把软件开发视为一个过程，并根据这一原则对软件开发和维护进行过程监控和研究，以使其更加科学化、标准化，使企业能够更好地实现商业目标。

CMM 给出了一个软件开发过程管理的框架，将软件开发过程管理按成熟度分为 5 个级别，从初始级、可重复级、已定义级、已管理级到优化级，不断改进组织的软件过程，使组织的软件过程能力不断提升。

一个软件组织可能处于某个级别，以此级别为基础，不断改进和完善，取得高一级的认证，成为成熟度高的软件组织。

CMM 的概念模型如图 3-1 所示。

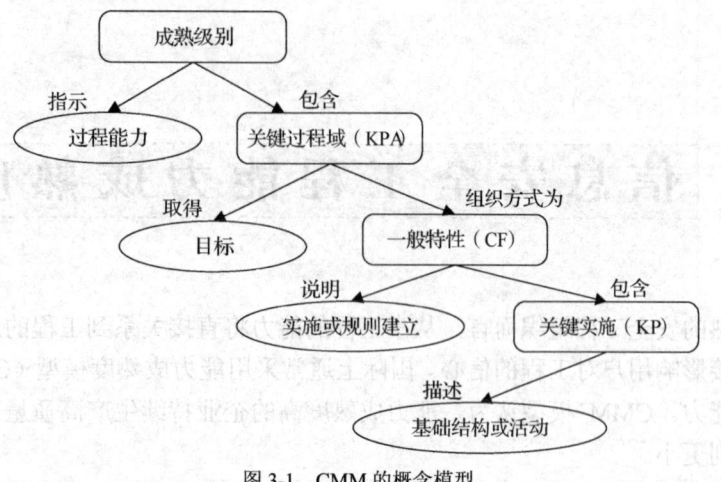

图 3-1　CMM 的概念模型

CMM 的每个成熟级别指示了这个级别所对应的过程能力，它包含许多关键过程域（KPA）。每个 KPA 代表一组相关工作，并且有各自的目标，完成该目标即认为该过程能力提高了。

每个 KPA 的工作以组织方式细化为一般特性（CF）。每个 CF 都对实施或规则的建立进行说明，它由若干个关键实施（KP）组成，KP 是软件过程的基础结构或活动。

CMM 具体分为以下 5 个成熟级别。

1. 初始级（Initial）

初始级的企业一般不具备稳定的软件开发与维护环境。常常在遇到问题的时候，就放弃原定的计划而只专注于编程与测试。处于这一等级的企业，成功与否在很大程度上取决于是否有杰出的项目经理与经验丰富的开发团队。项目成功与否非常不确定。虽然产品一般来说是可用的，但是往往有经费超支与不能按期完成等问题。

2. 可重复级（Repeatable）

该级别的主要特点是项目计划和跟踪的稳定性，项目过程的可控性和以往成功的可重复性。过程能力的增强基于以各个项目为基础的有纪律的基本过程管理。不同的项目可有不同的过程，而对机构的要求是根据指导项目建立适当管理过程的策略。这一级的管理过程包括了需求管理、项目管理、质量管理、配置管理和子合同管理 5 个方面。其中项目管理分为计划过程和跟踪与监控过程两个过程，通过实施这些过程，从管理角度可以看到一个按计划执行且阶段可控的软件开发过程。

3. 已定义级（Defined）

该级别的主要特征在于软件过程已被提升成标准化过程，从而更加具有稳定性、可重复性和可控性。有一组人员专门负责机构的软件过程，并且在机构中有培训计划来确保员工和管理者有知识和技能完成所赋予的角色。这一级主要处理以下的 KPA。

（1）机构过程关注（Organization Process Focus）：机构对改进软件过程能力的软件过程活动的责任。

（2）机构过程定义（Organization Process Definition）：维护一组有用的软件过程 assets 和提供一个用于定义定量过程管理的有意义的数据基础。

（3）培训计划（Training Program）：个体的知识和技能以使他们能够更加有效地完成他们的角色。

（4）集成软件管理（Integrated Software Management）：包括制订项目软件过程定义，并据此定义制订项目的软件开发计划去管理软件项目。也就是将软件工程活动和管理活动集成为一个协调的、已定义的软件过程，使得各个项目的软件过程定义都是由组织的标准软件过程裁剪而得，项目的行为成为一致的和标准的，有利于软件的过程改进。

（5）软件产品工程（Software Product Engineering）：它描述了项目的技术活动，如需求分析、设计、编码和测试。

（6）组间协调（Intergroup Coordination）：软件工程组主动介入其他工程组以便项目能更好满足客户要求的手段。

（7）同行评审（Peer Reviews）：有效地排除软件工作产品中的缺陷。

4. 已管理级（Managed）

在该级别的软件机构中，软件过程和软件产品都有定量的目标，并被定量地管理，因而其软件过程能力是可预测的，其生产的软件产品是高质量的。具体地说，第四级的机构具有如下特征：软件过程和产品有定量质量目标。重要的软件过程活动均配有生产率和质量度量；数据库被用来收集和分析定义软件过程的数据；项目的软件过程和质量的评价有定量的基础；项目的产品和过程控制具有可预测性。

5. 优化级（Optimizing）

优化级是 CMM 的最高级，包括缺陷预防、技术更新管理和过程更改管理 3 个 PAK。优先级软件组织的工作重点是对已有软件过程进行深层次的改进和过程成熟能力的提高，概括来说，优化级的主要特点是技术和过程改进被作为常规的业务活动，加以计划和管理。

3.2 信息安全工程能力成熟度模型基础

本节对 SSE-CMM 的基础进行阐述，首先介绍其产生背景，然后对 SSE-CMM 的基本概念进行说明，包括它的适用范围、针对的目标用户以及使用的用途和优势。

3.2.1 信息安全工程能力成熟度模型的起源

系统安全工程能力成熟模型（SystemsSecurity Engineering Capability Maturity Model，SSE-CMM），起源于美国国家安全局（NSA）在 1993 年 4 月提出的一个专门应用于系统工程的能力成熟模型（CMM）的构思，其目的是建立和完善一套成熟的、可度量的安全工程过程。该模型定义了一个组织的安全工程过程必须包含的本质特征，这些特征是完善安全工程的保证。此安全工程对于任何工程活动均是清晰定义的、可管理的、可测量的、可控制的且有效的。

SSE-CMM 描述的对象不是具体的过程或结果，而是工业中的一般实施。这个模型是安全工程实施的标准化评估准则，它覆盖了以下内容。

（1）工程的整个生命周期，包括开发、运行、维护和终止。

（2）整个组织机构，包括其中的管理活动、组织活动和工程活动。

（3）与其他学科和领域并行的相互作用，如系统、软件、硬件、人为因素、测试工程、系统管理、运行和维护等。

（4）与其他组织机构的相互作用，包括采办、系统管理、认证、认可和评估机构。

SSE-CMM 还用于改进安全工程实施的现状，达到提高安全系统、安全产品和安全工程服务的质量与可用性并降低成本的目的。

开发 SSE-CMM 的原因主要有以下两点。

（1）安全工程的重要性：随着社会对信息信赖程度的增长，信息的保护变得越来越重要。维护和保护信息需要许多产品、系统和服务。安全工程的焦点已经从保护保密数据转向保护广泛的应用。

（2）信息系统安全需要工程理念：工程的理念要求组织机构以一个更成熟的方式来实施安全工程。特别地，在安全系统和安全产品生产和操作过程中要求以下特性。

① 连续性：以前获得的知识将用于将来的工作。

② 重复性：保证项目可成功重复实施的方法。

③ 有效性：可帮助开发者和评价者更有效工作的方法。

④ 可信赖性：落实安全需求的信心。

为了达到这些要求，需要有一个具体机制来指导组织机构去理解和改进其安全工程实施。安全工程领域已有一些被充分接受的原则，但目前仍缺少一个易于理解的评估安全工程实施的框架。SSE-CMM 正是这样一个框架，它为安全工程原则的应用提供了一个衡量和改进的途径。

3.2.2 信息安全工程能力成熟度模型的基本概念

SSE-CMM 是系统安全工程能力成熟模型（Systems Security Engineering Capability Maturity Model）的缩写，是一个过程参考模型。它描述了一个组织的安全工程过程必须包含的本质特征，这些特征是完善安全工程的保证。尽管 SSE-CMM 没有规定一个特定的过程和步骤，但是它汇集了工业界常见的实施方法。

1. SSE-CMM 的适用范围

SSE-CMM 涉及可信产品或可信系统的整个生命周期的安全工程活动，包括概念定义、需求分析、设计、开发、集成、安装、运行、维护和终止。它可用于安全产品开发商、安全系统开发商及集成商、提供安全服务和安全工程的组织机构；也可应用于所有类型和大小的安全工程机构，如商务机构、政府机构和学术机构。尽管 SSE-CMM 模型是一个用以改善和评估安全工程能力的独特的模型，但这并不意味着安全工程将游离于其他工程领域之外进行实施。SSE-CMM 模型强调的是一种集成，它认为安全性问题存在于各种工程领域之中，同时也包含在模型的各个组件之中，所以 SSE-CMM 是开放性的、是面向工程的。

2. SSE-CMM 的目标用户

SSE-CMM 用户包括涉及安全工程的各类机构，其中包括产品开发者、服务提供者、系统集成者、系统管理者以及安全专家等。不同的 SSE-CMM 用户所处理的问题的层面不同，其中部分组织处理高层问题（如系统的运行使用或系统体系结构有关的问题），部分组织处理底层问题（如安全机制选择和设计），还有一部分组织涉及这两个层面。

对于安全工程中 SSE-CMM 的不同用户对象，SSE-CMM 起到的作用和功能也有所区别，具体的区别如下所示。

（1）安全服务提供者。在这里，SSE-CMM 可以测量一个组织的从事风险评估的过程能力，这需要多个实施组共同参与。在系统开发或集成期间，需要评估该组织决定与分析安全脆弱性的能力。在系统运行过程中，还需要评估组织对系统安全态势监控的能力，识别并分析安全脆弱性，以及评估系统运行的影响。

（2）安全对策开发者。对致力于以开发安全对策为主的机构，该模型包含了如何决定和分析安全脆弱性、评估运行，以及为其他组织（如软件组织）提供指南和输入等安全工程实施元素。提供安全对策的开发机构或有关人员，需要理解上述实施元素之间的关系。

（3）产品开发者。SSE-CMM 致力于获得顾客对安全需求的了解，而这些安全要求需要通过与用户的交互来确定。安全工程的实施者认识到产品开发的环境和方法如同产品本身一样是可变化的。然而，已知一些关于产品和项目环境的问题会影响到产品的构想、生产、交付和维护，比如：顾客群类型、保证要求、开发或运行机构的支持等。

（4）特殊的行业或部门。每个行业都有自身特殊的文化、术语和交流模式。为减少角色相关性和组织结构的影响，SSE-CMM 期望够能容易地将其概念转化为所有行业部门自身的语言和文化，从而在最大程度上减小业内各行业和部门的独特性对信息安全工程过程的影响。

3. SSE-CMM 的用途和优势

SSE-CMM 的应用方式如下。

（1）作为工程机构的工具来评估其安全工程实施活动，并实现对这些工程实施的改进。

（2）作为安全工程评估机构（如系统认证机构、产品评估机构）的工作基础，基于机构的能力为被评估机构建立起信任度（作为系统或产品安全保证的要素）。

（3）为客户建立起用以评估提供商的安全工程能力的标准机制。当前市场中的信息安全产品主要分为两种，一种是已评估的产品，另一种是未评估的产品。由于产品的评估耗时耗力且价格昂贵，所以评估周期漫长导致其进入市场时需求已经发生新的变化。而对于未评估的产品，用户只能根据产品说明书和与其他产品对比来决定是否购买。

出于上述因素，组织机构需要以一个更加成熟的方式来实施安全工程。SSE-CMM 正是出于这个目的，用于改进安全工程实施的现状，以利用它达到提高安全系统、安全产品和安全工程服务的质量和可用性并降低成本的目的。特别地，SSE-CMM 对一些机构的影响如下。

（1）工程机构：包括系统集成商、应用开发者、产品厂商和服务供应商。这些机构使用 SSE-CMM 的益处如下。

① 通过可重复和可预测的过程和实施来减少返工。

② 获得真正工程执行能力的认可，特别在资源选择方面。

③ 侧重于可度量组织的资格（成熟度）和改进能力。

（2）采办机构包括从内部/外部得到系统、产品和服务的机构以及最终用户。这些机构使用 SSE-CMM 的益处如下。

① 可重用的标准化提议请求语言和评定方法。

② 减少选择不合格投标者的风险（性能、成本、工期风险）。

③ 基于工业标准的统一评估以减少争议。

④ 在产品生产或提供服务过程中建立可预测和可重复级的可信度。

（3）评价机构包括系统认证机构、系统认可机构、产品评价机构和产品评估机构。这些机构使用 SSE-CMM 的益处如下。

① 与系统或产品变化无关的可重用的过程评定结果。

② 在安全工程中和安全工程与其他工程集成中的信任度。

③ 基于能力的显见可信度，减少安全评估工作量。

3.3 信息安全工程能力成熟度模型的体系结构

本节将对 SSE-CMM 的体系结构进行详细讲解。首先对 SSE-CMM 的基本模型进行介绍，主要对它的两个构成维度进行简要说明。接着对 SSE-CMM 的三大类过程域进行介绍，包括安全工程过程域、组织过程域和项目过程域。其中重点介绍安全工程过程域中的风险过程域、工程过程域和保证过程域。最后我们对域维和能力维这两个维度进行详细说明，包括横轴代表的过程类、过程域和基本实施以及纵轴代表的能力级别、公共特征和通用实施。

3.3.1 信息安全工程能力成熟度模型的参考模型

体系结构是方法学的核心，SSE-CMM 的目标是清晰地从管理和制度化特征中分离出安全工程的基本特征。为了保证这种分离，这个模型是两维的，分别称为"域"和"能力"，其参考模型如图 3-2 所示。

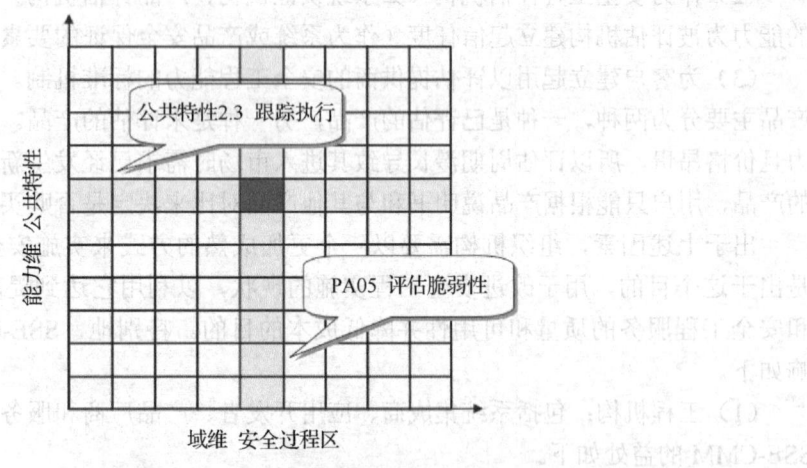

图 3-2　SSE-CMM 的参考模型

其中，"域"维由所有定义安全工程的工程实施活动构成，这些实施活动称为"基本实施"（Base Practice，BP）。"能力"维代表的是机构对过程的管理和制度化能力，被称为"通用实施"（Generic Practice，GP）。通用实施是基本实施过程中必须完成的活动。

SSE-CMM 并不意味着在组织机构中，任何项目组或角色必须执行 SSE-CMM 中所有基本实施，也不要求一定要使用最新的安全工程技术，它要求的是要有与特定业务目标相适应的安全过程，这个安全过程可能是从所有的基本安全实施中抽取其中部分进行创建。

SSE-CMM 也并不意味着在执行通用实施时，虽然组织机构可以随意地从中选取任意的通用实施，并按照自己的次序来计划、跟踪、定义、控制和改进这个过程。但是，由于一些较高级别的通用实施依赖于较低级别的通用实施，因此组织机构应在试图达到较高级别的通用实施前，首先实现较低级别的通用实施。

3.3.2 信息安全工程能力成熟度模型的过程域

SSE-CMM 中的过程域被定义为一系列安全工程过程特性的集合，这些特性将集中在一起共同实施，从而达到一个规定的目标。过程域由若干基本实施构成，这些基本实施具备某种指令性特点。也就是说，如果一个组织要宣布某个指定的过程域为安全的话，它就必须让被实施的安全工程中含有全部基本实施。

SSE-CMM 包含三类过程域：安全工程过程域、项目过程域和组织过程域。其中项目过程域和组织过程域是从系统工程能力成熟模型中借鉴而来的。

1. 安全工程过程域

SSE-CMM 将安全工程过程域分为 3 个基本类别的领域：风险过程、工程过程和保证过程。对最简单的层次而言，风险过程要识别内含于产品、系统开发过程中的危险因素，并将其按危险性的等级进行排列；工程过程则要对上述危险带来的问题采取解决措施；保证过程要确保安全性的解决措施有效，并将这种确信传递给客户。这 3 个域同时协作，就会达到安全工程所要达到的各种目标。图 3-3 显示了这 3 个领域协作的关系。

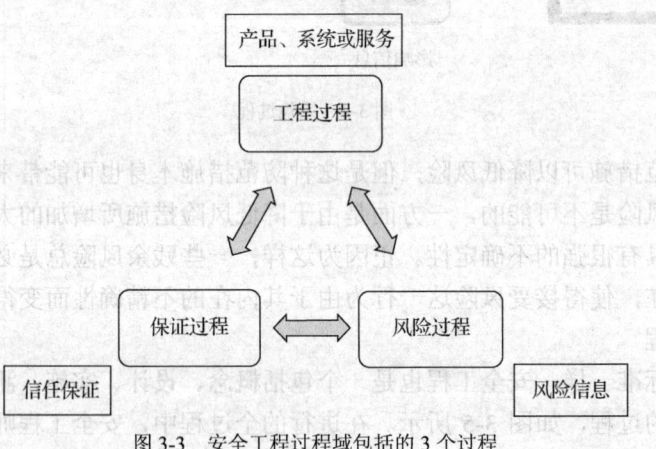

图 3-3　安全工程过程域包括的 3 个过程

（1）风险过程

安全工程的一个主要目标就是降低风险。风险评估就是一个识别潜在未发生问题的过程。评估风险往往考虑两个方面：第一，考虑系统受到攻击时发生崩溃的可能性；第二，考虑一些意外事件对系统的潜在影响。上述的可能性是一个不确定因素，它会随环境的改变而不同。这就意味着这种可能性只能用某种极限的形式进行预测。另外，由于意外事件并不一定总如意料中的那样发生，这就决定了所考虑的特殊风险对系统的冲击也是一个不确定因素。由于这些因素都含有大量的不确定性，这就致使准确估计这些因素并对其进行调整成为一件非常困难的事。

一个意外事件通常由三部分构成：威胁、脆弱性、冲击。所谓脆弱性，就是指那些被攻击方所利用，借以威胁系统的一些系统资源的属性，当然也包括系统本身的瑕疵。如果上述两种因素都不存在的话，那么就不存在意外事件，也就不存在任何风险。风险评估作为一个过程往往包括两方面内容：一是评估风险并将其量化；二是为组织建立一个可接受的风险等级。风险管理是安全管理中的一个重要组成部分。SSE-CMM 模型中风险过程包含 4 个过程域：PA04 评估威胁、PA05 评估脆弱性、PA02 评估影响和 PA03 评估安全风险，如图 3-4 所示。

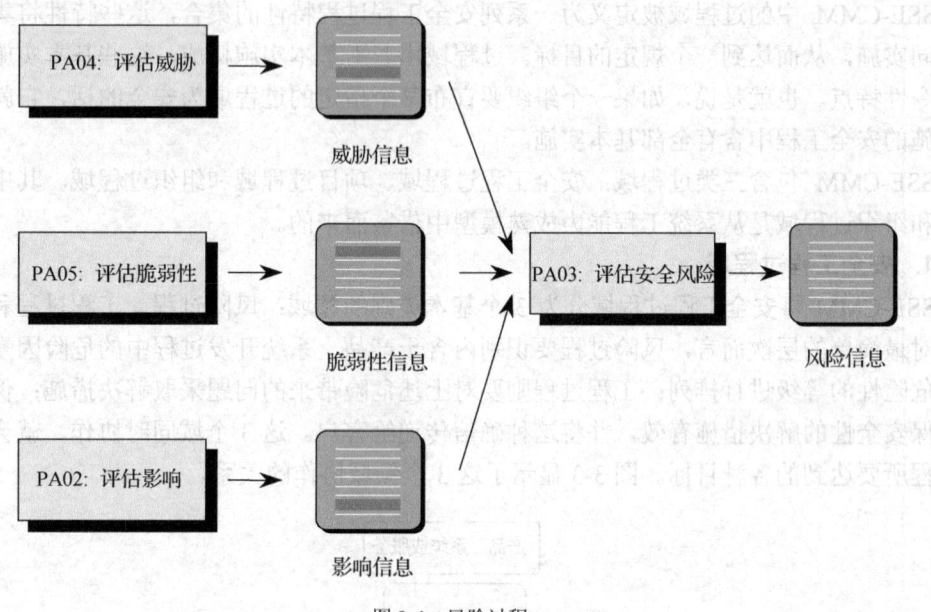

图 3-4　风险过程

采取安全防范措施可以降低风险，但是这种防范措施本身也可能带来风险。通常而言，要彻底消除所有风险是不可能的，一方面是由于降低风险措施所增加的大量费用，另一方面是由于风险本身具有很强的不确定性。正因为这样，一些残余风险总是必须被接受的。由于高不确定性的存在，使得接受风险这一行为由于其内在的不精确性而变得很成问题。

（2）工程过程

与其他工程标准一样，安全工程也是一个包括概念、设计、实施、测试、部署、维护、更新等多个环节的过程，如图 3-5 所示。在进行的全过程中，安全工程师必须与其他工程团队紧密合作（PA07 安全协调过程）。SSE-CMM 强调，安全工程师是整个大团队中的一部分，他们必须与从事其他活动的工程师紧密合作，这将有助于使安全性成为整个大过程的一部分，而不是仅作为一个孤立的活动。安全工程师在与客户一起确定安全需求时，要用到多方面的信息（PA10 细化安全需求过程）。其中包括上述风险过程中产生的信息，以及其他关于系统需求、相关法律、政策等多方面的信息。一旦确定了安全需求，安全工程师们将开始确定与跟踪一些特殊需求。

针对安全问题提出解决措施的过程一般包含两方面工作：首先确定可能的替代方案，然后评估替代方案以决定哪一个方案最合适（PA09 提供安全输入过程）。之后，安全工程队伍必须保证安全机制配置正确并运行正常（PA01 管理安全控制过程），同时对系统进行不间断地监测，以保证新的风险不至于增大到不能接受的地步（PA08 监控安全状况过程）。这一步骤中产生的分析结果将为以后的安全担保工作打下一个坚实的基础。

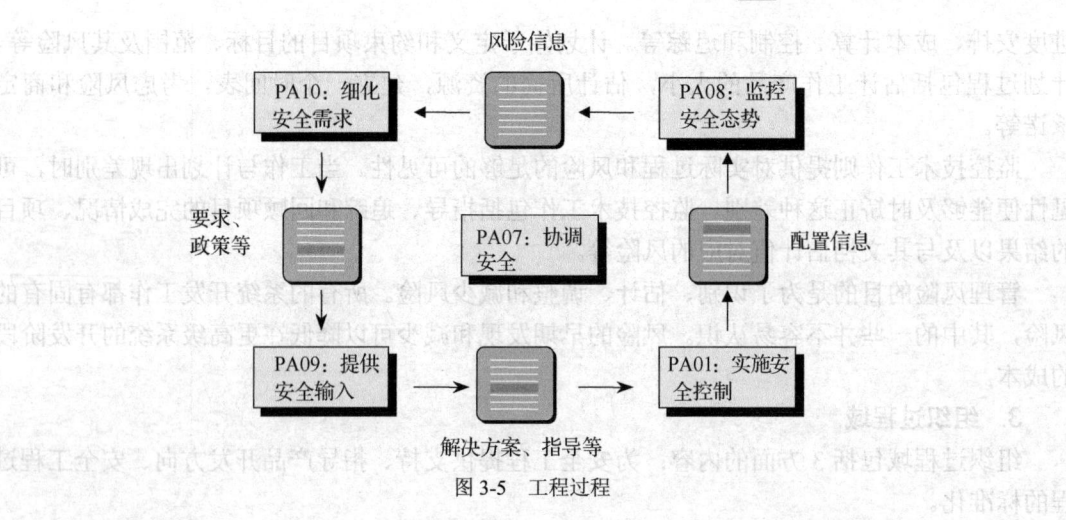

图 3-5　工程过程

（3）保证过程

"保证"定义为安全需求被满足的确信程度。这是安全工程的一个重要产品。保证有多种形式，SSE-CMM 强调其中一个方面是为了确保安全工程过程结果的可重现性。这种确保的基础是：一个成熟的组织比一个不成熟的组织更能重现安全工程的结果。SSE-CMM 的保证过程如图 3-6 所示。

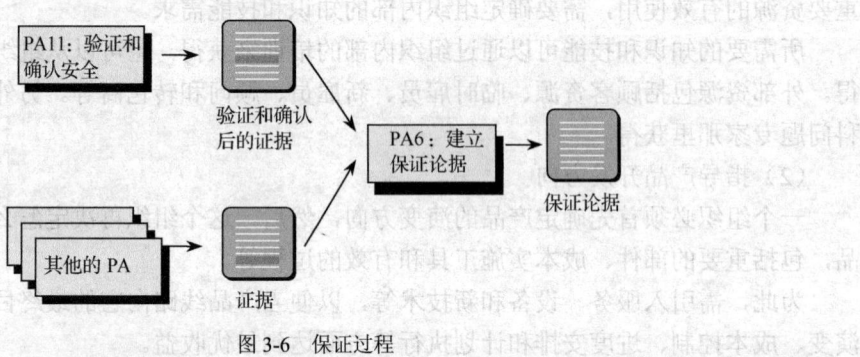

图 3-6　保证过程

保证过程通常以文件的形式进行传递，这种文件包括对各种系统特性的声明，这些声明都要有客观依据，这些依据通常是在安全工程活动过程中以文件的形式产生的。

SSE-CMM 各种活动本身就已经为安全保证提供了相关证据。例如，过程文件就可以说明所进行的开发工作是依照一个定义良好的成熟过程来进行的，并且，这个过程的目标是不断地进行改进的。

2. 项目过程域

项目过程域的目标之一是确保项目的质量，这不但要考虑系统的质量，而且还要考虑用于构造系统的过程域的质量。另外，这个过程必须严格坚持并贯彻于 SSE-CMM 的整个生命周期内。

项目过程域的另一目标是对项目的技术工作进行有效的管理，这涉及对技术工作的计划和监控。

计划技术工作的目的是建立在系统开发、生产、应用和更新之上的，涉及技术工作的进度安排、成本计算、控制和追踪等。计划始于定义和约束项目的目标、范围及其风险等。计划过程包括估计工作产品的大小，估计所需的资源，建立一个时间表，考虑风险和商定承诺等。

监控技术工作则提供对实际过程和风险的足够的可见性。当工作与计划出现差别时，可见性便能够及时矫正这种差别。监控技术工作包括指导、追踪和回顾项目的完成情况、项目的结果以及与其文档估计值对应的风险等。

管理风险的目的是为了识别、估计、调整和减少风险。所有的系统开发工作都有固有的风险，其中的一些并不容易认识。风险的早期发现和减少可以降低在更高级系统的开发阶段的成本。

3. 组织过程域

组织过程域包括 3 方面的内容：为安全工程提供支持、指导产品开发方向、安全工程过程的标准化。

（1）为安全工程提供支持

首先要提供开发产品和执行过程所需的技术环境。组织的技术需求随着时间改变，当需求改变时，涉及的技术工作必须被重新确定。技术环境包括：计算资源、通信渠道、分析方法、组织结构、设备、软件生产工具及所有的系统安全工程工具等。

要保证项目和组织有必要的知识和技能来完成相应的目标。为了保证那些来自于人力的重要资源的有效使用，需要确定组织内部的知识和技能需求。

所需要的知识和技能可以通过组织内部的培训来获得，也可以从组织外部资源中及时获得。外部资源包括顾客资源、临时雇员、新雇员、顾问和转包商等。另外，知识也可以从学科问题专家那里获得。

（2）指导产品开发方向

一个组织必须首先确定产品的演变方向，然后，这个组织再决定怎么设计和开发这些产品，包括重要的部件、成本实施工具和有效的过程等。

为此，需引入服务、设备和新技术等，以便当产品线路向它的最终目标演变时，在产品演变、成本控制、进度安排和计划执行等方面达到最优收益。

上述工作的目的是确保产品开发工作能够集中到战略性的商业目的，创造并改善在长期内使研究和产品开发具有竞争优势所需的能力。

（3）安全工程过程的标准化

定义组织安全工程过程域的目的是建立和管理组织的标准安全工程过程。这些过程随后能被某个项目所剪裁来构成其独特的过程，在该项目对应的系统和产品开发中将遵循这些过程。

定义组织的系统安全工程过程涉及定义、收集和维护满足组织的商业目标的过程，还涉及设计、开发和文档化系统安全工程过程的工作产品。这些工作产品包括过程的范例、过程片断、与过程相关的文件、过程结构、过程剪裁规则和工具以及过程度量方法等。

定义好的标准安全工程过程并不是一成不变的，它应当随着组织的环境的变化而不断地改善。改善组织的安全工程过程的目的是通过不断地改善组织中所应用的系统安全工程过程的有效性和效率来获得竞争优势。

3.3.3 域维和能力维

1. 基本实施过程与过程域

SSE-CMM 包含了 61 个基本实施过程，并被归入了 11 个安全工程过程域（Process Area，PA），它们覆盖了安全工程的主要领域。基本实施是从现存的很大范围内的材料、实施活动、专家见解之中采集而来的。这些挑选出来的实施代表了当今安全工程组织的最高水平，它们都是经过验证的实施。

一个基本实施所具有的特性如下。

（1）应用于整个生命周期。

（2）和其他 BP 互相不覆盖。

（3）代表安全业界"最好的实施"。

（4）不只是简单地反映最新技术。

（5）可在多种业务环境下以多种方法使用。

（6）不指定具体的方法或工具。

每一个过程域包括一组表示机构成功执行过程域的目标。每一个过程域也包括一组集成的"基本实施"或简称为"BP"。基本实施定义了取得过程域目标的必要步骤。

一个过程域所具有的特性如下。

（1）汇集一个域中的相关活动，以便于使用。

（2）与有价值的安全工程服务相联系。

（3）可在整个机构生命周期中应用。

（4）能在多机构和多种产品背景下实现。

（5）能作为一个独立的过程加以改进。

（6）能够由类似兴趣的工程组进行改进。

（7）包括能满足该过程域目标的所有 BP。

SSE-CMM 模型的横轴上是域维度，分为三类：安全工程、规划和组织。这三类子域再细分成 22 个过程域，包括新增加的 11 个系统安全工程过程域（PA01-PA11），和原 SSE-CMM 的 11 个过程域共同组成了所有的 BP。以下列出的就是这些过程域的划分。

（1）安全工程过程域

PA01 管理安全控制   PA07 协调安全性

PA02 评估影响   PA08 监视安全态势

PA03 评估安全风险   PA09 提供安全输入

PA04 评估威胁   PA10 确定安全需求

PA05 评估脆弱性   PA11 验证与确认安全性

PA06 建立安全论据

（2）原 SE-CMM 的过程域（项目和组织过程域）

项目过程域：

PA12 保证质量   PA15 监视和控制技术工作

PA13 管理配置   PA16 规划技术工作

PA14 管理项目风险

组织过程域：

PA17 定义机构的系统工程过程　　　PA20 管理系统工程支持环境

PA18 改善机构的系统工程过程　　　PA21 提供不断发展的技能和知识

PA19 管理产品线发展　　　　　　　PA22 与提供商协调

图 3-7 描述了基本实施、过程域以及过程类的相互关系，过程类是由若干过程域构成，而过程域则是由若干基本实施所构成。

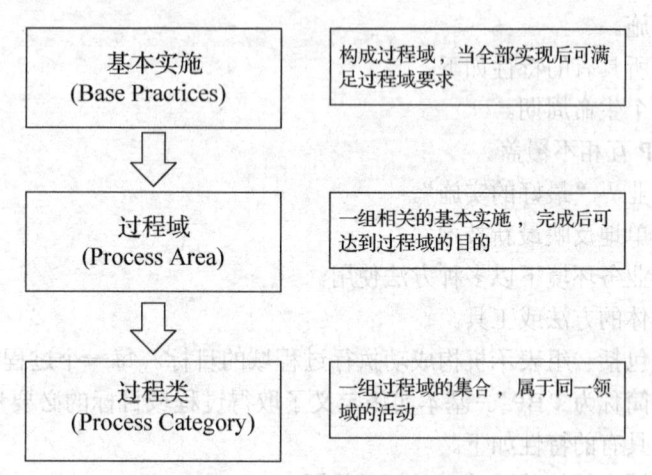

图 3-7　基本实施、过程域和过程类的关系

图 3-8 显示了过程域的通用书写格式。首先是对过程域的一个概括，接着列出一个过程域的一组目标，这些目标代表了实现该过程域所希望得到的结果。每个过程域都包括相关的基本实施。每个过程域一旦选定，则对应的基本实施必须完成。过程域的描述后面是对应的每个基本实施的描述。

```
PA01：过程域名

    概述：过程域的概况介绍

    目标：实现该过程域所期望结果的列表

    基本实施列表：每个基本实施的编号和名字列表

    过程域说明：关于该过程域的其他说明

BP01.01：基本实施名

    描述名：该基本实施的描述名

    描述：对该基本实施的概况

    工作结果：列出可能输出的实例表
```

图 3-8　过程域的书写格式

2. 通用实施、公共特征和能力级别

通用实施是应用于所有过程的活动。它们强调一个过程的管理、度量与制度方面。一般而言，在评估一个组织执行某过程的能力时要用到这些实施。通用实施被分组成 12 个被称作"公共特征"的逻辑区域，这些"公共特征"又被分作 5 个能力水平，分别代表组织能力的不

同层次。与域维中的基本实施不同的是，能力维中的通用实施是根据成熟性进行排序的。因此，代表较高过程能力的通用实施会位于能力维的顶层。通用实施、公共特征以及能力级别的关系如图 3-9 所示。

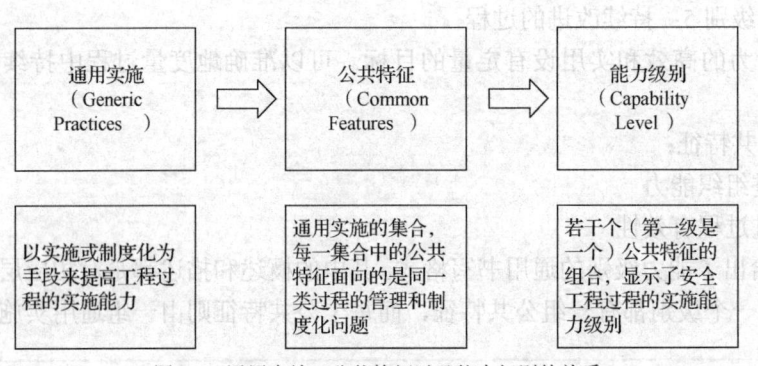

图 3-9　通用实施、公共特征以及能力级别的关系

公共特征用于描述一个组织执行工作过程中的特征方式，每个公共特征包含一个或多个通用实施。通过判断一个组织安全工程过程的公共特征，即何种层次通用实施的执行，就可以得出该组织的能力等级。

在能力维中，SSE-CMM 的 5 个能力级别以及对应的公共特征如下。

（1）能力级别 1：非正式执行的过程

该过程仅仅要求一个过程的所有基本实施都被执行了，而对执行的结果如何并无明确要求。

对应的公共特征：

1.1：执行基本实践

（2）能力级别 2：计划和跟踪的过程

这一级强调过程执行前的计划和执行中的检查。这使得工程队伍可以基于最终结果的质量来管理其实践活动。

对应的公共特征：

2.1：计划执行

2.2：训练执行

2.3：检验执行

2.4：跟踪执行

（3）能力级别 3：良好定义的过程

过程域包括的所有基本实践均应依照一组完善定义的操作规范来进行。这组规范是工程队伍依据其长期工作经验制定出来的，其合理性是经过验证的。

对应的公共特征：

3.1：定义标准过程

3.2：执行定义的过程

3.3：过程协作

（4）能力级别 4：量化控制的过程

能够对工程队伍的表现进行定量的度量和预测。过程管理成为客观的和准确的实践活动。

对应的公共特征：

4.1：建立可测量的质量目标

4.2：客观的管理执行

（5）能力级别 5：持续改进的过程

为过程行为的高效和实用设有定量的目标。可以准确地度量过程中持续改善所收到的效益。

对应的公共特征：

5.1：改进组织能力

5.2：改进过程有效性

图 3-10 给出了能力级别的通用书写格式。其中的概述和描述都是对相应层次内容的一个简短概括。每一个级别都有一组公共特征，而每个公共特征则由一组通用实施来描述。

能力级别 1：能力级别名称

  概述：该能力级别的概述

  公共特征列表：对应公共特征的编号和名称

    公共特征 1.1：公共特征名称

      概述：该公共特征的概述

      通用实施列表：对应通用实施的编号和名称

        GP1.1.1：通用实施的名称

          描述：该通用实施的概述

          说明：该通用实施的其他说明

图 3-10　能力级别的书写格式

3.4　信息安全工程能力成熟度模型的应用

本节对 SSE-CMM 的应用进行阐述，主要从应用场景、过程改进、能力评估和信任度评估来介绍。在应用场景中，我们给出对过程域进行测量的一个具体流程，并且以校园网系统的管理及维护为例，将过程域的测量流程应用于其中。在过程改进中，我们给出 IDEAL 方法模型，通过该模型生命周期的 5 个阶段进行改进。在能力评估中，我们给出 SSAM 评估方法，并对其 4 个阶段进行说明。在信任度评估中，我们则是将所定义的目标与用户联系起来。

3.4.1　应用场景

SSE-CMM 的用户主要包括：安全产品开发商、安全系统开发商及集成商、安全服务提供商、安全工程机构、安全对策开发人员以及评估机构等。SSE-CMM 模型有 3 个主要用途：安全工程过程的改进、对安全工程承包单位实施能力的评估、帮助客户获得信任保证。

（1）安全工程过程的改进：可以使一个安全工程组织对其安全工程能力的水平有一个认识，以便设计得到改进的安全工程过程，提高其安全工程过程能力。

（2）安全工程承包单位实施能力的评估：允许一个客户组织了解其提供商的安全工程过程能力。

（3）信任度评估：凭借证据对所采用工程的成熟性做出支持性声明，提高产品、系统和服务的可信性。

为了理解 SSE-CMM 的模型使用，可以按以下步骤来考察一个组织如何对 SSE-CMM 中的过程域进行测量。

（1）根据业务内容，从 PA01-PA22 中选择一个适合机构业务或任务的一个过程域。

（2）查看该过程域的描述、目标及所包含的基本实施（BP）。

（3）查看机构中是否有在执行该过程域包含的所有基本实施（BP）。

（4）查看该过程域的目标是否得到满足，若对应的基本实施（BP）都被执行，则该过程域的目标完成。

（5）若过程域的目标已经满足，则在相应的公共特征 1.1 "执行基本实践"列上做标记。

（6）查看公共特征 2.1 "计划执行"中的描述和所包含的通用实施（GP）。

（7）对照公共特征 2.1 "计划执行"中的通用实施（GP），查看机构是否正在计划执行所选择的过程域。

（8）如果满足步骤（7），在公共特征 2.1 "计划执行"列做上标记，如未满足，则跳至步骤（10）。

（9）对照第二级中的其他每一个公共特征，重复步骤（6）～（8）。

（10）对其他每一个过程域，重复步骤（2）～（9）。

经过上述步骤后，通常得到如图 3-11 所示的结果。SSE-CMM 为每个能力级别定义了一个或多个公共特征。只有在所有这些公共特征都得到满足时，过程才达到了对应的能力级别。工程组织可以根据系统安全工程项目的实际需求有选择地执行某些过程域而不是全部过程域。工程组织应当针对每个过程域为自己评级，各过程域上的能力级别可能不同，这为工程组织过程能力的改善提供了方向。

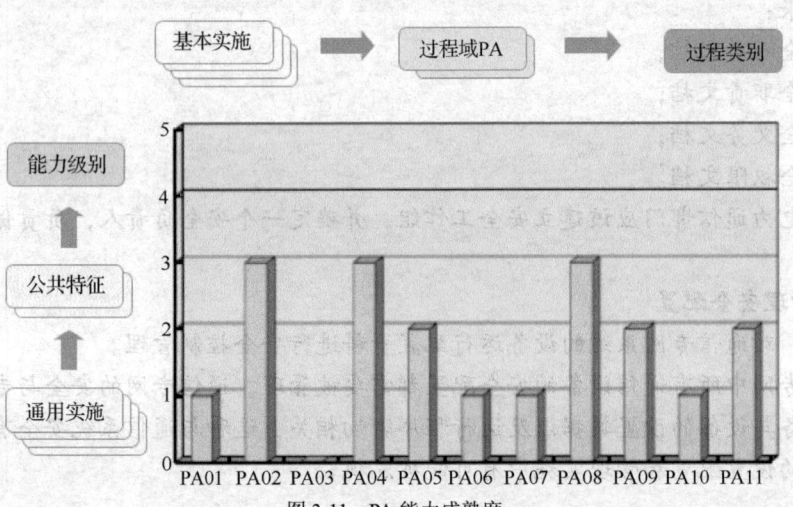

图 3-11　PA 能力成熟度

针对电子科技大学校园网系统的管理及维护，我们使用 SSE-CMM 模型对其进行过程域的评估和测量，如下所示。

基于 SSE-CMM 的校园网系统评估和测量

PA01　监管安全控制

概述：

　　管理安全控制的目的是保证电子科技大学校园网系统所达到的稳定性，目前已经在专网的日常维护管理中得到实现。这个目的实际上是通过系统管理及维护工作的具体要求来达到的。

目标：

　　正确地配置和使用校园网专网管理的安全控制机制。

基本实践列表：

　　BP01.01 建立安全职责：明确岗位安全控制的职责和责任，校园网维护管理部门的每一个人都应该了解自己所负的安全责任。

　　BP01.02 管理安全配置：对校园网系统的设备运行配置资料进行安全控制管理。

　　BP01.03 管理安全意识、培训和教育项目：强化校园网专网维护人员的安全意识、进行安全方面的培训教育。

　　BP01.04 管理安全运行机制：对通信专网系统基于安全的维护、操作机制进行定期的补充、完善和管理。

过程域说明：

　　这个过程域描述了在校园专网系统的管理和维护中，其安全性要控制在可接受范围内，不然就采取一系列的措施。

BP01.01　建立安全职责

　　描述名：明确岗位安全控制的职责和责任。

　　描述：对学校专网系统来说，为保证其安全运行，在遵循常规的安全管理方式的同时，还需要针对该专网进行一些结合通信专业特点的特殊管理。

　　工作结果：

　　　　安全人员文档；

　　　　安全职责文档；

　　　　安全义务文档；

　　　　安全权限文档。

　　说明：电力通信部门应该建立安全工作组，并确定一个安全负责人，负责保证达到安全目标。

BP01.02　管理安全配置

　　描述名：对通信专网系统的设备运行配置资料进行安全控制管理。

　　描述：专网中所有通信设备的安全配置都需要被管理。通信专网的安全与专网中各种相互联系的设备与设备的设置数据以及运行程序密切相关，这种与通信系统安全有关的"相关性"在日常的设置配置和管理实施中有可能被忽视。

工作结果：

  软件更新的记录；

  软件问题的记录；

  通信设备的安全配置；

  通信设备配置的改变；

  通信数据设置更新记录。

  说明：在通信网络中，必须保证同类设备上运行的软件互相匹配或版本相同。基本实施应该保证设备软件执行了用户所需的功能。

BP01.03　管理安全意识、培训和教育项目

  描述名：强化通信专网维护人员的安全意识、进行安全方面的培训教育。

  描述：所有通信员工的安全意识、安全知识培训和教育都需要管理，其管理方式与其他方面的意识培养、教育培训是相同的。

  工作结果：

  安全培训材料布置；

  安全培训教育的过程与结果记录；

  安全培训材料的记录。

  说明：接受安全培训的人员不仅包括直接操作与维护系统的人员，也包括从事管理工作的人员。

BP01.04　管理安全运行及控制机制

  描述名：对通信专网系统基于安全的维护、运行机制进行定期的补充、完善和管理。

  描述：对设备安全运行及控制机制的管理，是通过制定保护性措施，来避免设备损坏、偶然事故发生和人为故障。

  工作结果：

  设备运行、维护日志；

  定期统计所维护设备的运行状况；

  故障管理；

  隐患管理。

  说明：通信设备运行的安全性和可靠度，是以安全方面的量化指标来衡量的，设备的运行状况应被监视和分析。

PA08　监控安全状况

  概述：

  监控安全状况的目的是为了确保可能使系统受到破坏的错误或行为都被标识，并报告出来。对内部和外部两方面都要进行监控。

  目标：

  检测和跟踪通信专网内部和外部与安全有关的事件。

  基本实践列表：

  BP08.01　分析事件记录：分析通信设备的安全事件记录，确定事件发生的原因、过程以及可能引发的相关事件。

  BP08.02　标识系统的变化：监测通信系统的威胁、脆弱性、影响、风险和环境方面

的变化。

BP08.03 标识安全突发事件：标识出通信系统中出现的与安全相关的事件。

BP08.04 检测安全装置：检测安全装置的性能和有效性。

BP08.05 检查安全状态：检查通信系统的安全状态。

BP08.06 监管安全突发事件响应：管理与安全相关的突发事件的应急响应和对策。

BP08.07 保护安全监测的记录数据：保证通信系统安全检测有关的设备得到妥善的保护。

过程域说明：

在整个校园网络系统运行环境下，有能力对系统运行安全造成威胁的任何事件都应有所体现。

BP08.01 分析事件记录

描述名：分析通信设备的安全事件记录，确定事件发生的原因。

描述：对设备的历史事件记录进行分析，可以获得有关设备运行安全的信息。应该对设备的安全记录进行整理，标识出主要的事件以及与之相关的记录。

工作结果：

事件的具体内容；

记录安全事件；

记录事件的来源；

当前的单一记录告警信息。

说明：对单一设备的安全事件应该综合设备的多重记录进行分析。

BP08.02 标识系统的变化

描述名：监测通信系统的威胁、脆弱性、影响、风险和运行环境的变化。

描述：查找任何可能影响通信系统安全运行的变化，不管这种影响是正面的还是负面的。

工作结果：

变化记录；

变化的影响。

说明：无论发生何种变化，都应考虑到是否对通信系统安全运行造成了影响。

BP08.03 标识安全突发事件

描述名：标识出通信系统中出现的与安全相关的事件。

描述：若突发事件确实与通信系统运行安全相关，则应记录事件详细情况，并形成书面报告。

工作结果：

突发事件的定义；

突发事件的响应；

突发事件的报告；

定期对突发事件的总结。

说明：应该根据系统配置和运行状态，对突发事件做出适当的应急方案。

BP08.04 检测安全装置

描述名：对安全装置的性能和有效性进行监测。

描述：检测安全装置的性能是否发生了变化。

工作结果：

定期查询安全装置状态；

定期的安全装置状态概要。

说明：安全装置的当前状态、有效性和维护需求这3个方面都需要定期的检查。

BP08.05 检查安全状态

描述名：检查通信系统的安全状态。

描述：通信系统的安全状态发生变化时，必须对系统安全状态进行复查。

工作结果：

安全检查；

安全检查的结果和保证。

说明：如果仅出现了单一的隐患或事件，则没有必要对所有方面再进行安全检查。

BP08.06 监管安全突发事件响应

描述名：管理与安全相关的突发事件响应对策。

描述：保证系统的连续可用性。

工作结果：

系统恢复优先级列表；

系统测试安排；

系统测试结果；

突发事件报告。

说明：安全事件是不可预测的，为了尽量减少其对校园网络的影响，必须有一套完善的应对措施。

BP08.07 保护安全监测的记录数据

描述名：通信系统安全检测记录应妥善保存。

描述：各种系统有关日志、报告和分析结果都应存档。

工作结果：

安全监测记录和保存期。

保存存档的完整性。

存档的使用。

说明：存档文本的格式应该直观化，便于查询和分析得出相关变化规律。

PA10 确定安全需求

概述：

确定安全需求的目的是清楚地标识出系统的安全需求，包括保密性、完整性、可用性和抗抵赖性等。

目标：

系统内所有的部门都应对通信系统安全需求达成共识。

基本实践列表：

BP10.01 理解安全需求：理解校园网系统在安全方面的要求。

BP10.02 标识有关的法律、政策等约束项目：标识出对系统存在影响的法律、政策等约束项目。

　　　　BP10.03 标识系统安全内容：明确系统的具体用途。

　　　　BP10.04 形成系统运行的安全概况：对系统运行概况形成面向高层次安全的认识。

　　　　BP10.05 形成安全的高层次目标：形成定义系统安全的高层次目标。

　　　　BP10.06 定义安全相关需求：为通信系统所实施的安全防范措施制定一组一致的说明集。

　　　　BP10.07 获得安全需求：得出保证系统安全运行的详细需求细则。

过程域说明：

　　　　必须对这一过程域所得出的需求信息进行归纳、总结与更新，并使之贯穿于整个的安全管理行为中。

BP10.01　理解安全需求

　　描述名：理解对通信系统安全方面的要求。

　　描述：收集相关信息，得出对校园网系统在安全方面的要求。

　　工作结果：

　　　　对校园网系统安全需求的总体描述。

　　说明：不同类型的用户，对系统的安全有不同的需求。

BP10.02　标识有关的法律、政策等约束项目

　　描述名：标识对校园网系统造成影响的法律、政策等约束项目。

　　描述：收集所有影响校园网系统安全的外部因素，包括法律、政策和商业标准。

　　工作结果：

　　　　安全约束；

　　　　安全概要。

　　说明：当系统要跨越多个管理区域时，应该做出相应的考虑。

BP10.03　标识系统安全内容

　　描述名：明确校园网系统的具体用途。

　　描述：说明校园网系统具体用途与其安全内容的相关性。

　　工作结果：

　　　　预期的环境威胁；

　　　　评估对象。

　　说明：扩展后的安全边界不仅包括纯粹的技术与设备范围，还涉及人员方面。

BP10.04　形成系统运行的安全概况

　　描述名：对通信系统运行概况形成面向高层次安全的认识。

　　描述：得出一个面向高层次安全的校园网系统运行概况，包括管理者所拥有的权限与承担的责任、系统的应用以及受到的保护等。

　　工作结果：

　　　　运行安全概念；

　　　　概念上的安全结构。

　　说明：无。

BP10.05　形成安全的高层次目标

描述名：形成校园网络系统安全的高层次目标。

描述：基本实施的目的是确定出系统的安全目标，以确保校园网系统足够安全。

工作结果：

安全策略。

说明：系统的安全目标与具体实现方式相互独立。

BP10.06　定义安全相关需求

描述名：为校园网系统所实施的安全保护措施定义说明集。

描述：为校园网系统定义出与安全相关的需求。

工作结果：

相关安全需求。

说明：许多需求在多个领域出现，因此在这个过程域中，需要进行大量的协调工作。

BP 10.07　获得安全需求

描述名：得出符合校园网系统安全需求的详细安全需求细则。

描述：安全需求的制定应当结合校园网系统所有部门的情况综合考虑。

工作结果：

安全目标；

安全标准。

说明：所有人员应当真正理解安全措施及规定，并达成一致。

3.4.2　过程改进

过程是产品成本、进度和质量的决定性因素之一（其他决定性因素为人员和技术）。安全工程的实施可借助 SSE-CMM 模型，帮助其不断提高工程能力。在进行工程过程改进时，可采用美国软件工程研究所（SEI）开发的用于计划和指导过程改进的 IDEAL（Initiating Diagnosing Establishing Acting Leveraging）五阶段生命周期模型，这 5 个阶段分别如图 3-12 所示。

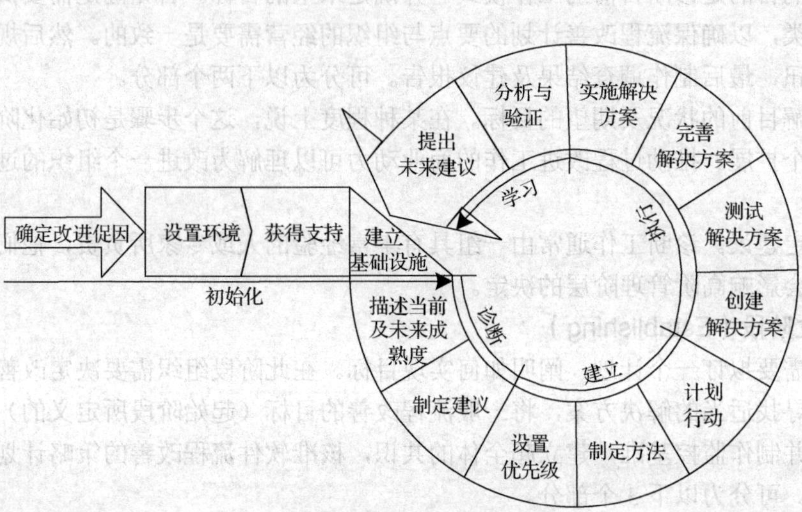

图 3-12　IDEAL 方法模型

（1）初始化（Initiating）：为安全工程过程的成功改进奠定基础。

（2）诊断（Diagnosing）：判断当前的工程过程能力现状。

（3）建立（Establishing）：建立详细的行动计划，为实现目标做出规划。

（4）执行（Acting）：根据计划展开行动。

（5）学习（Learning）：吸取经验，提升过程能力。

在上述5个阶段中，各阶段又包含若干不同的活动，所有这些活动构成了完整的、符合生命周期概念的过程改进方法。

1. 初始化阶段（Initiating）

该阶段是奠定成功的基础，是模式的起点。在这个阶段，需要组成改善计划的基础架构，定义组织内每个角色及其职能，根据组织的愿景、策略及过去的经验，拟订改善的计划。具体可分为以下4个部分。

（1）确定改进促因。对企业而言，了解组织改革的诱因是非常重要的。这个要求改革的刺激可能来自内部管理阶层的命令，也可能是一个突发事件，不论这个刺激是什么，它都可能影响所投入的人力、执行的方法及最后的结果。为改变而改变，通常不会有明显的改善；唯有要求改革的动力越强，成功的机率才越大。

（2）设置环境。一旦了解改革的动机，管理阶层就必须设定工作的内容。工作的内容包含投入的努力需符合组织的策略和经营目标，改革是否影响其他的工作，所得到的回收是多少。工作的内容及可能的影响会随着改革的进行而越来越明显，但我们尽可能在初期定义得越清楚越好。

（3）建立支持。建立不断完善的项目更新支持。

（4）获得基础设施。一旦改革的动机和工作内容都已了解，高层也承诺支持这项行动，便可建立一个机制来管理改革的实施细节。这个机制可能是临时或永久的，它的大小和复杂度亦随着改革的特性而变。一个小的改革，可能只需要一个兼职的员工；一个大的改革，可能需要整个组织2%～3%的人力。

2. 诊断阶段（Diagnosing）

该阶段的目的是诊断目前的工作模式，并确定未来的目标。首先确定需要执行的基准评价项目及种类，以确保流程改善计划的要点与组织的经营需要是一致的。然后规划并收集所得的实际资讯，最后制作调查结果及建议报告。可分为以下两个部分。

（1）了解目前的状况及期望的目标。在某种程度上说，这个步骤是初始化阶段对改进促因阶段的一个扩展。推动过程改进工作的商业动力可以理解为改进一个组织的过程质量带来的利益。

（2）制定建议。诊断工作通常由一组具有丰富经验的人或专家所负责，他们所提出的建议方案通常会影响高阶管理阶层的决定。

3. 建立阶段（Establishing）

该阶段需要拟订一个计划，阐明如何实现目标。在此阶段组织需要决定改善的行动及其优先顺序，寻找适当的解决方案，将一般流程改善的目标（起始阶段所定义的）转换为可度量的目标，并制作监控基准，建立起全体的共识，核准软件流程改善的策略计划，并配置行动所需资源。可分为以下3个部分。

（1）设置优先级。根据可能的因素设定优先顺序，许多因素都必须考虑，如有限的资源，建议事项彼此间的关联，可能影响的外部因素等。

（2）拟订方法。结合对工作的了解及优先顺序的准则，我们可拟订策略和可用的资源。技术方面可能包含新的技术或能力、使用新技术所需要的知识；非技术方面包含组织文化、可能的阻力、赞助者的实力及市场的力量。

（3）计划行动。将所有的数据、方法、建议和优先级都整合到一个详细的行动计划中，该计划除了包含责任分配、可用资源、特定任务、所使用的追踪工具、工作进度和完成时间之外，还应包括针对任何可能发生问题的应急计划和替代策略等。

4. 执行阶段（Acting）

该阶段根据计划来逐步落实。此时需要完成计划细节部分的改善，处理诊断阶段所发现的问题，并提出解决方案。试行可能的解决方案后，选出最适合组织需要的，然后将经过证实的解决方案推广至全组织。可分为以下 4 个部分。

（1）创建解决方案。结合所有可用的资源，提出一个可行的最佳方案，这些资源可能是工具、流程、既有的知识，或者是新的技术、外界的支援。这个方案可能非常复杂，通常由技术工作小组提出。

（2）测试解决方案。一旦提出可行的方案，它必须经过测试，证实有效。

（3）完善解决方案。根据测试中所得到的知识和经验，可能会对其做某种程度的修正，这些测试修正的过程可能经历数回，直到形成一个满意的方案。但是一个完美的解决方案不是必要的，因为可能会拖延整个进度。

（4）实施解决方案。一旦解决方案是可行的，就可以将其推广至整个组织。可使用不同的方法来执行，如由上而下（Top-down），从组织的最高层往下推广；及时（Just-in-Time），一个专案接着一个专案推动。没有哪一种方法是最好的，应根据组织的环境和改善的特性来决定使用哪种方法。

5. 学习阶段（Learning）

从经验中学习并改善自我的能力，来吸收未来更新的技术。进行模式下一个循环时，收集先前的各项学习心得，确保所使用的策略、方法及组织架构是最优的，修正或调整改善流程，使下一循环的软件流程改善更有效率。可分为以下两个部分。

（1）分析与验证。在这个过程中，需要检讨下列问题，改善的努力是否达到预期的目标？哪些项目改善了？哪些项目变得更有效率？在整个过程所学得的体验，都将收集、分析、汇总及记录成文件。

（2）提出未来建议。根据分析与验证的结果，提出未来的改善方案供决策者参考。

3.4.3 能力评估

1. 能力评估说明

SSE-CMM 的开发是基于在系统工程相关环境（如大型的系统集成环境）中保证安全性这一要求来考虑的。安全工程服务提供者可以将安全工程作为独立的活动来实施，与一个独立的系统或软件等工程活动相协调。从中可以得出下述评估概要。

（1）系统工程能力评估后，SSE-CMM 评估可关注组织的安全工程这一过程。

（2）通过与系统工程能力评估相结合，SSE-CMM 评估可裁剪以适合于与 SE-CMM 的集成。

（3）当执行独立的系统工程能力评估时，SSE-CMM 的评估应从高于安全性的角度来考虑是否存在支持安全工程过程的项目和组织基础。

2. 能力评估方法 SSAM

SSE-CMM 的能力评估方法 SSAM 旨在为系统安全工程界提供一种开放的可理解的方案，供准备实施和正在实施 SSE-CMM 评估的人员使用。根据在 SSE-CMM 中详述的标准获得的实际实施的基线或基准，SSAM 可用于评价产品开发者、服务提供者、系统集成者、系统管理者和安全专家。尽管 SSAM 的基本概念适用于其他评估，但它是专为支持 SSE-CMM 而设计的。SSAM 提供了为实现对组织机构的系统安全工程过程能力和成熟度的评定所需的信息和方向。

SSAM 是组织层面或项目层面的评定方法。该方法从待评机构或项目中，获取过程实施方面的信息，其目的如下。

（1）收集组织或项目内与安全工程相关的现行实施的基线或基准。

（2）提升组织结构多方面改进的动力。

SSAM 的特点如下。

（1）SSAM 含有方便由第三方实施的评定，也包含对自评文档理解有益的辅助内容。

（2）SSAM 可被剪裁以适用于组织或项目需要。SSAM 描述文档中提供了一些剪裁方面的辅助内容。

（3）SSAM 采用以下多重数据收集方法。

① 直接反映模型内容的问卷。

② 一系列有组织的或随机的与涉及关键过程的人员（具有安全工程活动执行责任的人员）的会谈。

③ 审阅生成的安全工程的依据。

SSAM 的适用范围十分广泛，安全工程可在任何工程环境下实施，尤其是系统、软件、和通信工程等环境，所以 SSAM 也适用于所有环境。

确定机构安全工程实施环境是评估一个机构安全工程能力的第一步，通常这一步需要考虑以下问题。

（1）哪个过程适用于机构？

（2）怎样解释过程域（如开发相对于运行环境）？

（3）哪些人员需要参与评定？

SSAM 由以下 4 个阶段组成。

（1）计划阶段：建立评估框架，为"现场阶段"提供准备。它包括 3 项活动：确定评估范围、收集初步证据、做出评估计划。

（2）准备阶段：评估组成员熟悉评估环境，开展问卷调查，把问卷反馈的情况整理成便于分析的形式，并分析问卷调查收集到的证据。

（3）现场阶段：通过与安全过程实施中的关键人员正式与非正式的，反复多次的面谈，确认问卷调查的结果，收集新的证据，分析这些数据，建立发现列表，进行等级评定。

（4）报告阶段：小组根据此前 3 个阶段中采集到的所有数据的最终分析，形成最终的评定报告，并将调查结果呈送发起者。

图 3-13 显示了 SSAM 的 4 个阶段以及每个阶段的一些具体工作。SSAM 的主要工作成

果是调查结果简报和评定报告。

调查结果简报：包括评分概要和调查结果表。评分概要表明机构每一个 PA 的能力等级，调查结果说明被评机构的强项和弱项。通常它是为发起者而开发的，但是在发起者的要求下也可交给被评定的组织机构。

评定报告：评定报告只写给发起者，其中包括有关每个调查结果的附加细节，以及发起者所需的调查结果暗示的问题。此外，应按照发起者的要求分发最终报告。

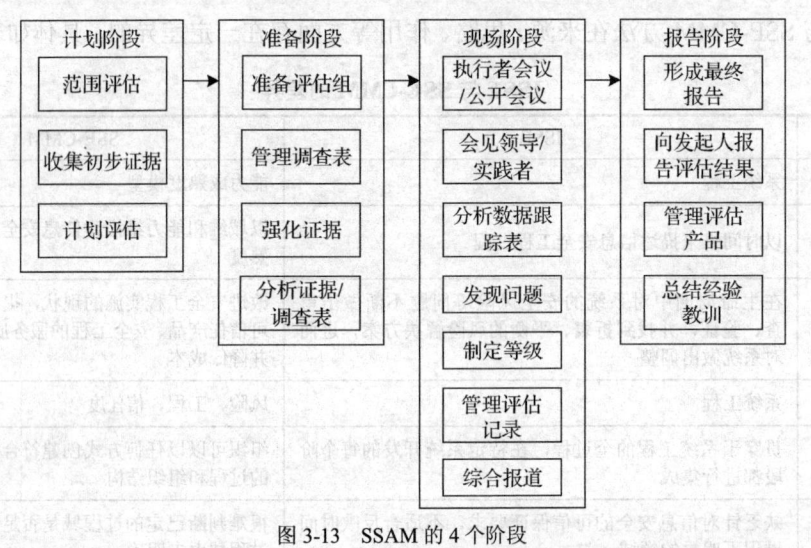

图 3-13 SSAM 的 4 个阶段

3.4.4 信任度评估

承包单位开发的系统安全性是否满足客户的要求？安全产品或安全工程的质量是否有保证？开发单位是否有能力承担项目？这些问题都是准备实施安全工程的单位所关心的。SSE-CMM 模型可用于获得对项目和承包单位的信任保证，帮助预测系统安全性。判断检测结果是否可重复。

在 SSE-CMM 项目所定义的目标中，以下目标与客户的需求紧密相关。

（1）对于将顾客安全需求转化为安全工程过程的途径来说，提供一个测量和改进的方法，以有效地生产出满足顾客要求的产品。

（2）为不需要正式安全保证的顾客提供了一个可变化的保证，正式安全保证一般通过全面的评价、认证和认可活动来实现。

（3）提供一个参考标准为使顾客能确认其安全要求已被满足。

机构的 SSE-CMM 表示产品或系统的生命周期遵循特定的过程。这种"过程证据"可被用于证明产品的可信度，但这种过程证据只具有支持性，承担较为间接的角色。即使如此，过程证据仍可作为广泛和多样论据，因而其重要性也不可低估。

进一步而言，一些传统形式的证据和这些证据支持的声明之间的关系也并非如其所说的那样有力。关键在于为产品或系统建立一个综合的证据集，以保证这些产品或系统是可依赖的。

3.5 信息安全工程能力成熟度模型与信息系统安全工程

ISSE 与 SSE-CMM 都是信息系统安全保障的方法,它们都是将信息系统安全保障问题作为一个系统工程来考虑的,既不是依靠单纯的技术,也不是依靠简单的安全产品的堆砌,而是将有效的管理职能、先进的技术方法和正确的工程操作相结合,达到全方位信息安全保障的目的。

ISSE 与 SSE-CMM 方法在来源、思路、作用等方面存在一定差异的,具体如表 3-1 所示。

表 3-1   **ISSE 与 SSE-CMM 的差异**

	ISSE	SSE-CMM
来源	系统工程	能力成熟度模型
思路	以时间维来描述信息安全工程过程	以域维和能力维描述信息安全工程的能力成熟度
作用	在生命周期中对系统的安全风险等问题不断做出审查、验证,并找到折衷、平衡的风险解决方案,进而对系统做出调整	改进安全工程实施的现状,提高安全系统、可信任产品、安全工程的服务质量和可用性,并降低成本
过程结构	系统工程	风险、工程、信任度
体系结构	贯穿于系统工程的全过程,在特定系统开发的每个阶段都进行集成	组织可以以任何方式创建符合他们业务目标的过程和组织结构
缺陷	缺乏针对信息安全的可信保证要求,不适合反映时间过程不明显的领域	很难判断己定的过程域是否足够,如何添加过程域也未明确

ISSE 过程包括一系列与系统工程各个阶段和时间相对应的安全工程功能,它们是安全活动的规划和控制、安全需求的确定、安全设计支持、安全操作分析、生命周期安全支持和安全风险管理。SSE-CMM 将系统工程过程划分为风险过程、工程过程和信任度过程,它们相互独立又有着有机的联系。风险过程识别出所开发的产品或系统的危险,并对这些危险进行优先级排序。针对危险所面临的安全问题,系统安全工程过程要与其他工程一起来确定和实施解决方案。最后,由信任度过程建立起解决方案的可信性并向用户转达这种安全可信性。各个安全过程都得到相关过程域的支持。与风险有关的过程域为评估威胁、评估脆弱性、评估影响和评估安全风险;与工程有关的过程域为确定安全需求、提供安全输入、实施安全控制、监视安全态势和协调安全;与信任度有关的过程域为验证与证实安全和建立保证论据。

ISSE 的功能过程与 SSE-CMM 的过程域存在着一定的对应关系,如表 3-2 所示。

表 3-2   **ISSE 的功能过程与 SSE-CMM 的过程域对应关系**

ISSE 的功能过程	SSE-CMM 的过程域
安全活动的规划与控制	PA01 监管安全控制
安全需求的确定	PA10 确定安全需求
安全设计支持	PA09 提供安全输入

续表

ISSE 的功能过程	SSE-CMM 的过程域
安全操作分析	PA11　检验和验证安全性
	PA07　构造信任度证据
生命周期安全支持	PA07　协调安全
	PA08　监控安全状况
安全风险管理	PA02　评估影响
	PA03　评估安全风险
	PA04　评估威胁
	PA05　评估脆弱性

　　ISSE 的每一个功能相互协调、互相影响，并反复运用于系统的各个阶段，不同的项目中每一阶段所花的时间和精力不同。而 SSE-CMM 的过程域可以在整个项目的生命周期内应用，并作为一个独立的过程进行改进，其所包含的一系列强制性基本实践代表了安全业界"最好的实施"，在实现时不会受到特定方法和工具的约束。在实际的系统开发过程中，为完成每一个 ISSE 基本功能，可以结合 SSE-CMM 的过程域，执行相关过程域包含的基本实践，这些基本实践为系统功能提供了安全实施活动。

3.6　信息安全工程能力成熟度模型的新发展

　　目前，5 个级别的能力成熟度模型（CMM）的理念已经比较成熟了，从最低的初始级，到可重复级、已定义级、已管理级以及最高的持续优化级。相比较于 SSE-CMM 借鉴 CMM来定义一个组织的安全工程过程必须包含的本质特征而言，阿里巴巴公司借鉴 CMM 的思想，基于多年来的数据安全实践经验，制定了数据安全能力成熟模型，以帮助自身及合作伙伴组织评估和实施数据安全管理实践。

　　数据安全能力成熟模型是以数据安全为中心思想，结合大数据这一时代特征而提出的。它是将能力成熟度模型的分析方法借鉴到数据安全领域，基于数据的生命周期，结合组织中各个维度的安全能力，从而构成一个三维的大数据安全能力成熟度模型（Data Security Maturity Module，DSMM），如图 3-14 所示。

　　数据安全成熟度模型的 3 个维度如下所示。

　　（1）数据生命周期维度：组织在数据生命周期各阶段开展的数据安全实践构成了数据安全的过程域。

　　（2）数据安全能力维度：组织完成数据安全过程域所需要具备的能力。

　　（3）能力成熟度等级维度：对组织的数据安全能力进行成熟度等级评估的标准。

　　对数据生命周期维度而言，数据在组织内的生命周期可以分为数据的产生、存储、使用、传输、销毁 5 个环节，每个环节都包括更加详细的安全过程域，并且会涉及不同的设备或者系统，它们的安全也需要受到关注，具体每个阶段的定义如下。

　　（1）数据产生：指新的数据产生或现有数据内容发生显著改变或更新的阶段。

图 3-14　大数据安全能力成熟度模型（DSMM）

（2）数据存储：指非动态数据以任何数字格式进行物理存储的阶段。

（3）数据使用：指组织在内部针对动态数据进行的一系列活动的组合。

（4）数据传输：指数据在组织内部从一个实体通过网络流动到另一个实体的过程。

（5）数据销毁：指利用物理或者技术手段使数据永久或临时不可用的过程。

从数据安全能力维度而言，通过对各项安全过程所需具备安全能力的量化，组织可以评估每项安全过程的实现能力。数据安全能力从组织结构、制度流程、技术能力、人员能力 4 个维度展开。

（1）组织结构：强调和企业相适应的数据安全组织的设计、职责分配和沟通协作。

（2）制度流程：强调组织内部数据安全制度规范、流程的落地，以及相配套的资源储备。

（3）技术能力：通过技术手段和产品工具固化安全要求或自动化实现安全工作。

（4）人员能力：确保各个数据安全相关岗位的专业人员能力的意识及专业能力。

目前，以上述核心思想设计的大数据安全能力成熟度模型，已经在 ISO、ITU 等国际标准组织和国家信息安全标准化委员会立项，同时也在各种类型的单位中展开试点工作，以使其更具普适性。

本章小结

SSE-CMM 是系统安全工程能力成熟模型（Systems Security Engineering Capability Maturity Model）的缩写，是一个过程参考模型。它描述了一个组织的安全工程过程必须包含的本质特征，这些特征是完善的安全工程保证。尽管 SSE-CMM 没有规定一个特定的过程和步骤，但是它汇集了工业界常见的实施方法。

SSE-CMM 包含 3 类过程域：安全工程过程域、组织过程域和项目过程域。其中组织过程域和项目过程域是从系统工程能力成熟模型中借鉴而来的。SSE-CMM 将安全工程过程域分为 3 个基本类别的领域：风险过程域、工程过程域和保证过程域。这 3 个域相互协作，达成安全工程所要达到的种种目标。

SSE-CMM 基本模型包括"域"和"能力"两个维数。其中，域维由所有定义安全工程的工程实施活动构成，这些实施活动称为"基本实施"（Base Practice，BP）。能力维代表的是机构对过程的管理和制度化能力。被称为"通用实施"（Generic Practice，GP），通用实施是基本实施过程中必须完成的活动。

SSE-CMM 模型的横轴上是域维度，分为 3 类：安全工程、规划和组织。这 3 类子域再细分成 22 个过程域（Process Areas），包括新增加的 11 个系统安全工程过程域（PA01-PA11），和原 SSE-CMM 的 11 个过程域共同组成了所有的 BP。而通用实施被分组成 12 个被称作"公共特征"的逻辑区域，这些"公共特征"又被分作 5 个能力水平，分别代表组织能力的不同层次。

SSE-CMM 模型有 3 个主要用途：用于安全工程过程的改进、对安全工程承包单位实施能力的评估、帮助客户获得信任保证。

思考题

1. SSE-CMM 是什么？它的优势和用途是什么？
2. SSE-CMM 中的过程域有哪几类，每类过程域的特点是什么？
3. 域维中的基本实施、过程域和过程类是什么？
4. 能力维中通用实施、公共特征以及能力级别的关系是什么？
5. SSE-CMM 的模型使用场合主要有哪些？
6. 请简要描述组织如何对 SSE-CMM 中的过程域进行测量。
7. IDEAL 方法模型分为哪几个阶段？每个阶段有哪些内容？
8. 请简述一下 SSE-CMM 的能力评估方法 SSAM。
9. SSE-CMM 与 ISSE 的区别有哪些？
10. 相比较 SSE-CMM 而言，DSMM 模型而言有哪些新的特点？

第 4 章

信息安全等级保护

信息安全等级保护是对信息和信息载体按照重要性分级别进行保护的一种工作。它是国家安全管理部门对核心、敏感系统的一种强制要求的等级保护机制。该机制依托应用信息系统的功能定位，基于不同等级的划分，采取相关的安全管理制度和技术来保障信息安全，配置信息系统建设单位的责任人及系统具体运维的技术负责人，打造一个安全高效的信息系统防护团队。同时借助专业人士评估企业的专业技术手段，该机制构建一套行之有效的信息安全管理制度。

信息安全等级保护是提高信息安全保障能力和水平，维护国家安全、社会稳定和公共利益，保障和促进信息化建设健康发展的一项基本制度，也是国外通行的做法。其核心思想是将安全策略、安全责任和安全保证等计算机信息系统安全需求划分为不同的等级。国家、企业和个人依据不同等级的要求有针对性地保护信息系统安全。

在本章中，4.1 节在介绍信息安全等级保护的基本概念和术语的同时，对国内外信息安全等级保护成果进行了展示，并对信息安全等级保护的基本框架做了概述。4.2 节将着眼于信息系统安全等级保护体系建设，旨在突出实施信息安全等级保护的必要性。在浏览完信息安全等级保护的基础后，4.3 节将从原理和方法上对信息安全等级保护进行考察。我们将考察信息安全等级保护的基本方法，通过引入安全域概念的解释使读者能够理解和掌握基本方法。最后，我们将在 4.4 节介绍信息安全等级保护的等级划分及定级步骤，并进行一些简单的实例分析。

【学习目标】

- 了解等级保护的发展，掌握 TCSEC 准则及 CC 准则中定义的安全级别。
- 明确信息系统安全等级保护原则，熟悉信息系统安全等级保护体系建设。
- 掌握信息系统安全等级保护的方法及其相关技术。
- 理解信息系统的安全等级，明确安全等级划分的依据。
- 熟悉信息安全定级相关流程，掌握信息安全定级步骤。

4.1 概述

信息安全等级保护是指对涉及国计民生的基础信息网络和重要信息系统按其重要程度及实际安全需求合理投入，分级进行保护，分类指导，分阶段实施。它保障信息系统安全正常运行，提高信息安全综合防护能力，能够保障国家安全，维护社会秩序和稳定，保障并促进信息化建设健康发展，拉动信息安全和基础信息科学技术发展与产业化，进而牵动经济发展，提高综合国力。

信息系统安全等级保护的核心理念是对信息系统特别是对业务应用系统安全分等级、按标准进行建设、管理和监督。通常根据信息系统在国家安全、经济建设、社会生活中的重要程度，以及信息系统遭到破坏后对国家安全、社会秩序、公共利益，以及公民、法人和其他组织的合法权益的危害程度等因素，将信息系统安全等级保护划分为 5 个级别。从第一级到第五级安全性逐级提高。

信息安全等级保护在国际上得到了广泛的认可，其思想源头可以追溯到美国的军事保密制度。自 20 世纪 60 年代以来，这一思想不断发展、完善。等级保护思想第一个比较成熟并且具有重大影响的是 1985 年发布的《可信计算机系统评估准则》（TCSEC）。该准则是当时美国国防部为适应军事计算机的保密需要，针对没有外部连接的多用户系统提出的。

受美国等级保护思想的影响，欧盟和加拿大也分别制定了自己的等级保护评估准则。英、法、德、荷等四国于 1991 年提出了包含保密性、完整性、可用性等概念的《信息技术安全评估准则》（ITSEC）。ITSEC 作为多国安全评估标准的综合产物，适用于军队、政府和商业部门。1993 年加拿大公布《可信计算机产品评估准则》（CTCPEC）3.0 版本。CTCPEC 作为 TCSEC 和 ITSEC 的结合，将安全分为功能性要求和保证性要求两部分。功能性要求分为机密性、完整性、可用性、可控性四个大类。

为解决原各自标准中出现的概念和技术上的差异，1996 年美国、欧盟、加拿大联合起来将各自评估准则整合，形成评估通用准则 CC（Common Criteria）。1999 年出台的 CC2.1 版本被 ISO 采纳，作为 ISO15408 发布。在 CC 中定义的评估信息技术产品和系统安全性所需要的基础准则，是度量信息技术安全性的基准。

近年来，世界各国在信息安全方面的重视程度明显提升，在信息安全等级保护方面投入巨大的精力。目前对信息及信息系统实行分等级保护是各国保护关键基础设施的通行做法。

4.1.1　等级保护的发展

1.《可信计算机系统评估准则》TCSEC

TCSEC 标准是计算机系统安全评估的第一个正式标准，由美国国防部根据国防信息系统的保密需求制定，首次公布于 1983 年。由于它使用了橘色书皮，所以通常被称为橘皮书。后来在美国国防部国家计算机安全中心（NCSC）的主持下制定了一系列相关准则，如可信任数据库解释（Trusted Database Interpretation）和可信任网络解释（Trusted Network Interpretation）。1985 年，TCSEC 再次进行修改后发布，然后一直沿用至今。直到 1999 年，TCSEC 一直是美国评估操作系统安全性的主要准则，其他子系统如数据库和网络的安全性，一直以通过橘皮书的标准进行评估。

TCSEC 将计算机系统的安全划分为 4 个等级、7 个级别。由低到高分别别为为 D、C、B、A 四个等级，其中 D 等级包括 D1 一个级别，C 等级包括 C1、C2 两个级别，B 等级包括 B1、B2、B3 三个级别，A 等级包括 A1 一个级别。具体等级划分如表 4-1 所示。

表 4-1　　　　　　　　　　　　　TCSEC 安全级别

类别	级别	名称	主要特征
D	D1	低级保护	本地操作系统，或者是一个完全没有保护的网络
C	C1	主存取控制	可信任运算基础体制，所有文档都具有相同的机密性
	C2	自主存取控制	单独的可追究性，加强了可调的审慎控制

续表

类别	级别	名称	主要特征
B	B1	强制存取保护	强迫访问控制，使用灵敏度标记
	B2	结构化保护	可信任运算基础体制，隐通信约束
	B3	安全区域	建立安全审计跟踪，支持独立的安全管理
A	A1	形式化认证	按正式的设计规范分析系统，确保系统符合设计规范

D1 级：该级的计算机系统除了物理层面的安全设施外没有任何安全措施。任何人只要启动系统就可以访问系统的资源和数据。符合安全要求的系统，不能在多用户环境中处理敏感信息。如 DOS、Windows 的低版本和 DBASE 均属于这一类。

C1 级：又称选择的安全保护。系统能够把用户和数据隔开，用户可以根据需要采用系统提供的访问控制措施来保护自己的数据。系统中有一个防止破坏的区域，其中包含安全功能。用户拥有注册的账号和口令，系统通过账号和口令来识别用户是否合法，并根据用户的身份为其分配相关的访问权限。

C2 级：又称访问控制保护。具有审计和验证机制，对可信计算机进行建立和维护操作，防止外部人员机型修改。控制粒度更细使得允许或拒绝任何用户访问单个文件成为可能。系统必须对所有的注册，以及文件的打开、建立和删除进行记录。审计跟踪必须追踪到每个用户对每个目标的访问。能够达到 C2 级的常见操作系统有：UNIX、XENIX、Windows NT。

B1 级：标号的安全保护。系统中的每个对象都有一个敏感性标签，而每个用户都有一个许可级别。许可级别定义了用户可处理的敏感性标签。系统中的每个文件都按内容分类并标有敏感性标签，任何对用户许可级别和成员分类的更改都受到严格控制。比较流行的 B1 级操作系统是 OSF/1。

B2 级：又称结构化保护。系统的设计和实现要经过彻底的测试和审查，必须对所有目标和实体实施访问控制。系统应结构化为明确而独立的模块，严格遵守最少特权原则。系统政策，要有专职人员负责实施，要进行隐蔽信道分析。系统必须维护一个保护域，保护系统的完整性，防止外部干扰。目前，UNIXWare 2.1/ES 作为国内独立开发的具有自主版权的高安全性 UNIX 系统，其安全等级为 B2 级。

B3 级：又称安全域级别。系统的安全功能足够精简，易于进行广泛测试。系统必须满足参考监视器需求，以传递所有的主体到客体的访问。要有安全管理员，审计机制扩展到用信号通知安全相关事件，还要有恢复规程，系统具备高度抗侵扰功能。

A1 级：也称核实保护。最初设计系统就充分考虑安全性。有"正式安全策略模型"，包括由公理组成的数学证明。系统的顶级技术规格必须与模型相对应，系统还包括分发控制和隐蔽信道分析。

2.《信息技术安全评估准则》ITSEC

由于信息安全评估技术的复杂性和信息安全产品国际市场的逐渐形成，单靠一个国家自行制定并实行自己的评估标准已不能满足国际交流的需求，于是多国开始共同制定统一的信息安全产品评估标准。

1991 年欧洲英、法、德、荷四国国防部门信息安全机构率先联合制定了《信息技术安全评估准则》（ITSEC），并迅速成为欧盟各成员国使用的共同评估标准。这为多国共同制定信息安全标准开了先河。

ITSEC 是欧洲多国安全评价方法的综合产物，应用领域为军队、政府和商业。该标准将安全概念分为功能与评估两部分。功能准则从 F1～F10 共分 10 级。F1～F5 级分别对应于 TCSEC 的 D 级别到 A 级别。F6 至 F10 级分别对应数据和程序的完整性、系统的可用性、数据通信的完整性、数据通信的保密性以及机密性和完整性的网络安全。

与 TCSEC 不同，ITSEC 并不把保密措施直接与计算机功能相联系，而是只叙述技术安全的要求，把保密作为安全增强功能。另外，TCSEC 把保密作为安全的重点，而 ITSEC 则把完整性、可用性与保密性作为同等重要的因素。ITSEC 定义了从 E0 级（不充分的安全保证）到 E6 级（形式化保证）的 7 个安全级别。

对于每个系统，安全功能可分别定义，ITSEC 安全级别定义如表 4-2 所示。

表 4-2　　　　　　　　　　　　　**ITSEC 安全级别**

安全级别	主要特征
E0	不充分的安全保证
E1	必须包含一个安全目标和一个对产品或系统的体系结构设计的非形式化的描述，还需要有功能测试，以表明是否达到安全目标
E2	除了 E1 级的要求外，还必须对详细的设计有非形式化描述。另外，功能测试的证据必须被评估，必须有配置控制系统和认可的分配过程
E3	除了 E2 级的要求外，不仅要评估与安全机制相对应的源代码和硬件设计图，还要评估测试这些机制的证据
E4	除了 E3 级的要求外，必须含有支持安全目标的安全策略的基本形式模型。用半形式化的格式说明安全加强功能、体系结构和详细的设计
E5	除了 E4 级的要求外，在详细的设计和源代码或硬件设计图之间有紧密的对应关系
E6	除了 E5 级的要求外，必须正式说明安全加强功能和体系结构设计，使其与安全策略的基本形式模型一致

3.《信息技术安全评价通用准则》CC

1993 年 6 月，TCSEC、CTCPEC、FC 和 ITSEC 的各发起组织，集中了他们的力量，开始了将各自独立的准则集合成一组单一的、能被广泛使用的 IT 安全准则的联合行动，并于 1996 年 1 月由美国、加拿大、法国、德国、英国和荷兰 6 个国家联合公布了《信息技术安全评估通用准则》（简称 CC）的 1.0 版本。随后，上述的发起组织和国际标准化组织（ISO）建立了联系，并为 ISO 提供了几个 CC 的早期版本。

实际上，国际标准化组织（ISO）从 1990 年已开始制定通用的国际标准评估准则。最初，由于工作量大，而且各方意见不一，标准的制定进展缓慢。在与 CC 发起组织建立联系后，1999 年 12 月 ISO 采纳了 CC，并将其作为国际标准 ISO/IEC15408 发布，从此国际上形成了统一的信息安全评估准则。ISO/IEC15408 实际上就是 CC 标准在国际标准化组织里的名称。

从等级保护的思想上来说，CC 比 TCSEC 更认同实现安全渠道的多样性，从而扩充了测评的范围。TCSEC 对各类信息系统规定统一的安全要求，认为必须具备若干功能的系统才算得上某个等级的可信系统，而 CC 承认各类信息系统具有灵活多样性。

CC 是国际通行的信息技术产品安全性评价规范。它基于保护轮廓和安全目标提出安全需求，具有灵活性和合理性。它基于功能要求和保证要求进行安全评估，能够实现分级评估目标。它不仅考虑了保密性评估要求，还考虑了完整性和可用性等多方面的安全要求。

CC 中定义了以下 7 个评估安全级别，如表 4-3 所示。

表 4-3 CC 安全级别

级别	名称	主要特征
EAL1	功能测试	不满足品质
EAL2	结构测试	测试
EAL3	方法测试和检验	配置控制和可控的分析
EAL4	方法设计、测试和评审	访问详细设计和源码
EAL5	半形式化设计和测试	详细的脆弱性分析
EAL6	半形式化验证设计和测试	设计与源码对应
EAL7	形式化验证设计和测试	形式化设计

各评估标准之间的对应关系如表 4-4 所示。

表 4-4 评估标准间的对应关系

CC	TCSEC	ITSEC
—		E0
EAL1	—	—
EAL2	C1	E1
EAL3	C2	E2
EAL4	B1	E3
EAL5	B2	E4
EAL6	B3	E5
EAL7	A1	E6

图 4-1 给出了信息安全评估准则的主要发展历程。

4. 中国等级保护的发展

在国际信息安全等级保护发展的同时，随着信息化建设的开展，我国的等级保护工作也被提上日程。其发展主要经历了 4 个阶段。

1994～2003 年是政策环境营造阶段。国务院于 1994 年颁布了《中华人民共和国计算机信息系统安全保护条例》，规定计算机信息系统实行安全等级保护。2003 年，中央办公厅、国务院办公厅联合颁发的《国家信息化领导小组关于加强信息安全保障工作的意见》（中办发

[2003]27 号）明确指出了"实行信息安全等级保护"。此文件的出台标志着等级保护从计算机信息系统安全保护的一项制度提升为国家信息安全保障的一项基本制度。

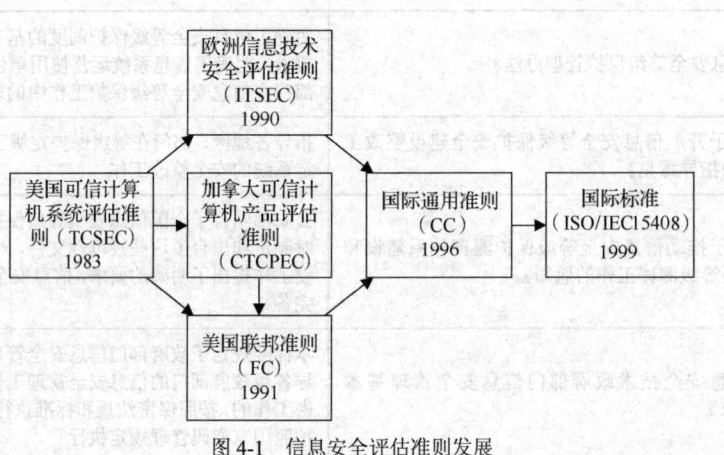

图 4-1 信息安全评估准则发展

2004～2006 年是等级保护工作开展准备阶段。2004 年至 2006 年期间，公安部联合四部委开展了涉及 65117 家单位，共 115319 个信息系统的等级保护基础调查和等级保护试点工作。通过摸底调查和试点，探索了开展等级保护工作领导、组织、协调的模式和办法，为全面开展等级保护工作奠定了坚实的基础。2007～2010 年是等级保护工作正式启动阶段。2007 年 6 月，四部委联合出台了《信息安全等级保护管理办法》，同年 7 月，四部委联合颁布了《关于开展全国重要信息系统安全等级保护定级工作的通知》，并于 7 月 20 日召开了全国重要信息系统安全等级保护定级工作部署专题电视电话会议，标志着我国信息安全等级保护制度历经十多年的探索后开始正式实施。

2010 年至今是等级保护工作规模推进阶段。2010 年 4 月，公安部出台了《关于推动信息安全等级保护测评体系建设和开展等级测评工作的通知》。该文件提出了等级保护工作的阶段性目标。2010 年 12 月，公安部和国务院国有资产监督管理委员会联合出台了《关于进一步推进中央企业信息安全等级保护工作的通知》，要求中央企业贯彻执行等级保护工作。至此我国信息安全等级保护工作全面展开，等级保护工作进入规模化推进阶段。

表 4-5 列出了我国开展信息安全等级保护工作的主要历程。

表 4-5 我国开展信息安全等级保护工作的主要历程

颁布时间	文件名称	内容及意义
1994 年	《中华人民共和国计算机系统安全保护条例》	第一次提出信息系统要施行安全等级保护，并确定了等级保护的职责单位，并成为等级保护的法律基础
1999 年	《计算机信息系统安全保护等级划分准则》	将我国计算机信息系统安全保护划分为 5 个等级，这成为等级保护的技术基础和依据
2003 年	《国家信息化领导小组关于加强信息安全保障工作的实施意见》	明确指出了"实行信息安全等级保护"，并确定了信息安全等级保护制度的基本内容
2004 年	《关于信息安全等级保护工作的意见》	将等级保护从计算机信息系统安全保护的一项制度提升为国家信息安全保障的一项基本制度

颁布时间	文件名称	内容及意义
2007 年	《信息安全等级保护管理办法》	明确了信息安全等级保护制度的基本内容、流程及工作要求，明确了信息系统运营使用单位和主管部门、监管部门在信息安全等级保护工作中的职责与任务
2009 年	《关于开展信息安全等级保护安全建设整改工作的指导意见》	指导各地区、部门在等级保护定级工作基础上，开展已定系统的安全整改工作
2010 年	《关于推动信息安全等级保护测评体系建设和开展等级测评工作的通知》	公安部结合了全国信息安全等级保护工作开展实际，及时制定和出台了这些规范性文件，对等级测评体系的建设工作提出了明确的要求，信息安全等级保护政策基本完备
2012 年	《信息安全技术政府部门信息安全管理基本要求》	本标准规定了政府部门信息安全管理基本要求，用于指导各级政府部门的信息安全管理工作。本标准中涉及保密工作的，按照保密法规和标准执行；涉及密码工作的，按照国家密码管理规定执行
2013 年	《2013 年国家信息安全专项有关事项的通知》	为了贯彻落实《国务院关于大力推进信息化发展和切实保障信息安全的若干意见》（国发[2012]23 号）的工作部署，针对金融、云计算与大数据、信息系统保密管理、工业控制等领域面临的信息安全实际需要，国家发展改革委决定继续组织国家信息安全专项的管理
2014 年	《关于加强国家级重要信息系统安全保障工作有关事项的通知》	要求加强涉及能源、金融、电信、交通、广电、海关、税务、人力资源社会保障等 47 个行业主管部门，276 家信息系统运营使用单位，500 个涉及国计民生的国家级重要信息系统的安全监管和保障
2015 年	《信息安全技术统一威胁管理产品技术要求和测试评价方法》	本标准规定了统一威胁管理产品的功能要求、性能指标、产品自身安全要求和产品保证要求，以及统一威胁管理产品的分级要求，并根据技术要求给出了测试评价方法
2016 年	《信息安全技术政府联网计算机终端安全管理基本要求》	本标准的创新性在于定义了计算机终端安全的概念，并将政府计算机终端安全列为信息安全的一个重要方面

1999 年，国家质量技术监督局正式发布了强制性国家标准：GB17859－1999：《计算机信息系统安全保护等级划分准则》，将我国计算机信息系统安全保护划分为五个等级，这个准则也成为了等级保护的技术基础和依据。

2003 年办公厅、国务院办公厅转发的《国家信息化领导小组关于加强信息安全保障工作的意见》（中办发[2003]27 号文件）明确指出，"要重点保护基础信息网络和关系国家安全、经济命脉、社会稳定等方面的重要信息系统，抓紧建立信息安全等级保护制度，制定信息安全等级保护的管理办法和技术指南"。明确指出"实行信息安全等级保护"，并确定了信息安全等级保护制度的基本内容。

2004 年 9 月 15 日，由公安部、国家保密局、国家密码管理局和国务院信息办联合下发的《关于信息安全等级保护工作的实施意见》（66 号文件），明确实施了等级保护的基本做法，将等级保护从计算机信息系统安全保护的一项制度提升到国家信息安全保障的一项基本制度。

2007 年 6 月 22 日，四部委联合下发的《信息安全等级保护管理办法》（43 号文件），规范了信息安全等级保护的管理。2007 年 7 月 20 日，公安部、国务院信息办等 4 个部委在北京联合召开"全国重要信息系统安全等级保护定级工作电视电话会议"，部署在全国范围内开展重要信息系统安全等级保护定级工作。明确了信息安全等级保护制度的基本内容、流程及工作要求，明确了信息系统运营使用单位和主管部门、监管部门在信息安全等级保护工作中的职责、任务。

2009 年 10 月 27 日，公安部颁布了《关于开展信息安全等级保护安全建设整改工作的指导意见》（公信安[2009]1429 号），指导各地区、部门在等级保护定级工作基础上，开展已定级系统的安全整改工作。

2010 年 4 月，公安部出台了《关于推动信息安全等级保护测评体系建设和开展等级测评工作的通知》（公信安[2010]303 号），要求 2010 年底前完成等级测评体系建设工作，2011 年底前完成三级以上信息系统的等级测评工作，2012 年底前完成三级以上信息系统的建设整改工作。在《信息安全等级保护测评工作管理规范（试行）》中明确规定，公安部信息安全等级保护评估中心负责测评机构的能力评估和培训。

2012 年 12 月 31 日，全国信息安全标准化技术委员会颁布了《信息安全技术政府部门信息安全管理基本要求》。该文件从适用范围、信息安全组织管理、日常信息安全管理、信息安全防护管理、信息安全应急管理、信息安全教育培训、信息安全检查等 7 个方面规定了政府部门信息安全管理基本要求。它用于指导各级政府部门的信息安全管理工作以及信息安全检查工作，保障政府机关各部门各单位信息和信息系统的安全。

2013 年 8 月 26 日，国家发展改革委员会决定继续组织国家信息安全专项，出台了《2013 年国家信息安全专项有关事项的通知》，针对金融、云计算与大数据、信息系统保密管理、工业控制等领域面临的信息安全实际需要，贯彻落实《国务院关于大力推进信息化发展和切实保障信息安全的若干意见》（国发[2012]23 号）的工作部署。

2014 年，公安部颁布了《关于加强国家级重要信息系统安全保障工作有关事项的通知》（公信安[2014]2182 号），要求加强涉及能源、金融、电信、交通、广电、海关、税务、人力资源社会保障等 47 个行业主管部门，276 家信息系统运营使用单位，500 个涉及国计民生的国家级重要信息系统的安全监管和保障。

5. 信息安全等级保护实施过程中存在的问题

目前等级保护实施体系主要存在以下问题。

（1）信息安全等级保护定级标准指标较为宏观，需要进一步定量分析，提高准确度。宏观标准难以映射到具体实施中去，在具体实施中尺度不易把握，获得的结果主观随意性较大。

（2）新标准实施后，缺乏相应的软件支撑。实施信息系统等级保护是国家根据国内信息安全具体情况实施的信息安全制度，与国际上类似的安全标准均不相同，因此不能直接使用国外的评估软件。目前，国内也尚未出现类似评估软件的报道。

4.1.2 等级保护的意义

信息安全等级保护是国家信息安全保障的基本制度、基本策略、基本方法，开展信息安全等级保护工作是保护信息化发展、维护国家信息安全的根本保障。信息系统运营使用单位和主管部门是否能按照信息安全等级保护制度中的标准进行安全建设、整改，是信息系统安全的一个衡量尺度。信息安全等级保护是当今各发达国家保护关键信息基础设施，保障信息安全的通行做法，也是我国多年来信息安全工作经验的总结。开展信息安全等级保护工作，就是要解决我国信息安全面临的威胁和存在的主要问题，是实行国家对重要信息系统进行重点安全保障的重大措施，有效体现"适度安全、保护重点"的目的。将有限的财力、物力、人力投入到重要信息系统安全保护中，按标准建设安全保护措施，建立安全保护制度，落实安全责任，加强监督检查，有效保护重要信息系统安全，提高我国信息和信息系统安全建设的整体水平。建立信息安全等级保护制度，开展信息安全等级保护工作，具有以下意义。

（1）有利于在信息化建设过程中同步建设信息安全设施，保障信息安全与信息化建设相协调。

（2）有利于为信息系统安全建设和管理提供系统性、针对性、可行性的指导和服务，有效控制信息安全建设成本。

（3）有利于优化信息安全资源的配置，重点保障基础信息网络和关系国家安全、经济命脉、社会稳定等方面的重要信息系统的安全。

（4）有利于明确国家、法人和其他组织、公民的信息安全责任，加强信息安全管理。

（5）有利于推动信息安全产业的发展，逐步探索出一条适应社会主义市场经济发展的信息安全模式。

4.2 信息系统安全等级保护制度

如果给信息安全等级保护制度一个定义的话，事实上它是一种国家管理行为，而且是带有很强的技术性的国家风险控制行为。安全风险管理的目的并不是保证没有风险，而是要将信息系统带来的业务风险控制在可接受的范围之内。

4.2.1 信息系统安全等级保护原则

信息系统安全等级保护的核心是对信息系统分等级、按标准进行建设、管理和监督。信息系统安全等级保护实施过程中应遵循以下基本原则。

（1）自主保护原则

信息系统运营、使用单位及其主管部门按照国家相关法规和标准，自主确定信息系统的安全保护等级，自行组织实施安全保护。

（2）重点保护原则

根据信息系统的重要程度、业务特点，通过划分不同安全保护等级的信息系统，实现不同强度的安全保护，集中资源优先保护涉及核心业务或关键信息资产的信息系统。

（3）同步建设原则

信息系统在新建、改建、扩建时应当同步规划和设计安全方案，投入一定比例的资金建设信息安全设施，使得保障信息安全与信息化建设相适应。

（4）动态调整原则

要跟据信息系统的变化情况，随时调整安全保护措施。由于信息系统的应用类型、范围等条件的变化及其他原因，安全保护等级需要变更的，应当根据等级保护的管理规范和技术标准的要求，重新确定信息系统的安全保护等级，根据信息系统安全保护等级的调整情况，重新实施安全保护。

4.2.2 信息系统安全等级保护体系

信息系统安全等级保护体系的内容如图 4-2 所示。

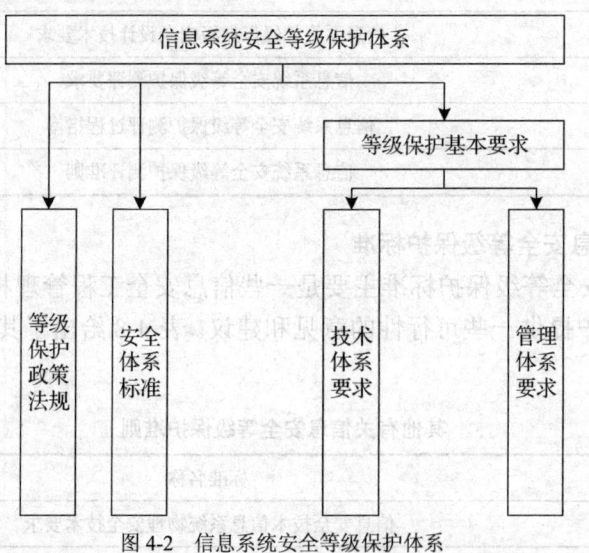

图 4-2　信息系统安全等级保护体系

1. 信息系统安全等级保护政策法规

信息系统安全等级保护政策法规由国家颁布的一系列信息系统安全条款，是信息系统安全等级保护体系的基础。表 4-6 给出了信息系统安全等级保护的政策法规。

表 4-6　　　　　　　　　　　信息系统安全等级保护政策法规

颁布时间	政策法规名称
1994 年	《中华人民共和国计算机信息系统安全保护条例》
2003 年	《国家信息化领导小组关于加强信息安全保障工作的意见》
2004 年	《关于信息安全等级保护工作的实施意见》
2007 年	《信息安全等级保护管理办法》
2007 年	《关于开展全国重要信息系统安全等级保护定级工作的通知》
2009 年	《关于开展信息安全等级保护安全建设整改工作的指导意见》
2012 年	《国务院关于大力推进信息化发展和切实保障信息安全的若干意见》

2. 信息系统安全体系标准

信息系统安全体系标准主要涉及信息系统安全技术的相关内容，为信息系统安全等级保护提供了相应的理论依据和技术支持。表 4-7 给出了信息系统安全体系标准。

表 4-7   信息系统安全体系标准

颁布时间	体系标准名称
1999 年	计算机信息安全保护等级划分准则
2008 年	信息系统安全等级保护定级指南
2008 年	信息系统安全等级保护基本要求
2010 年	信息系统安全等级保护实施指南
2010 年	信息系统等级保护级安全设计技术要求
送审稿	信息系统安全等级保护测评要求
送审稿	信息系统安全等级保护测评过程指南
送审稿	信息系统安全等级保护测评准则

3. 其他有关信息安全等级保护标准

其他有关信息安全等级保护标准主要是一些信息安全工程管理相关条例及方法,能够为信息安全等级保护提供一些可行性的意见和建议。表 4-8 给出了其他有关信息安全等级保护准则。

表 4-8   其他有关信息安全等级保护准则

颁布时间	标准名称
1999 年	信息安全技术信息系统物理安全技术要求
2006 年	信息安全技术信息系统通用安全技术要求
2006 年	信息安全技术操作系统安全技术要求
2006 年	信息安全技术数据库管理系统安全技术要求
2007 年	信息安全技术信息安全风险评估规范
2007 年	信息安全技术信息安全事件管理指南
2007 年	信息安全技术信息安全事件分类分级指南
2007 年	信息安全技术信息系统灾难恢复规范
2007 年	信息安全技术网络基础安全技术要求

4. 《信息系统安全等级保护基本要求》

《信息系统安全等级保护基本要求》是信息系统安全等级保护体系建设的基本依据。信息安全等级保护制度的制定必须严格按照《信息系统安全等级保护基本要求》执行。对于不符合《信息系统安全等级保护基本要求》的项目应尽早进行修正。

基本安全要求从各个层面或方面提出了系统的每个组件应该满足的安全要求,信息系统具有的整体安全保护能力通过不同组件实现基本安全要求来保证。除了保证系统的每个组件满足基本安全要求外,还要考虑组件之间的相互关系,来保证信息系统的整体安全保护能力。

（1）基本要求的组织方式

基本安全要求是针对不同安全保护等级信息系统应该具有的基本安全保护能力提出的安全要求,根据实现方式的不同,基本安全要求分为基本技术要求和基本管理要求两大类。技术类安全要求与信息系统提供的技术安全机制有关，主要通过在信息系统中部署软硬件并正确地配置其安全功能来实现；管理类安全要求与信息系统中各种角色参与的活动有关，主要通过控制各种角色的活动，从政策、制度、规范、流程以及记录等方面做出规定来实现。基本要求的组织方式如图 4-3 所示。

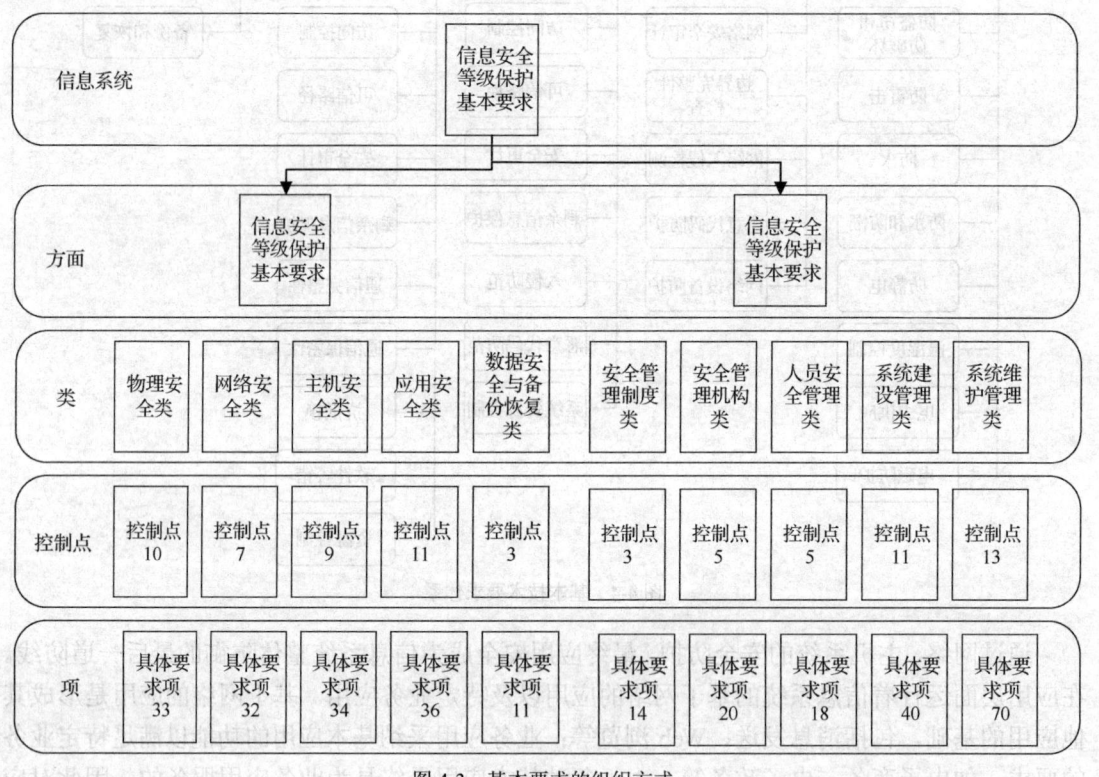

图 4-3　基本要求的组织方式

（2）基本技术要求

基本技术要求从物理安全、网络安全、主机安全、应用安全和数据安全几个层面提出；基本技术要求内容如图 4-4 所示。

物理安全主要涉及的方面包括环境安全（防火、防水、防雷击等）设备和介质的防盗窃防破坏等。具体包括：物理位置的选择、物理访问控制、防盗窃和防破坏、防雷击、防火、防水和防潮、防静电、温湿度控制、电力供应和电磁防护 10 个控制点。

网络安全主要关注的方面包括：网络结构、网络边界以及网络设备自身安全等。具体的控制点包括：结构安全和网段划分、访问控制、安全审计、边界完整性检查、网络入侵检测、恶意代码防范、网络设备防护 7 个控制点。

主机系统安全是包括服务器、终端/工作站等在内的计算机设备在操作系统及数据库系统层面的安全。终端/工作站是带外设的台式机与笔记本计算机，服务器则包括应用程序、网络、Web、文件与通信等服务器。主机系统是构成信息系统的主要部分，它承载着各种应用。因此，主机系统安全是保护信息系统安全的中坚力量。主机系统安全涉及的控制点包括：身份鉴别、安全标记、访问控制、可信路径、安全审计、剩余信息保护、入侵防范、恶意代码防范和系统资源控制 9 个方面。

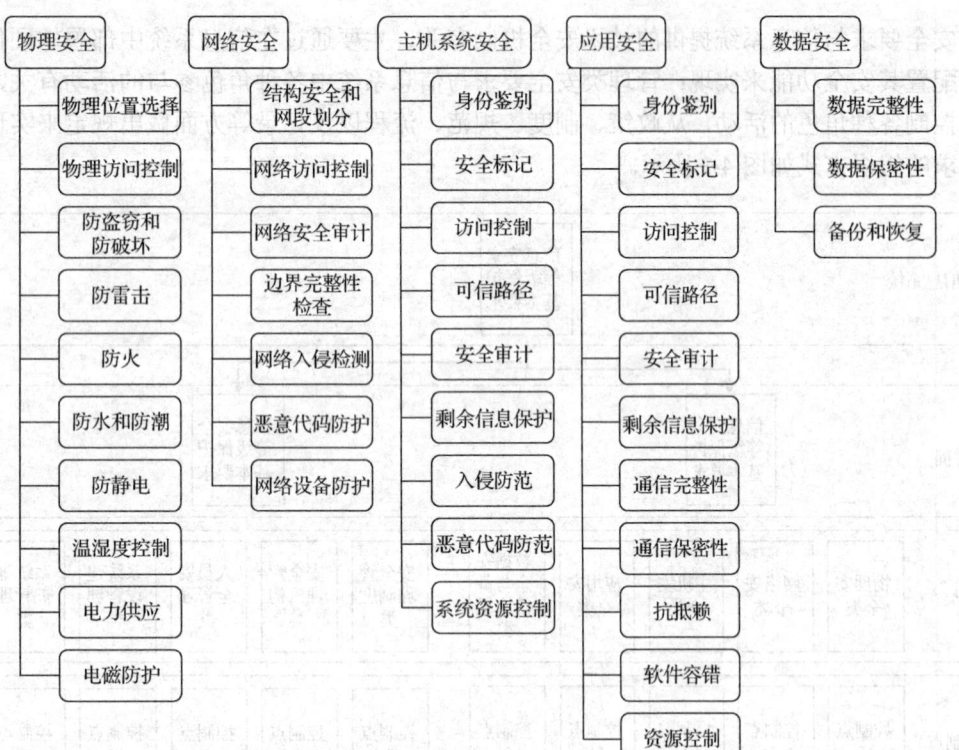

图 4-4   基本技术要求体系

通过网络、主机系统的安全防护，最终应用安全成为信息系统整体防御的最后一道防线。在应用层面运行着信息系统的基于网络的应用以及特定业务应用。基于网络的应用是形成其他应用的基础，包括消息发送、Web 浏览等；业务应用采纳基本应用的功能以满足特定业务的要求，如电子商务、电子政务等。由于各种基本应用最终是为业务应用服务的，因此对应用系统的安全保护最终就是如何保护系统的各种业务应用程序安全运行。应用安全主要涉及的安全控制点包括：身份鉴别、安全标记、访问控制、可信路径、安全审计、剩余信息保护、通信完整性、通信保密性、抗抵赖、软件容错、资源控制 11 个。

信息系统处理的各种数据（用户数据、系统数据、业务数据等）在维持系统正常运行上起着至关重要的作用。一旦数据遭到破坏（泄漏、修改、毁坏），都会在不同程度上影响甚至危害到系统的正常运行。由于信息系统的各个层面（网络、主机、应用等）都对各类数据进行传输、存储和处理等，因此，对数据的保护需要物理环境、网络、数据库和操作系统、应用程序等提供支持。各个"关口"把好了，若数据本身具有一些防御和修复手段，必然将对数据造成的损害降至最小。另外，数据备份也是防止数据被破坏后无法恢复的重要手段，而硬件备份等更是保证系统可用的重要内容，在高级别的信息系统中采用异地适时备份会有效的防治灾难发生时可能造成的系统危害。保证数据安全和备份恢复主要从数据完整性、数据保密性、备份和恢复 3 个方面考虑。

根据保护侧重点的不同，技术类安全要求进一步细分如下。

① 保护数据在存储、传输、处理过程中不被泄漏、破坏和免受未授权的修改的信息安全类要求（简记为 S）。

② 保护系统连续正常的运行，免受对系统的未授权修改、破坏而导致系统不可用的服务保证类要求（简记为 A）。

③ 通用安全保护类要求（简记为 G）。

具体分类如表 4-9 所示。

表 4-9　　　　　　　　　　技术类安全要求级别

	G	A	S
物理安全	物理位置的选择 物理访问控制 防盗窃和防破坏 防雷击 防火 防水和防潮 防静电 温湿度控制	电力供应	电磁防护
网络安全	结构安全 访问控制 安全审计 入侵防范 恶意代码防范 网络设备防护		边界完整性检查
主机系统安全	安全审计 入侵防范 恶意代码防范	资源控制	身份鉴别 安全标记 访问控制 可信路径 剩余信息保护
应用安全	安全审计 抗抵赖	软件容错 资源控制	身份鉴别 安全标记 访问控制 可信路径 剩余信息保护 通信完整性 通信保密性
数据安全		备份和恢复	数据完整性 数据保密性

（3）基本管理要求

基本管理要求从安全管理制度、安全管理机构、人员安全管理、系统建设管理和系统运维管理几个方面出发；基本管理要求内容如下 4-5 所示。

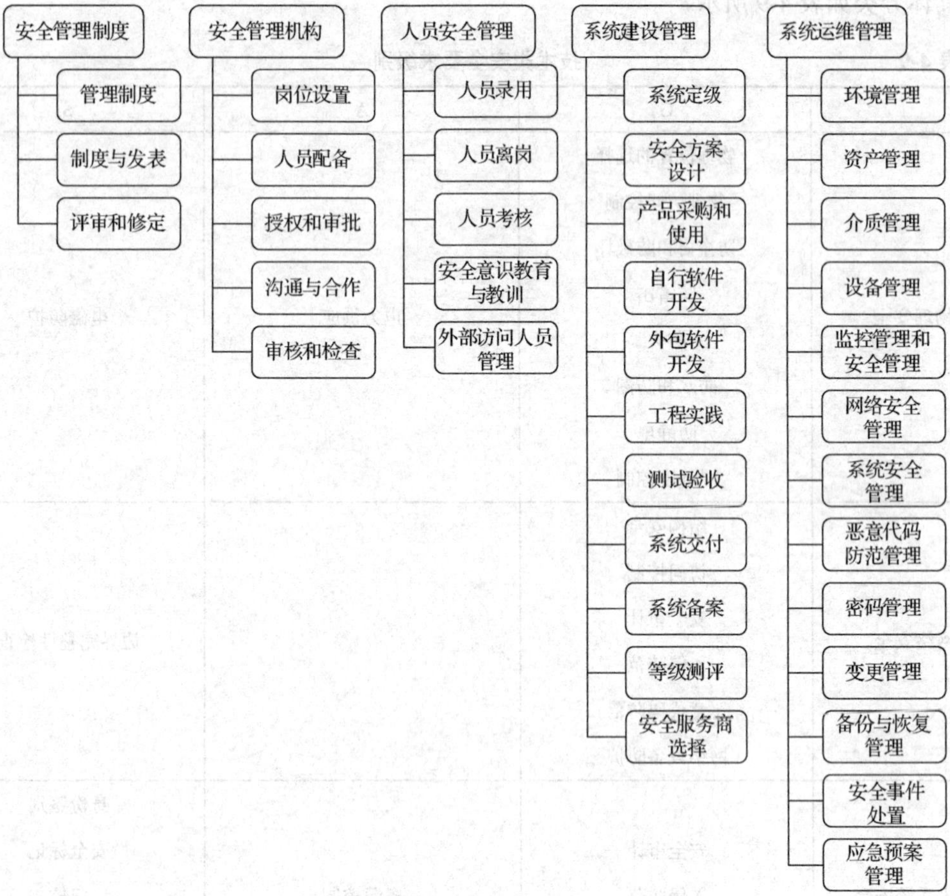

安全管理制度	安全管理机构	人员安全管理	系统建设管理	系统运维管理
管理制度	岗位设置	人员录用	系统定级	环境管理
制度与发表	人员配备	人员离岗	安全方案设计	资产管理
评审和修定	授权和审批	人员考核	产品采购和使用	介质管理
	沟通与合作	安全意识教育与教训	自行软件开发	设备管理
	审核和检查	外部访问人员管理	外包软件开发	监控管理和安全管理
			工程实践	网络安全管理
			测试验收	系统安全管理
			系统交付	恶意代码防范管理
			系统备案	密码管理
			等级测评	变更管理
			安全服务商选择	备份与恢复管理
				安全事件处置
				应急预案管理

图 4-5 基本管理要求体系

在信息安全中，最活跃的因素是人。对人的管理包括法律、法规与政策的约束，安全指南的帮助，安全意识的提高，安全技能的培训，人力资源管理措施以及企业文化的熏陶。这些功能的实现都是以完备的安全管理政策和制度为前提。这里所说的安全管理制度包括信息安全工作的总体方针、策略、规范，各种安全管理活动的管理制度以及管理人员或操作人员日常操作的操作规程。安全管理制度主要包括：管理制度、制定和发布、评审和修订三个控制点。

安全管理，首先要建立一个健全、务实、有效、统一指挥、统一步调的完善的安全管理机构，明确机构成员的安全职责，这是信息安全管理得以实施、推广的基础。在单位的内部结构上必须建立一整套从单位最高管理层（董事会）到执行管理层以及业务运营层的管理结构来约束和保证各项安全管理措施的执行。其主要工作内容包括对机构内重要的信息安全工作进行授权和审批、内部相关业务部门和安全管理部门之间的沟通协调以及与机构外各类单位的合作、定期对系统的安全措施落实情况进行检查，以发现问题进行改进。安全管理机构主要包括：岗位设置、人员配备、授权和审批、沟通和合作以及审核和检查五个控制点。

人，是信息安全中最关键的因素，同时也是信息安全中最薄弱的环节。很多重要的信息系统安全问题都涉及用户、设计人员、实施人员以及管理人员。如果这些与人员有关的安全问题没有得到很好的解决，任何一个信息系统都不可能达到真正的安全。只有对人员进行了正确妥善的管理，才有可能降低人为错误、盗窃、诈骗和误用设备的风险，从而减小了信息系统遭受人员错误造成损失的概率。对人员安全的管理，主要涉及两方面：对内部人员的安全管理和对外部人员的安全管理。具体包括：人员录用、人员离岗、人员考核、安全意识教育和培训和外部人员访问管理五个控制点。

信息系统的安全管理贯穿系统的整个生命周期，系统建设管理主要关注的是生命周期中的前三个阶段（即，初始、采购、实施）中各项安全管理活动。系统建设管理分别从工程实施建设前、建设过程以及建设完毕交付三方面考虑，具体包括：系统定级、安全方案设计、产品采购和使用、自行软件开发、外包软件开发、工程实施、测试验收、系统交付、系统备案、等级测评和安全服务商选择十一个控制点。

信息系统建设完成投入运行之后，接下来就是如何维护和管理信息系统了。系统运行涉及很多管理方面，例如对环境的管理、介质的管理、资产的管理等。同时，还要监控系统由于某些原因发生的重大变化，安全措施也要进行相应的修改，以维护系统始终处于相应安全保护等级的安全状态中。系统运维管理主要包括：环境管理、资产管理、介质管理、设备管理、监控管理和安全管理中心、网络安全管理、系统安全管理、恶意代码防范管理、密码管理、变更管理、备份与恢复管理、安全事件处置、应急预案管理十三个控制点。

4.3 信息系统安全等级保护方法

信息系统安全防护按照边界安全防护、网络环境安全防护、主机安全防护和应用防护 4 个层次进行防护措施设计。

4.3.1 安全域

安全域是指同一系统内根据信息的性质、使用主体、安全目标和策略等元素的不同来划分的不同逻辑子网或网络。每一个逻辑区域有相同的安全保护需求，具有相同的安全访问控制和边界控制策略，区域间具有相互信任关系，而且相同的网络安全域共享同样的安全策略。当然，安全域的划分不能单纯从安全角度考虑，而是应该以业务角度为主，辅以安全角度，并充分参照现有网络结构和管理现状，才能以较小的代价完成安全域划分和网络梳理，而又能保障其安全性。

对信息系统安全域的划分应主要考虑如下方面的因素。

（1）业务和功能特性：主要包括业务系统逻辑和应用关联性及业务系统对外连接两部分内容。

（2）安全特性的要求：主要包括安全要求相似性、威胁相似性及资产价值相近性三部分内容。

（3）参照现有状况：主要包括参照现有网络结构的状况及参照现有的管理部门职权划分两部分内容。

一个独立的业务信息系统的内部安全域的划分主要参考如下步骤。

（1）查看网络上承载的业务系统的访问终端与业务主机的访问关系以及业务主机之间的访问关系，若业务主机之间没有任何访问关系则单独考虑各业务系统安全域的划分；若业务主机之间有访问关系，则将这几个业务系统统筹到一起考虑安全域。

（2）划分安全计算域：根据业务系统的业务功能实现机制、保护等级程度进行安全计算域的划分，一般分为核心处理域和访问域，其中数据库服务器等后台处理设备归入核心处理域，前台直接面对用户的应用服务器归入访问域；局域网访问域可以有多种类型，如开发区、测试区、数据共享区、数据交换区、第三方维护管理区、VPN 接入区等；局域网的内部核心处理域包括：数据库、安全控制管理、后台维护区（网管工作区）等，核心处理域应具有隔离设备对该区域进行安全隔离，如防火墙，路由器（使用 ACL），交换机（使用 VLAN）等。

（3）划分安全用户域：根据业务系统的访问用户分类进行安全用户域的划分，访问同类数据的用户终端，需要进行相同级别保护划为一类安全用户域，一般分为管理用户域、内部用户域、外部用户域；

（4）划分安全网络域：安全网络域是由具有相同安全等级的计算域和用户域连接组成的网络域。网络域的安全等级的确定与网络所连接的安全用户域和（或）安全计算域的安全等级有关。一般同一网络内化分三种安全域：外部域、接入域、内部域。图 4-6 是一种典型的网络安全域的划分。

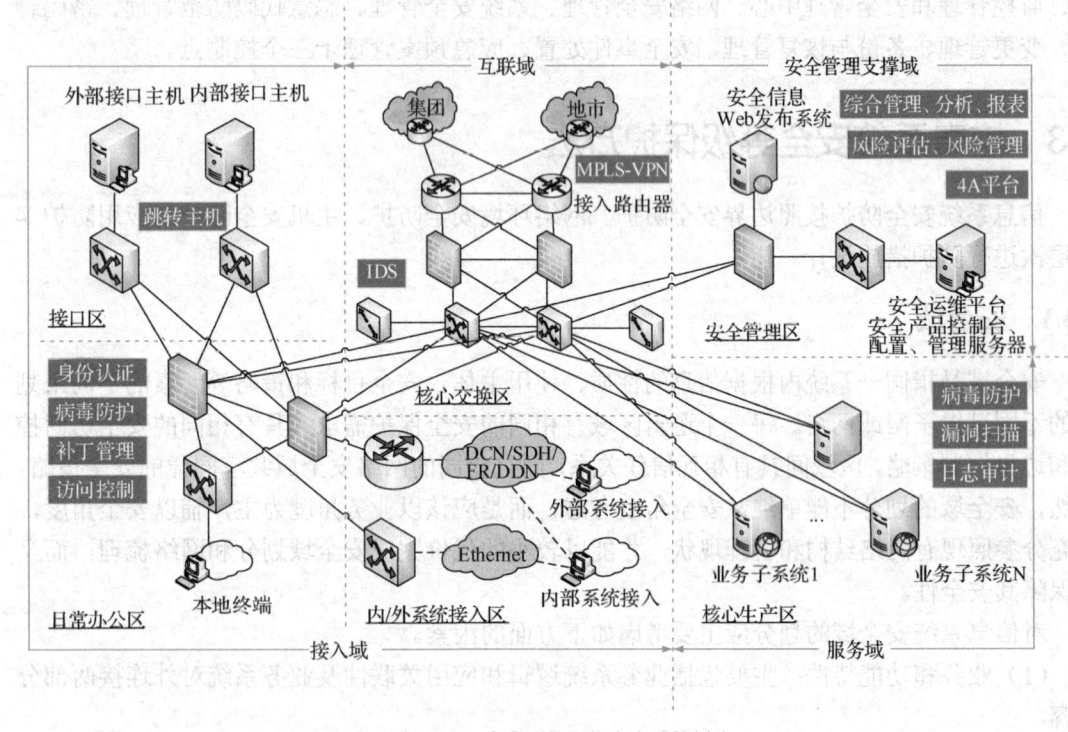

图 4-6　一个典型的网络安全域的划分

4.3.2　内部保护和边界保护

边界保护主要考虑的问题是如何使某个安全等级的网络内部不受来自外部的攻击，提供各种机制防止恶意的内部人员跨越边界实施攻击，以及防止外部人员通过开放门户/隐通道进入网络内部。边界防护包括许多防御措施，还包括远程访问安全级间互操作等许多功能。信息系统边界归为信息外网第三方边界、信息内网第三方边界、信息内外网边界、信息内网纵向上下级单位边界及横向域间边界 5 类，边界安全保护如表 4-10 所示。

表 4-10   边界安全保护

边界类型	边界说明	主要控制实施	产品实现
外网第三方边界	外网与互联网的边界及其他单位通过拨号连接所形成的网络边界	网络访问控制；流量及连接数控制；内容过滤；对外服务安全；入侵检测	防火墙；统一威胁管理（UTM）；入侵检测/防护系统（IDS/IPS）；虚拟专用网络（VPN）
内网第三方边界	内网与企业业务合作伙伴等第三方网络专线连接所形成的边界，如银行	网络访问控制；流量及连接数控制；入侵检测	防火墙；入侵检测/防护系统（IDS/IPS）
内外网边界	信息内网与信息外网连接的边界	逻辑强隔离	专用逻辑强隔离
纵向边界	信息内网纵向上下级单位网络连接的边界以及平级单位间连接的边界	网络访问控制；入侵检测	防火墙；入侵检测/防护系统（IDS/IPS）
横向域间边界	各安全域间的互访边界	域间访问控制；边界入侵检测	防火墙；入侵检测/防护系统（IDS/IPS）；WLAN；ACL

边界防护策略要求对所有进入网络内部的数据进行入侵检测，采用足够的措施对高安全级别的一方实施保护，同时加密技术不得损害检测性能；另外，为某一级别安全网络提供远程访问的系统和网络必须与该等级安全网络的安全策略一致，所支持的远程访问也要求协议一致，必须得到网络边界的认证，并确保大量的远程访问不会危及该安全网络，远程访问将要求采用获得许可的技术进行认证；将基础设施建立在多级安全策略上也是一个很好的选择，有利于解决不同安全级别之间的互操作问题。

4.3.3 网络安全保护

网络环境安全防护的目的是防范恶意人员通过网络对应用系统进行攻击，同时阻止恶意人员对网络设备发动的攻击。在安全事件发生前可以通过集中的日志审计、入侵检测事件分析等手段发现攻击意图。在安全事件发生后可以通过集中的事件审计系统及入侵检测系统进行事件跟踪、事件源定位以确定恶意人员的位置或及时制定相应的安全策略防止事件再次发生。

网络安全防护面向企业整体支撑性网络，以及为各安全域提供网络支撑平台的网络环境设施，网络环境具体包括网络中提供连接的路由、交换设备及安全防护体系建设所引入的安全设备。网络安全保护如表 4-11 所示。

表 4-11   网络安全保护

防护对象	主要控制措施	产品实现
网络设备	接入控制；设备安全配置；设备安全加固；安全弱电扫描；配置文件备份；设备安全审计；网络带宽及处理能力保证；设备链路冗余	网络准入控制系统（MAC）；漏洞扫描系统；日志管理分析系统；网管系统
网络业务信息流	网络业务信息流；数据传输加密	入侵检测/防护系统（IDS/IPS）系统；虚拟专用网络（VPN）

网络安全防护主要包含以下 5 个方面的内容。

（1）物理安全策略

物理安全策略的目的是保护计算机系统、网络服务器、打印机等硬件实体和通信链路免受自然灾害及人为破坏；验证用户的身份和使用权限、防止用户越权操作；确保计算机系统有一个良好的电磁兼容工作环境；建立完备的安全管理制度，防止非法进入计算机控制和各种偷窃、破坏活动的发生。

（2）访问控制策略

访问控制策略是网络安全防范和保护的主要策略，它的主要任务是保证网络资源不被非法使用和访问。它也是维护网络系统安全，保护网络资源的重要手段之一。

（3）防火墙控制

防火墙是用以阻止网络中的黑客访问某个机构网络的一道屏障，也可以称之为控制进、出两个方向通信的门槛。在网络边界上通过建立起来的相应网络通信监控系统来隔离内部和外部网络，以阻挡外部网络的入侵。

（4）信息加密策略

信息加密的目的是保护网内的数据、文件、口令、控制信息，以及网上传输的数据。

（5）网络安全管理策略

在网络安全中，除了采取上述技术措施之外，加强网络的安全管理，制定合理的规章制度，对于确保网络安全、可靠地运行，能够起到十分关键的作用。网络的安全管理策略包括确定安全管理等级和安全管理范围，制定有关网络操作使用规程和人员出入机房管理的制度，制定网络系统的维护制度和应急措施。

4.3.4 主机安全保护

主机系统安全的目标是确保业务数据在进入、离开或驻留服务器时保持可用性、完整性和保密性。系统采用相应的身份认证、访问控制等手段阻止未授权访问；采用主机防火墙、入侵检测等技术确保主机系统的安全；进行事件日志审核以发现入侵企图；在安全事件发生后通过对事件日志的分析进行审计追踪，确认事件对主机的影响以进行后续处理。

主机系统安全防护包括对服务器及桌面终端的安全防护。服务器包括业务应用服务器、网络服务器、Web 服务器、文件与通信等；桌面终端是作为终端用户工作站的台式机与笔记本计算机。主机安全保护如表 4-12 所示。

表 4-12　　　　　　　　　　　　　　　　主机安全保护

防护对象		主要控制措施	产品实现
服务器	操作系统	操作系统安全加固；病毒防护；防恶意代码；入侵检测；访问控制；主机弱点扫描；安全补丁更新；系统备份；防止非法外联；安全审计	防火墙；入侵检测/防护系统（IDS/IPS）；弱点扫描系统；补丁管理系统；日志分析管理系统；防病毒/恶意代码系统；数字证书系统；备份系统
	数据库系统	访问控制；安全审计；管理存储过程；数据安全；数据备份	日志分析管理系统；数字证书系统；备份系统
桌面终端	桌面终端	桌面终端病毒防护；恶意代码防护；补丁管理；桌面主机资产管理；桌面终端安全管理	防病毒/恶意代码系统；终端管理系统；补丁管理系统

一个完善的主机安全系统需要从三方面来提供保护，分别是系统安全、文件安全和网络安全。这样划分的意义是显而易见的。网络安全保护主机的门户，尽量避免恶意数据包进出主机网卡，系统安全保护操作系统，避免系统被破坏，文件安全保护主机上的数据，避免数据被窃取或者销毁。这 3 个方面共同为主机提供了一个全面的保护环境。

（1）系统安全

目前而言，对主机的系统安全保护主要依赖于防火墙、IDS 和操作系统本身固有的安全特性。

（2）文件安全

对于一台主机来说，保护主机系统的正常运行固然很重要，然而，保护的最终目的其实还是存放在主机上的数据，所以除了考虑系统安全之外，文件安全也是不容忽视的一个重要环节。

（3）网络安全

在主机的网络接口上所做的保护措施，传统的有防火墙和入侵检测系统，功能相对比较固定，可扩展之处不多。

4.3.5 应用保护

应用安全防护的目标是保证应用系统自身的安全性，以及与其他系统进行数据交互时所传输数据的安全性；在安全事件发生前发现入侵企图或在安全事件发生后进行审计追踪。

应用安全防护包括对于应用系统本身的防护、用户接口安全防护和对于数据间接口的安全防护。应用保护如表 4-13 所示。

表 4-13	应用保护	
防护对象	主要控制措施	产品实现
应用系统	接入控制；设备安全配置；设备安全加固；安全弱电扫描；配置文件备份；设备安全审计；网络带宽及处理能力保证；设备链路冗余	日志管理分析系统；备份管理系统；数字证书及认证系统
用户接口	用户认证安全；数据完整性检测；数据安全保密	通过应用系统实现
数据接口	接口认证；数据传输加密；数据完整性检测	通过应用系统实现

4.4 信息系统的安全等级

国家标准《计算机信息系统安全保护的等级划分准则》（GB 17859—1999）规定了计算机系统安全能力的 5 个级别，即用户自主保护级、系统审计保护级、安全标记保护级、结构化保护级、访问验证保护级。计算机信息系统安全保护能力随着安全保护等级的提高而逐渐增强。

4.4.1 信息安全等级保护等级划分

信息系统的安全保护等级由两个定级要素决定：等级保护对象受到破坏时所侵害的客体和对客体造成侵害的程度。

（1）受侵害的客体。等级保护对象受到破坏时所侵害的客体包括以下三个方面：一是公民、法人和其他组织的合法权益；二是社会秩序、公共利益；三是国家安全。

（2）对客体的侵害程度。对客体的侵害程度由客观方面的不同外在表现综合决定。由于对客体的侵害是通过对等级保护对象的破坏实现的，因此，对客体的侵害外在表现为对等级保护对象的破坏，通过危害方式、危害后果和危害程度加以描述。等级保护对象受到破坏后对客体造成侵害的程度为 3 种：一是造成一般损害；二是造成严重损害；三是造成特别严重损害。

信息系统安全保护等级由低到高划分为五级。它是信息系统根据其在国家安全、经济建设、社会生活中的重要程度，遭到破坏后对国家安全、社会秩序、公共利益以及公民、法人和其他组织的合法权益的危害程度等来划分的。保护等级划分依据如表 4-14 所示。

表 4-14　　　　　　　　　　　　保护等级划分依据

等级	对象	侵害客体	侵害程度	监管强度
第一级	一般系统	合法权益	损害	自主保护
第二级		合法权益	严重损害	指导保护
		社会秩序和公共利益	损害	
第三级	重要系统	社会秩序和公共利益	严重损害	监督检查
		国家安全	损害	
第四级		社会秩序和公共利益	特别严重损害	强制监督检查
		国家安全	严重损害	
第五级	极端重要系统	国家安全	特别严重损害	专门监督检查

1. 第一级用户自主保护级

本级的计算机信息系统可信计算基通过隔离用户与数据，使用户具备自主安全保护的能力。它具有多种形式的控制能力，对用户实施访问控制，即为用户提供可行的手段，保护用户和用户组信息，避免其他用户对数据的非法读写与破坏。信息系统受到破坏后，会对公民、法人和其他组织的合法权益造成损害，但不损害国家安全、社会秩序和公共利益。第一级包含自主访问控制、身份鉴别和数据完整性验证 3 个安全模块。

（1）自主访问控制

计算机信息系统可信计算基定义和控制系统中命名用户对命名客体的访问。实施机制（例如：访问控制表）允许命名用户以用户和用户组的身份规定并控制客体的共享；阻止非授权用户读取敏感信息。

（2）身份鉴别

计算机信息系统可信计算基初始执行时，首先要求用户标识自己的身份，并使用保护机制（例如：口令）来鉴别用户的身份，阻止非授权用户访问用户身份鉴别数据。

（3）数据完整性验证

计算机信息系统可信计算基通过自主完整性策略，阻止非授权用户修改或破坏敏感信息。

2. 第二级系统审计保护级

与用户自主保护级相比，本级的计算机信息系统可信计算基实施了粒度更细的自主访问控制，它通过登录规程、审计安全性相关事件和隔离资源，使用户对自己的行为负责。信息系统受到破坏后，会对公民、法人和其他组织的合法权益产生严重损害，或者对社会秩序和公共利益造成损害，但不损害国家安全。第二级包含自主访问控制、身份鉴别、客体重用、审计和数据完整性验证 5 个安全模块。

（1）自主访问控制

计算机信息系统可信计算基定义和控制系统中命名用户对命名客体的访问。实施机制（例如：访问控制表）允许命名用户以用户和（或）用户组的身份规定并控制客体的共享；阻止非授权用户读取敏感信息，并控制访问权限扩散。自主访问控制机制根据用户指定方式或默认方式，阻止非授权用户访问客体。访问控制的粒度是单个用户，没有存取权的用户只允许由授权用户指定对客体的访问权。

（2）身份鉴别

计算机信息系统可信计算基初始执行时，首先要求用户标识自己的身份，并使用保护机制（例如：口令）来鉴别用户的身份；阻止非授权用户访问用户身份鉴别数据。通过为用户提供唯一标识，计算机信息系统可信计算基能够使用户对自己的行为负责。计算机信息系统可信计算基还具备将身份标识与该用户所有可审计行为相关联的能力。

（3）客体重用

在计算机信息系统可信计算基的空闲存储客体空间中，对客体初始指定、分配或再分配一个主体之前，撤销该客体所含信息的所有授权。当主体获得对一个已被释放的客体的访问权时，当前主体不能获得原主体活动所产生的任何信息。

（4）审计

计算机信息系统可信计算基能创建和维护受保护客体的访问审计跟踪记录，并能阻止非授权的用户对它的访问或破坏。

计算机信息系统可信计算基能记录下述事件：使用身份鉴别机制；将客体引入用户地址空间（例如：打开文件、程序初始化）；删除客体；由操作员、系统管理员或（和）系统安全管理员实施的动作，以及其他与系统安全有关的事件。对于每一事件，其审计记录包括：事件的日期和时间、用户、事件类型、事件是否成功。对于身份鉴别事件，审计记录包含的来源（例如：终端标识符）；对于客体引入用户地址空间的事件及客体删除事件，审计记录包含客体名。

对不能由计算机信息系统可信计算基独立分辨的审计事件，审计机制提供审计记录接口，可由授权主体调用。这些审计记录区别于计算机信息系统可信计算基独立分辨的审计记录。

（5）数据完整性验证

计算机信息系统可信计算基通过自主完整性策略，阻止非授权用户修改或破坏敏感信息。

3. 第三级安全标记保护级

本级的计算机信息系统可信计算基具有系统审计保护级所有功能。此外，还提供有关安全策略模型、数据标记以及主体对客体强制访问控制的非形式化描述；具有准确地标记输出信息的能力；消除通过测试发现的任何错误。信息系统受到破坏后，会对社会秩序和公共利益造成严重损害，或者对国家安全造成损害。第三级包含自主访问控制、强制访问控制、标记、身份鉴别、客体重用、审计和数据完整性验证七个安全模块。

（1）自主访问控制

计算机信息系统可信计算基定义和控制系统中命名用户对命名客体的访问。实施机制（例如：访问控制表）允许命名用户以用户和（或）用户组的身份规定并控制客体的共享；阻止非授权用户读取敏感信息，并控制访问权限扩散。自主访问控制机制根据用户指定方式或默认方式，阻止非授权用户访问客体。访问控制的粒度是单个用户。没有存取权的用户只允许由授权用户指定对客体的访问权。

（2）强制访问控制

计算机信息系统可信计算基对所有主体及其所控制的客体（例如：进程、文件、段、设备）实施强制访问控制。为这些主体及客体指定敏感标记，这些标记是等级分类和非等级类别的组合，它们是实施强制访问控制的依据。计算机信息系统可信计算基支持两种或两种以上成分组成的安全级。计算机信息系统可信计算基控制的所有主体对客体的访问应满足：仅当主体安全级中的等级分类高于或等于客体安全级中的等级分类，且主体安全级中的非等级类别包含了客体安全级中的全部非等级类别，主体才能读客体；仅当主体安全级中的等级分类低于或等于客体安全级中的等级分类，且主体安全级中的非等级类别包含于客体安全级中的非等级类别，主体才能写一个客体。计算机信息系统可信计算基使用身份和鉴别数据，鉴别用户的身份，并保证用户创建的计算机信息系统可信计算基外部主体的安全级和授权受该用户的安全级和授权的控制。

（3）标记

计算机信息系统可信计算基应维护与主体及其控制的存储客体（例如：进程、文件、段、设备）相关的敏感标记。这些标记是实施强制访问的基础。为了输入未加安全标记的数据，计算机信息系统可信计算基向授权用户要求并接受这些数据的安全级别，且可由计算机信息系统可信计算基审计。

（4）身份鉴别

计算机信息系统可信计算基初始执行时，首先要求用户标识自己的身份，而且，计算机信息系统可信计算基维护用户身份识别数据并确定用户访问权及授权数据。计算机信息系统可信计算基使用这些数据鉴别用户身份，并使用保护机制（例如：口令）来鉴别用户的身份；阻止非授权用户访问用户身份鉴别数据。通过为用户提供唯一标识，计算机信息系统可信计算基能够使用户对自己的行为负责。计算机信息系统可信计算基还具备将身份标识与该用户所有可审计行为相关联的能力。

（5）客体重用

在计算机信息系统可信计算基的空闲存储客体空间中，对客体初始指定、分配或再分配一个主体之前，撤销客体所含信息的所有授权。当主体获得对一个已被释放的客体的访问权时，当前主体不能获得原主体活动所产生的任何信息。

（6）审计

计算机信息系统可信计算基能创建和维护受保护客体的访问审计跟踪记录，并能阻止非授权的用户对它访问或破坏。

计算机信息系统可信计算基能记录下述事件：使用身份鉴别机制；将客体引入用户地址空间（例如：打开文件、程序初始化）；删除客体；由操作员、系统管理员或（和）系统安全管理员实施的动作，以及其他与系统安全有关的事件。对于每一事件，其审计记录包括：事件的日期和时间、用户、事件类型、事件是否成功。对于身份鉴别事件，审计记录包含请求的来源（例如：终端标识符）；对于客体引入用户地址空间的事件及客体删除事件，审计记录包含客体名及客体的安全级别。此外，计算机信息系统可信计算基具有审计更改可读输出记号的能力。

对不能由计算机信息系统可信计算基独立分辨的审计事件，审计机制提供审计记录接口，可由授权主体调用。这些审计记录区别于计算机信息系统可信计算基独立分辨的审计记录。

（7）数据完整性验证

计算机信息系统可信计算基通过自主和强制完整性策略，阻止非授权用户修改或破坏敏感信息。在网络环境中，使用完整性敏感标记来确保信息在传送中未受损。

4. 第四级结构化保护级

本级的计算机信息系统可信计算基建立于一个明确定义的形式化安全策略模型之上，它要求将第三级系统中的自主和强制访问控制扩展到所有主体与客体。此外，还要考虑隐蔽通道。本级的计算机信息系统可信计算基必须结构化为关键保护元素和非关键保护元素。计算机信息系统可信计算基的接口也必须明确定义，使其设计与实现能经受更充分的测试和更完整的复审。加强了鉴别机制；支持系统管理员和操作员的职能；提供可信设施管理；增强了配置管理控制。系统具有相当的抗渗透能力。信息系统受到破坏后，会对社会秩序和公共利益造成特别严重的损害，或者对国家安全造成严重损害。第四级包含自主访问控制、强制访问控制、标记、身份鉴别、客体重用、审计、数据完整性验证、隐蔽信道分析和可信路径九个安全模块。

（1）自主访问控制

计算机信息系统可信计算基定义和控制系统中命名用户对命名客体的访问。实施机制（例如：访问控制表）允许命名用户和（或）以用户组的身份规定并控制客体的共享；阻止非授权用户读取敏感信息，并控制访问权限扩散。自主访问控制机制根据用户指定方式或默认方式，阻止非授权用户访问客体。访问控制的粒度是单个用户，没有存取权的用户只允许由授权用户指定对客体的访问权。

（2）强制访问控制

计算机信息系统可信计算基对外部主体能够直接或间接访问的所有资源（例如：主体、存储客体和输入、输出资源）实施强制访问控制。为这些主体及客体指定敏感标记，这些标记是等级分类和非等级类别的组合，它们是实施强制访问控制的依据。计算机信息系统可信计算基支持两种或两种以上成分组成的安全级。计算机信息系统可信计算基外部的所有主体对客体的直接或间接的访问应满足：仅当主体安全级中的等级分类高于或等于客体安全级中的等级分类，且主体安全级中的非等级类别包含了客体安全级中的全部非等级类别，主体才能读客体；仅当主体安全级中的等级分类低于或等于客体安全级中的等级分类，且主体安全级中的非等级类别包含于客体安全级中的非等级类别，主体才能写一个客体。计算机信息系统可信计算基使用身份和鉴别数据，来鉴别用户的身份，保护用户创建的计算机信息系统。可信计算基外部主体的安全级和授权受该用户的安全级和授权的控制。

（3）标记

计算机信息系统可信计算基维护计算机信息系统资源（例如：主体、存储客体、只读存储器）相关的敏感标记。这些计算机信息系统资源是可被外部主体直接或间接访问到的。这些标记是实施强制访问的基础。为了输入未加安全标记的数据，计算机信息系统可信计算基向授权用户要求并接受这些数据的安全级别，且可由计算机信息系统可信计算基审计。

（4）身份鉴别

计算机信息系统可信计算基初始执行时，首先要求用户标识自己的身份，而且，计算机信息系统可信计算基维护用户身份识别数据并确定用户访问权及授权数据。计算机信息系统可信计算基使用这些数据，并通过保护机制（例如：口令）来鉴别用户的身份；阻止非授权用户访问用户身份鉴别数据。通过为用户提供唯一标识，计算机信息系统可信计算基能够使用户对自己的行为负责。计算机信息系统可信计算基还具备将身份标识与该用户所有可审计行为相关联的能力。

（5）客体重用

在计算机信息系统可信计算基的空闲存储客体空间中，对客体初始指定、分配或再分配一个主体之前，撤销客体所含信息的所有授权。当主体获得对一个已被释放的客体的访问权时，当前主体不能获得原主体活动所产生的任何信息。

（6）审计

计算机信息系统可信计算基能创建和维护受保护客体的访问审计跟踪记录，并能阻止非授权的用户对它访问或破坏。

计算机信息系统可信计算基能记录下述事件：使用身份鉴别机制；将客体引入用户地址空间（例如：打开文件、程序初始化）；删除客体；由操作员、系统管理员或（和）系统安全管理员实施的动作，以及其他与系统安全有关的事件。对于每一事件，其审计记录包括：事件的日期和时间、用户、事件类型、事件是否成功。对于身份鉴别事件，审计记录包含请求的来源（例如：终端标识符）；对于客体引入用户地址空间的事件及客体删除事件，审计记录包含客体及客体的安全级别。此外，计算机信息系统可信计算基具有审计更改可读输出记号的能力。

对不能由计算机信息系统可信计算基独立分辨的审计事件，审计机制提供审计记录接口，可由授权主体调用，这些审计记录区别于计算机信息系统可信计算基独立分辨的审计记录。计算机信息系统可信计算基能够审计利用隐蔽存储信道时可能被使用的事件。

（7）数据完整性验证

计算机信息系统可信计算基通过自主和强制完整性策略。阻止非授权用户修改或破坏敏感信息。在网络环境中，使用完整性敏感标记来确认信息在传送中是否受损。

（8）隐蔽信道分析

系统开发者应彻底搜索隐蔽存储信道，并根据实际测量或工程估算、确定每一个被标识信道的最大带宽。

（9）可信路径

对用户的初始登录和鉴别，计算机信息系统可信计算基在它与用户之间提供可信通信路径。该路径上的通信只能由该用户初始化。

5. 第五级访问验证保护级

本级的计算机信息系统可信计算基满足访问监控器的需求，访问监控器仲裁主体对客体的全部访问。访问监控器本身是抗篡改的，而且它必须足够小，能够分析和测试。为了满足访问监控器需求，计算机信息系统可信计算基在其构造时，排除那些对实施安全策略来说非必要的代码；在设计和实现时，从系统工程角度将其复杂性降到最低；支持安全管理员职能；扩充审计机制，当发生与安全相关的事件时发出信号；提供系统恢复机制；系统具有很高的抗渗透能力；信息系统受到破坏后，会对国家安全造成特别严重的损害。第五级包含自主访问控制、强制访问控制、标记、身份鉴别、客体重用、审计、数据完整性验证、隐蔽信道分析、可信路径和可信恢复十个安全模块。

（1）自主访问控制

计算机信息系统可信计算基定义并控制系统中命名用户对命名客体的访问。实施机制（例如：访问控制表）允许命名用户和（或）以用户组的身份规定并控制客体的共享；阻止非授权用户读取敏感信息，并控制访问权限扩散。自主访问控制机制根据用户指定方式或默认方式，阻止非授权用户访问客体。访问控制的粒度是单个用户。访问控制能够为每个命名客体指定命名用户和用户组，并规定他们对客体的访问模式。没有存取权的用户只允许由授权用户指定对客体的访问权。

（2）强制访问控制

计算机信息系统可信计算基对外部主体能够直接或间接访问的所有资源（例如：主体、存储客体和输入、输出资源）实施强制访问控制。为这些主体及客体指定敏感标记，这些标记是等级分类和非等级类别的组合，它们是实施强制访问控制的依据。计算机信息系统可信计算基支持两种或两种以上成分组成的安全级。计算机信息系统可信计算基外部的所有主体对客体的直接或间接的访问应满足：仅当主体安全级中的等级分类高于或等于客体安全级中的等级分类，且主体安全级中的非等级类别包含了客体安全级中的全部非等级类别，主体才能读客体；仅当主体安全级中的等级分类低于或等于客体安全级中的等级分类，且主体安全级中的非等级类别包含于客体安全级中的非等级类别，主体才能写一个客体。计算机信息系统可信计算基使用身份和鉴别数据，来鉴别用户的身份，保证用户创建的计算机信息系统可信计算基外部主体的安全级和授权受该用户的安全级和授权的控制。

（3）标记

计算机信息系统可信计算基维护计算机信息系统资源（例如：主体、存储客体、只读存储器）相关的敏感标记。这些计算机信息系统资源是可被外部主体直接或间接访问到的。这些标记是实施强制访问的基础。为了输入未加安全标记的数据，计算机信息系统可信计算基向授权用户要求并接受这些数据的安全级别，且可由计算机信息系统可信计算基审计。

（4）身份鉴别

计算机信息系统可信计算基初始执行时，首先要求用户标识自己的身份，而且，计算机信息系统可信计算基维护用户身份识别数据并确定用户访问权及授权数据。计算机信息系统可信计算基使用这些数据，并通过保护机制（例如：口令）来鉴别用户的身份；阻止非授权用户访问用户身份鉴别数据。通过为用户提供唯一标识，计算机信息系统可信计算基能够使用户对自己的行为负责。计算机信息系统可信计算基还具备将身份标识与该用户所有可审计行为相关联的能力。

（5）客体重用

在计算机信息系统可信计算基的空闲存储客体空间中，对客体初始指定、分配或再分配一个主体之前，撤销客体所含信息的所有授权。当主体获得对一个已被释放的客体的访问权时，当前主体不能获得原主体活动所产生的任何信息。

（6）审计

计算机信息系统可信计算基能创建和维护受保护客体的访问审计跟踪记录，并能阻止非授权的用户对它访问或破坏。

计算机信息系统可信计算基能记录下述事件：使用身份鉴别机制；将客体引入用户地址空间（例如：打开文件、程序初始化）；删除客体；由操作员、系统管理员或（和）系统安全管理员实施的动作，以及其他与系统安全有关的事件。对于每一事件，其审计记录包括：事件的日期和时间、用户、事件类型、事件是否成功。对于身份鉴别事件，审计记录包含请求的来源（例如：终端标识符）；对于客体引入用户地址空间的事件及客体删除事件，审计记录包含客体名及客体的安全级别。此外，计算机信息系统可信计算基具有审计更改可读输出记号的能力。

对不能由计算机信息系统可信计算基独立分辨的审计事件，审计机制提供审计记录接口，可由授权主体调用，这些审计记录区别于计算机信息系统可信计算基独立分辨的审计记录。计算机信息系统可信计算基能够审计利用隐蔽存储信道时可能被使用的事件。

计算机信息系统可信计算基包含能够监控可审计安全事件发生与积累的机制，当超过阈值时，能够立即向安全管理员发出报警。并且，如果这些与安全相关的事件继续发生或积累，系统应以最小的代价中止它们。

（7）数据完整性验证

计算机信息系统可信计算基通过自主和强制完整性策略，阻止非授权用户修改或破坏敏感信息。在网络环境中，使用完整性敏感标记来确认信息在传送中是否受损。

（8）隐蔽信道分析

系统开发者应彻底搜索隐蔽信道，并根据实际测量或工程估算、确定每一个被标识信道的最大带宽。

（9）可信路径

当连接用户时（如注册、更改主体安全级），计算机信息系统可信计算基提供它与用户之间的可信通信路径。可信路径上的通信只能由该用户或计算机信息系统可信计算基激活，且在逻辑上与其他路径上的通信相隔离，且能正确地加以区分。

（10）可信恢复

计算机信息系统可信计算基提供过程和机制，保证计算机信息系统失效或中断后，可以进行不损害任何安全保护性能的恢复。

4.4.2　信息安全定级步骤

定级是等级保护工作的首要环节，是开展信息系统建设、整改、测评、备案、监督检查等后续工作的重要基础。信息系统安全级别定不准，系统建设、整改、备案、等级测评等后续工作都失去了针对性。需要特别说明的是：信息系统的安全保护等级是信息系统的客观属性，不以自己采取或将采取什么安全保护措施为依据，也不以风险评估为依据。它应是以信息系统的重要性和信息系统遭到破坏后对国家安全、社会稳定、人民群众合法权益的危害程度为依据。定级工作可以参照以下几个步骤进行：

1. 确定定级对象

信息系统运营使用单位或主管部门按如下原则确定定级对象：

（1）承载相对独立或单一业务应用的信息系统；

（2）信息系统的信息安全由本单位主管；

（3）具有信息系统的基本要素。

只有同时满足上述 3 个条件，才可由本单位对其进行定级。起支撑作用的网络可以作为定级对象；应用类的信息系统以应用种类划分定级对象。相关部门工作职责：等级保护工作组按照确定定级对象的原则确定本部门的定级对象，并上报领导小组办公室。专家组可以在确定定级对象的过程中提供咨询指导。公安机关指导等级保护工作组确定定级对象。为了确保定级准确，各行业、各部委要通盘考虑，提出定级意见，避免出现同类信息系统中下属系统比上级系统级别高的问题。

2. 初步确定信息系统等级

（1）定级的一般流程

信息系统安全包括业务信息安全和系统服务安全，与之相关的受侵害客体和对客体的侵害程度可能不同，因此，信息系统定级也应由业务信息安全和系统服务安全两方面确定。从业务信息安全角度反映的信息系统安全保护等级称为业务信息安全等级；从系统服务安全角度反映的信息系统安全保护等级称为系统服务安全等级。

确定信息系统安全保护等级的一般流程如下：确定作为定级对象的信息系统；确定业务信息安全受到破坏时所侵害的客体；根据不同的受侵害客体，从多个方面综合评定业务信息安全被破坏对客体的侵害程度；依据表 4-15，得到业务信息安全等级；确定系统服务安全受到破坏时所侵害的客体；根据不同的受侵害客体，从多个方面综合评定系统服务安全被破坏对客体的侵害程度；依据表 4-16，得到系统服务安全等级；由业务信息安全等级和系统服务安全等级的较高者确定定级对象的安全保护等级。

表 4-15　　　　　　　　　　　　业务信息安全等级

业务信息安全被破坏时所侵害的客体	对相应客体的侵害程度		
	一般损害	严重损害	特别严重损害
公民、法人和其他组织的合法权益	第一级	第二级	第二级
社会秩序、公共利益	第二级	第三级	第四级
国家安全	第三级	第四级	第五级

表 4-16　　　　　　　　　　　　系统服务安全等级

系统服务安全被破坏时所侵害的客体	对相应客体的侵害程度		
	一般损害	严重损害	特别严重损害
公民、法人和其他组织的合法权益	第一级	第二级	第二级
社会秩序、公共利益	第二级	第三级	第四级
国家安全	第三级	第四级	第五级

图 4-7 给出了等级确定的一般流程。

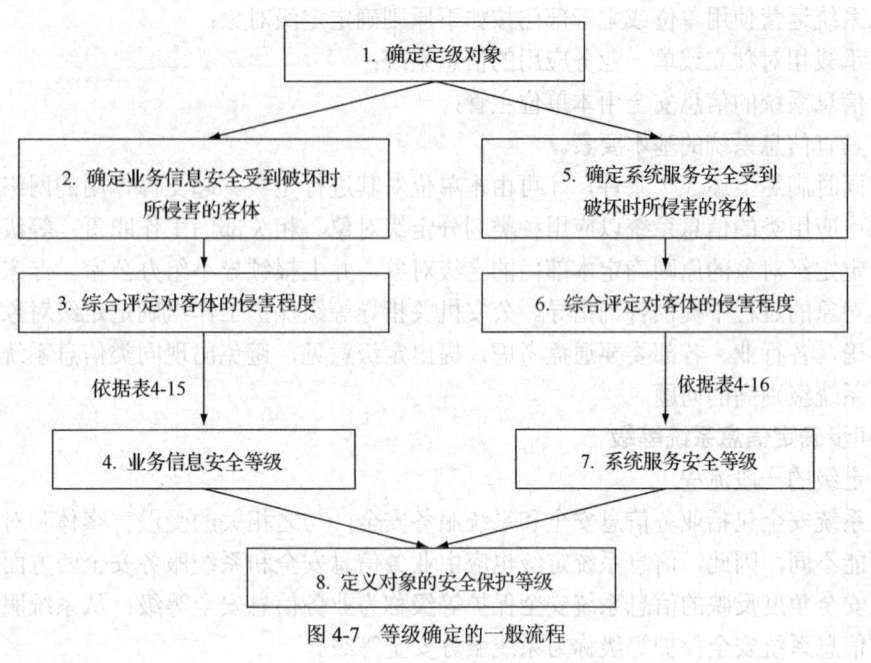

图 4-7　等级确定的一般流程

（2）确定受侵害的客体

定级对象受到破坏时所侵害的客体包括国家安全、社会秩序、公众利益以及公民、法人和其他组织的合法权益。

侵害国家安全的事项包括以下方面：影响国家政权稳固和国防实力；影响国家统一、民族团结和社会安定；影响国家对外活动中的政治、经济利益；影响国家重要的安全保卫工作；影响国家经济竞争力和科技实力；其他影响国家安全的事项。

侵害社会秩序的事项包括以下方面：影响国家机关社会管理和公共服务的工作秩序；影响各种类型的经济活动秩序；影响各行业的科研、生产秩序；影响公众在法律约束和道德规范下的正常生活秩序等；其他影响社会秩序的事项。

影响公共利益的事项包括以下方面：影响社会成员使用公共设施；影响社会成员获取公开信息资源；影响社会成员接受公共服务等方面；其他影响公共利益的事项。

影响公民、法人和其他组织的合法权益是指由法律确认的并受法律保护的公民、法人和其他组织所享有的一定的社会权利和利益。

确定作为定级对象的信息系统受到破坏后所侵害的客体时，应首先判断是否侵害国家安全，然后判断是否侵害社会秩序或公众利益，最后判断是否侵害公民、法人和其他组织的合法权益。

各行业可根据本行业业务特点，分析各类信息和各类信息系统与国家安全、社会秩序、公共利益以及公民、法人和其他组织的合法权益的关系，从而确定本行业各类信息和各类信息系统受到破坏时所侵害的客体。

（3）确定对客体的侵害程度

在客观方面，对客体的侵害外在表现为对定级对象的破坏，其危害方式表现为对信息安全的破坏和对信息系统服务的破坏。其中，信息安全是指确保信息系统内信息的保密性、完整性和可用性等；系统服务安全是指确保信息系统可以及时、有效地提供服务，以完成预定的业务目标。由于业务信息安全和系统服务安全受到破坏所侵害的客体和对客体的侵害程度可能会有所不同，在定级过程中，需要分别处理这两种危害方式。

信息安全和系统服务安全受到破坏后，可能产生以下后果：影响行使工作职能；导致业务能力下降；引起法律纠纷；导致财务损失；造成社会不良影响；对其他组织和个人造成损失及其他影响。

（4）综合判定侵害程度

侵害程度是客观方面的不同外在表现的综合体现，因此，应首先根据不同的受侵害客体、不同危害后果分别确定其危害程度。对不同危害后果确定其危害程度所采取的方法和所考虑的角度可能不同，例如系统服务安全被破坏导致业务能力下降的程度可以从信息系统服务覆盖的区域范围、用户人数或业务量等不同方面确定，业务信息安全被破坏导致的财物损失可以从直接的资金损失大小、间接的信息恢复费用等方面进行确定。

在针对不同的受侵害客体进行侵害程度的判断时，应参照以下不同的判别基准：

如果受侵害客体是公民、法人或其他组织的合法权益，则以本人或本单位的总体利益作为判断侵害程度的基准；如果受侵害客体是社会秩序、公共利益或国家安全，则应以整个行业或国家的总体利益作为判断侵害程度的基准。

不同危害后果的三种危害程度描述如下。

① 一般损害：工作职能受到局部影响，业务能力有所降低但不影响主要功能的执行，出现较轻的法律问题，较低的资产损失，有限的社会不良影响，对其他组织和个人造成较低损害。

② 严重损害：工作职能受到严重影响，业务能力显著下降且严重影响主要功能执行，出现较严重的法律问题，较高的资产损失，较大范围的社会不良影响，对其他组织和个人造成较严重损害。

③ 特别严重损害：工作职能受到特别严重的影响或丧失行使能力，业务能力严重下降且或功能无法执行，出现极其严重的法律问题，极高的资产损失，大范围的社会不良影响，对其他组织和个人造成非常严重损害。

信息安全和系统服务安全被破坏后对客体的侵害程度，由对不同危害结果的危害程度进行综合评定得出。由于各行业信息系统所处理的信息种类和系统服务特点各不相同，信息安全和系统服务安全受到破坏后的危害结果、危害程度的计算方式均可能不同，各行业可根据本行业信息特点和系统服务特点，制定危害程度的综合评定方法，并给出侵害不同客体造成损害、严重损害、特别严重损害的具体定义。

（5）确定信息系统安全保护等级

根据业务信息安全被破坏时所侵害的客体以及对相应客体的侵害程度，依据表 4-15 业务信息安全等级矩阵表，即可得到业务信息安全等级。

根据系统服务安全被破坏时所侵害的客体以及对相应客体的侵害程度，依据表 4-16 系统服务安全等级矩阵表，即可得到系统服务安全等级。

作为定级对象的信息系统的安全保护等级由业务信息安全等级和系统服务安全等级的较高者决定。涉密信息系统按照国家保密局有关规定进行定级。

相关部门工作职责：等级保护工作组负责指导本单位相关部门确定信息系统安全保护等级。专家组对信息系统定级提供咨询指导。主管部门对信息系统定级进行指导，也可以确定跨省或全国统一联网运行的信息系统安全保护等级。公安机关指导等级保护工作组初步确定定级对象的安全保护等级。

3. 信息系统等级评审

在信息系统安全保护等级确定过程中，也可以聘请专家进行咨询评审，并出具定级评审意见。对拟确定为第四级以上信息系统的，运营、使用单位或者主管部门应当邀请国家信息安全保护等级专家评审委员会评审，出具评审意见。评审意见及时反馈信息系统运营使用单位工作组。涉密信息系统按照国家保密局有关规定进行等级评审。相关部门工作职责：等级保护工作组可以组织专家组对信息系统安全保护等级进行评审。专家组对信息系统安全保护等级的确定进行评审，国家专家评审委负责第四级以上信息系统等级评审。公安机关参加定级对象安全保护等级的评审。

4. 信息系统等级的最终确定与审批

信息系统运营使用单位参考专家定级评审意见，最终确定信息系统等级，形成《定级报告》。如果专家评审意见与运营使用单位意见不一致时，由运营使用单位自主决定系统等级，信息系统运营使用单位有上级主管部门的，应当经上级主管部门对安全保护等级进行审核批准。

本章小结

2014 年 2 月 27 日，中央网络安全和信息化领导小组正式成立。中央网络安全和信息化领导小组的成立体现了中国在保障网络信息安全及大力推动信息化发展的决心。作为党中央在国家信息安全保障领域的基础，做好信息安全等级保护工作不但是保障国家信息安全工作的重中之重，同时也与国家的安全、社会的安定息息相关。

信息安全等级保护工作的核心内容就是通过制定统一的政策标准，依照现行的相关规定，由各单位开展信息安全等级保护工作，同时由各相关管理部门对进行的信息安全等级保护工作进行检查监督，进而实现国家对于重要信息系统的保护，提升重要系统的安全性。

在信息环境日趋复杂的今天，信息安全等级保护工作的开展对我国信息系统安全建设的整体水平有非常大的帮助。信息安全设备的投入在信息化系统的建设过程中必不可少，信息安全与信息化建设在信息安全等级保护工作中有机配合。信息安全等级保护为信息系统的安全建设和管理提供了系统性的指引，进而控制了信息安全建设的成本。同时还对优化信息安全资源具有促进意义，信息系统的分级保护，可以重点保障基础信息网络和国家重要信息系统的安全，有利于加强信息安全管理，推动信息安全产业的发展，进而逐步探索出适合我国国情发展的信息安全模式。

信息系统的安全保护等级应当根据信息系统在国家安全、经济建设、社会生活中的重要程度，信息系统遭到破坏后对国家安全、社会秩序、公共利益以及公民、法人和其他组织的合法权益的危害程度等因素确定。

思考题

1. 什么是信息安全等级保护，为什么要实行信息安全等级保护？
2. 简述信息安全等级保护准则的发展历程。
3. 简要介绍 TCSEC 准则和 CC 准则中的安全级别。
4. 信息安全等级保护的原则是什么？
5. 信息安全等级保护技术基本要求和管理基本要求中包括那些内容？
6. 什么是安全域，如何划分一个安全域？
7. 简述边界保护中边界的具体含义。
8. 网络安全保护包含哪些内容？
9. 我国信息系统安全等级是如何划分的，简述每一级的内容？
10. 简要概述信息安全定级步骤。

第 5 章

信息安全风险评估

安全管理中最基本的一步便是风险评估，它为 ISMS 控制目标与控制措施的选择提供依据，也是对安全控制的效果进行评价的主要方法。组织应综合评估目的、范围、时间、效果、人员素质等因素来确定适合 ISMS、并且符合信息安全法律法规要求的信息安全风险评估方法。

信息安全风险评估的核心要素包括资产、威胁、脆弱性、影响和已有控制措施五个部分。确定风险要素是整个安全评估的基础。为了提高安全评估的可实施性、适应性，要有简易可操作的方法来确定系统的风险要素。风险评估过程大致分为 4 个阶段：第一阶段为风险评估的准备；第二阶段是风险识别；第三阶段是风险分析；第四阶段进行相应的风险管理并提交风险评估报告。

本章的主要内容围绕信息安全风险评估这一主题展开。5.1 节主要对信息安全风险评估的概念进行详细阐述，并详述风险评估的发展状况以及风险评估的意义。5.2 节详细介绍信息安全风险评估要素。5.3 节则阐述如何围绕核心要素进行风险评估并详述风险评估的各个过程。本节围绕资产、威胁、脆弱性的识别与评估展开，进一步分析风险发生的可能性以及对组织团体的影响，并考虑恰当的安全控制措施，将安全风险降低至组织可接受的程度。5.4 节介绍风险计算算法。风险要素按照组合方式并利用具体的计算方法进行计算，即可得到目标的风险值。5.5 节对较为典型的符合基本风险评估流程的风险评估算法进行阐述，其中主要是对两种典型评估算法（OCTAVE 和 AHP）进行介绍。5.6 节对常见的风险评估工具进行介绍，并给出了几个典型的风险评估工具相应的示例和操作方法。5.7 节则给出了一个风险评估案例，旨在加强读者对信息安全风险评估的理解。

【学习目标】
- 了解风险评估的意义。
- 明确风险评估的基本过程。
- 学习并熟练使用对风险评估要素的评估方法。
- 掌握风险值的计算算法。

5.1 信息安全风险评估基础

本节我们首先介绍信息安全风险评估的概念，并在此基础上对信息安全风险评估的发展历程与现状进行阐述。接着介绍信息安全风险评估的目的与原则，其中对信息安全风险评估的相关原则进行了细致的分类和详尽的说明。最后，我们对信息安全风险评估的意义从 3 个方面进行了阐述。

5.1.1　信息安全风险评估的概念

信息安全风险评估是参照风险评估标准和管理规范，对信息系统的资产价值、潜在威胁、薄弱环节、已采取的防护措施等进行分析，判断安全事件发生的概率以及可能造成的损失，提出风险管理措施的过程。当风险评估应用于 IT 领域时，就是对信息安全的风险评估。信息系统的安全风险信息是动态变化的，只有动态的信息安全评估才能发现和跟踪最新的安全风险。所以信息安全评估是一个长期持续的工作，通常应该每隔 1～3 年就进行一次全面的安全风险评估。

风险评估从早期简单的漏洞扫描、人工审计、渗透性测试这种纯技术操作，逐渐过渡到目前普遍采用的国际标准 BS 7799、ISO 17799、国家标准《信息系统安全等级评测准则》等方法，充分体现以资产为出发点、以威胁为触发因素、以技术/管理/运行等方面存在的脆弱性为诱因的信息安全风险评估综合方法及操作模型。信息安全关心的是保护信息资产免受威胁。绝对的安全是不可能的，只能通过采取一定的措施把风险降低到一个可接受的程度。因此，信息系统的安全风险评估是指确定在计算机系统和网络中每一种资源缺失或遭到破坏对整个系统造成的预计损失数量的评估，也是对威胁、脆弱点以及由此带来的风险大小的评估。对系统进行风险分析和评估的目的是：了解系统目前和未来的风险所在，评估这些风险可能带来的安全威胁与影响程度，为安全策略的确定、信息系统的建立以及安全运行提供依据。同时通过第三方权威或者国际机构评估和认证，也为用户提供了信息技术产品和系统可靠性的信息、增强产品、单位的竞争力。信息系统风险分析和评估是一个复杂的过程，一个完善的信息安全风险评估架构应该具备相应的标准体系、技术体系、组织架构、业务体系和法律法规。

近期各个国家越来越关注以风险评估为核心的信息安全评估工作，提倡信息安全风险评估的制度与规范化，通过出台一系列相关法律法规和标准指南来保障信息安全管理体系的完整建立。例如美国的 SP 800 系列、英国的 BS 7799《信息安全管理指南》、德国联邦信息安全办公室（BSI）的《IT 基线保护手册》等。

我国在 2004 年 3 月启动了信息安全风险评估指南和风险管理指南等标准的编制工作，2005 年完成了《信息安全评估指南》和《信息安全管理指南》的征求意见稿，2006 年完成了《信息安全评估指南》送审稿，并分别于 2007 年和 2009 年通过了国家标准化管理委员会的审查批准成为国家标准，即 GB/T 20984—2007《信息安全风险评估规范》和 GB/Z 24364—2009《信息安全风险管理指南》。

5.1.2　信息安全风险评估的发展

国内外信息安全风险评估的研究已有 30 多年的历史。美国、加拿大等 IT 发达国家于 20 世纪 70 年代和 80 年代建立了国家认证机构和风险评估认证体系，负责研究并开发相关的评估标准、评估认证方法和评估技术，并进行基于评估标准的信息安全评估和认证。目前这些国家信息系统风险评估相关的标准体系、技术体系、组织架构和业务体系已经相当成熟。从已经建立了信息安全评估认证体系的相关国家来看，风险评估及认证机构都是由国家的安全、情报、国家标准化等政府主管部门授权建立，以保证评估结果的可信性和认证的权威性、公正性。

我国信息安全系统风险评估的研究近些年才起步，目前主要工作集中在组织架构和业务体系的建立，相关的标准体系和技术架构还处于研究阶段，但随着电子政务、电子商务的蓬勃发展，信息系统风险评估领域和以该领域为基础和前提的信息系统安全工程在我国已经得到政府、军队、企业、科研机构的高度重视，具有广阔的研究和发展空间。

无论在国外还是国内，在信息安全的风险评估中，安全模型的研究、标准的选择、要素的提取、评估方法的研究、评估实施的过程一直都是研究的重点。

5.1.3 信息安全风险评估的原则

风险评价的目的：系统地从计划、设计、制造、运行等过程中考虑安全技术和安全管理问题，找出生产过程中潜在的危险因素，并提出相应的安全措施；对潜在的事故进行定性、定量分析和预测，获取系统安全的最优方案；评价装备或生产的安全性是否符合有关标准和规定，实现安全技术与安全管理的标准化和科学化。

信息安全风险评估的相关原则如表 5-1 所示。

表 5-1　　　　　　　　　信息安全风险评估相关原则

相关原则	内容
可控性原则	包括人员可控性、工具可控性、项目过程可控性
可靠性原则	风险评估需要参照有关的信息安全标准和规定，做到有据可查
完整性原则	严格按照委托方的评估需求和指定范围进行全面的信息安全风险评估
最小影响原则	风险评估工作不能妨碍组织的正常业务活动，应从系统相关的管理和技术层面，力求将风险评估过程的影响降到最小
时间与成本有效原则	风险评估过程花费的时间和成本应该是有效且合理的
保密原则	受委托的评估方要对评估过程进行保密，应与委托的被评估方签署相关的保密和非侵害性协议，未经许可不得将数据泄露给其他组织或个人

5.1.4 信息安全风险评估的意义

信息安全风险评估的意义包括以下 3 个方面。

一是更准确地认识风险。通过定量方法进行风险评价，可以定量地确定建设工程各种风险因素和风险事件发生的概率大小或概率分布，及其发生后对建设工程目标影响的严重程度或损失严重程度。其中，损失严重程度又可以从两个不同的方面来反映：一方面是不同风险的相对严重程度，据此可以划分主要风险和次要风险；另一方面是各种风险的绝对严重程度，据此可以了解各种风险所造成的损失后果。

二是保证目标规划的合理性和计划的可行性。建设工程数据库只能反映各种风险综合作用的后果，而不能反映各种风险各自作用的后果。由于建设工程风险的个别性，只有对特定建设工程的风险进行定量评价，才能正确反映各种风险对建设工程目标的不同影响，才能使目标规划的结果更合理、更可靠，使在此基础上制定的计划具有现实的可行性。

三是合理选择风险对策，形成最佳风险对策组合。如前所述，不同风险对策的适用对象各不相同。风险对策的适用性需从效果和代价两个方面考虑。风险对策的效果表现在降低风险发生概率和（或）降低损失严重程度的幅度，有些风险对策（如损失控制）在这一点上较难准确地度量。风险对策一般都要付出一定的代价，应将不同风险对策的适用性与不同风险的后果结合起来考虑，对不同的风险选择最适宜的风险对策，从而形成最佳的风险对策组合。

5.2 信息安全风险评估要素

信息安全风险评估的基本要素主要包括：资产、威胁、脆弱性、安全风险、影响、安全控制措施以及安全需求。本节将对信息安全风险评估要素进行详细的讲解与分类，给出风险要素相互关系图，并详细阐述风险要素之间的关系。

信息系统的安全风险，是由来自人为或自然的威胁，利用系统存在的脆弱性引发安全事件的可能性及其造成的影响。信息安全风险评估，则是指依据国家有关信息技术标准，对信息系统及由其处理、传输和存储的信息的保密性、完整性和可用性等安全属性进行科学、公正的综合评估的活动过程。它要评估信息系统的脆弱性、信息系统面临的威胁以及脆弱性被威胁利用后所产生的实际负面影响，并根据安全事件发生的可能性和负面影响的程度来识别信息系统的安全风险。

信息安全是一个动态的复杂过程，它贯穿于信息资产和信息系统的整个生命周期。信息安全的威胁来自于内部破坏、外部攻击、内外勾结进行的破坏以及自然危害等。必须按照风险管理的思想，对可能的威胁、脆弱性和需要保护的信息资源进行分析，依据风险评估的结果为信息系统选择适当的安全措施，妥善应对可能发生的风险。确定风险要素是整个安全评估的基础。为了提高安全评估的可实施性、适应性，要有简易可操作的方法确定本系统的风险要素的具体内容，且确定的风险要素内容必须有针对性，能够针对本系统的特点全面覆盖相关的风险要素。

1. 资产

资产是由机构直接赋予价值因而需要保护的东西，它可能以多种形式存在，物理的（如计算设备、网络设备和存储介质等）和逻辑的（如体系结构、通信协议、计算程序和数据文件等）、硬件的（如计算机主板、机箱、显示器、键盘和鼠标等）和软件的（如操作系统软件、数据库管理软件、工具软件和应用软件等）、有形的（如机房、设备和人员等）和无形的（如品牌、信心和名誉等）、静态的（如设施和规程等）和动态的（如人员和过程等）、技术的（如计算机硬件、软件和固件等）和管理的（如业务目标、战略、策略、规程、过程、计划和人员等）等。通常信息资产的机密性、完整性和可用性是公认的能反映资产安全特性的三个要素。信息资产安全特性的不同也决定了其信息价值的不同，以及存在的薄弱点、面临的威胁、需要进行的保护和安全控制各不相同。因此，有必要对机构中的信息资产进行科学的识别帮助和进行后期的信息资产抽样、制定风险评估策略、分析安全功能需求等。

资产能够以多种形式存在，包括有形的或无形的、硬件或软件、文档或代码，以及服务或形象等诸多表现形式。

在信息安全体系范围内为资产编制清单是一项重要工作。每项资产都应该清晰地定义、合理地估价，并明确资产所有权关系，进行安全分类，记录在案。根据资产的表现形式，可将资产分为软件、硬件、服务、流程、数据、文档、人员等，资产分类方法如表 5-2 所示。

表 5-2　　　　　　　　　　　　**信息系统中的资产分类**

分类	示例
数据	保存在信息媒介上的各种数据资料，包括源代码、数据库数据、系统文档、运行管理规程、计划、报告、用户手册等
软件	系统软件：操作系统、语句包、工具软件、各种库等； 应用软件：外部购买的应用软件，外包开发的应用软件等； 源程序：各种共享源代码、自行或合作开发的各种代码等
硬件	网络设备：路由器、网关、交换机等； 计算机设备：大型机、小型机、服务器、工作站、台式计算机、移动计算机等； 存储设备：磁带机、磁盘阵列、磁带、光盘、软盘、移动硬盘等； 传输线路：光纤、双绞线等； 保障设备：动力保障设备（UPS、变电设备等）、空调、保险柜、文件柜、门禁、消防设施等； 安全保障设备：防火墙、入侵检测系统、身份验证等； 其他：打印机、复印机、扫描仪、传真机等
服务	办公服务：为提高效率而开发的管理信息系统（MIS），包括各种内部配置管理、文件流转管理等服务； 网络服务：各种网络设备、设施提供的网络连接服务； 信息服务：对外依赖该系统开展的各类服务
文档	纸质的各种文件，如传真、电报、财务报告、发展计划等
人员	掌握重要信息和核心业务的人员，如主机维护主管、网络维护主管及应用项目经理等
其他	企业形象、客户关系等

2. 威胁

威胁是潜在的可能导致信息安全风险事件并对组织及资产造成损害的因素，威胁必须利用资产固有的脆弱性才能完成对资产的损害，它可能来自人为或非人为的、可能是故意或无意的、可能是来自环境的。

表 5-3 给出了威胁的分类方法。

表 5-3　　　　　　　　　　　　**信息系统面临的威胁分类**

种类	描述	威胁子类
软硬件故障	由于设备硬件故障、通信链路中断、系统本身或软件缺陷造成对业务实施、系统稳定运行的影响	设备硬件故障、传输设备故障、存储媒体故障、系统软件故障、应用软件故障、数据库软件故障、开发环境故障
物理环境影响	断电、静电、灰尘、潮湿、温度、鼠蚁虫害、电磁干扰、洪灾、火灾、地震等环境问题或自然灾害	
无作为或操作失误	由于应该执行而没有执行相应的操作，或无意地执行了错误的操作，对系统造成的影响	维护错误、操作失误

续表

种类	描述	威胁子类
管理不到位	安全管理无法落实，不到位，造成安全管理不规范，或者管理混乱，从而破坏信息系统正常有序运行	
恶意代码和病毒	具有自我复制、自我传播能力，对信息系统构成破坏的程序代码	恶意代码、木马后门、网络病毒、间谍软件、窃听软件
越权或滥用	通过采用一些措施，超越自己的权限访问了本来无权访问的资源，或者滥用自己的职权，做出破坏信息系统的行为	未授权访问网络资源、未授权访问系统资源、滥用权限非正常修改系统配置或数据、滥用权限泄露秘密信息
网络攻击	利用工具和技术，如侦察、密码破译、安装后门、嗅探、伪造和欺骗、拒绝服务等手段，对信息系统进行攻击和入侵	网络探测和信息采集、漏洞探测、嗅探（账户、口令、权限等）、用户身份伪造和欺骗、用户或业务数据的窃取和破坏、系统运行的控制和破坏
物理攻击	通过物理的接触造成对软件、硬件、数据的破坏	物理接触、物理破坏、盗窃
泄密	信息泄露给不应了解的他人	内部信息泄露、外部信息泄露
篡改	非法修改信息，破坏信息的完整性使系统的安全性降低或信息不可用	篡改网络配置信息、篡改系统配置信息、篡改安全配置信息、篡改用户身份信息或业务数据信息
抵赖	不承认收到的信息和所做的操作和交易	原发抵赖、接收抵赖、第三方抵赖

3. 脆弱性

脆弱性评估也被称为弱点评估，是信息安全风险评估中的重要内容。弱点是资产本身具有的，是与信息资产有关的造成风险的内因。它会被威胁利用、引起资产的损害。弱点包括物理环境、机构、过程、人员、管理、配置、硬件、软件和信息等各种资产的脆弱性。

弱点是资产本身固有的，但它本身不会造成损失，它只是一种可能被威胁利用而造成损失的条件或环境。所以，如果没有相应的威胁发生，单纯的弱点并不会对资产造成损害。那些暂时没有安全威胁的弱点可以不需要实施安全保护措施，但它们必须被记录下来以确保当环境条件有所变换时能加以控制。

脆弱性分为技术脆弱性和管理脆弱性。技术脆弱性是指在设计、实现和运行信息系统的过程中，触及的各个层面如物理层、网络层、系统层、应用层等在技术上存在的缺陷或不足。管理脆弱性是指在设计、实现和运行信息系统的过程中，组织管理制度、流程等方面存在的缺陷或不足。

常见的一些脆弱性种类如表 5-4 所示。

表 5-4   **信息系统常见的脆弱性**

类型	识别对象	识别内容
技术脆弱性	物理环境	从机房场地、机房防火、机房供配电、机房防静电、机房接地与防雷、电磁防护、通信线路的保护、机房区域防护、机房设备管理等方面进行识别

类型	识别对象	识别内容
技术脆弱性	网络结构	从网络结构设计、边界保护、外部访问控制策略、内部访问控制策略、网络设备安全配置等方面进行识别
	系统软件（含操作系统及系统服务）	从补丁安装、物理保护、用户账号、口令策略、资源共享、事件审计、访问控制、新系统配置（初始化）、注册表加固、网络安全、系统管理等方面进行识别
	数据库软件	从补丁安装、鉴别机制、口令机制、访问控制、网络和服务设置、备份恢复机制、审计机制等方面进行识别
	应用中间件	从协议安全、交易完整性、数据完整性等方面进行识别
	应用系统	从审计机制、审计存储、访问控制策略、数据完整性、通信、鉴别机制、密码保护等方面进行识别
管理脆弱性	技术管理	从物理和环境安全、通信与操作管理、访问控制、系统开发与维护、业务连续性等方面进行识别
	组织管理	从安全策略、组织安全、资产分类与控制、人员安全、符合性等方面进行识别

4. 安全风险

威胁可以利用体系的脆弱性，从而直接或间接造成资产损害，导致一系列不期望发生的安全事件，这即为安全风险。

资产、威胁和脆弱性都是信息安全风险的基本要素，是信息安全风险存在的基本条件，它们相互依存密不可分。资产是威胁攻击或损害的对象，威胁只能找到系统的脆弱性，将其作为可利用的切入点，才能触发安全事件。

安全风险的量度值可以通过确定资产价值，以及相关的威胁和脆弱性等级来得出。

据上，安全风险是关于资产、威胁和脆弱性的函数，即信息安全风险可以形式化表示为：$R = f(a, f, v)$，其中 R 表示安全风险，a 表示资产，f 表示威胁，v 表示脆弱性。

5. 影响

影响指的是安全风险对业务带来的影响，即被威胁利用的资产脆弱性导致的不期望发生事件的些许后果。

这些所带来后果的形式可能是非常直接的，例如物理硬件的损坏、人员伤亡、金钱的损失等，后果的形式同样也可能表现为间接的，如公司信用名誉受损、市场份额减少、承担法律责任等。

然而，直接的损失常常易计算且程度轻微。相反，间接损失往往难估计且程度较重。例如，某 IT 公司的服务器遭受分布式拒绝服务攻击等，造成不能提供应有的服务，其直接的损失表现为服务器本身的价值损失和修复所需的人力、物力开销等，而间接损失较为复杂，由于服务器不能正常工作，信息系统不能提供正常的服务，导致公司业务量的损失、形象受损等，这些损失往往影响巨大也难以统计，甚至关系到企业的生存。

6. 安全控制措施

安全控制措施是指为了保护组织资产、预防威胁、降低脆弱性、限制安全事件的影响、加快安全事件和检测响应而采取的各种方案机制。例如，访问控制是几乎所有系统（包括计算机系统和非计算机系统）都需要用到的一种技术。访问控制是按用户身份及其所归属的某项定义组来限制用户对某些信息项的访问，或限制用户对某些控制功能的使用的一种技术。例如，UniNAC 网络准入控制系统的原理就基于此技术之上。访问控制通常用于系统管理员控制用户对服务器、目录、文件等网络资源的访问。安全控制措施经常的实施领域包括：组织政策与资产管理、技术控制、人员管理等方面。

7. 安全需求

为保证组织正常运作而在安全控制措施方面所提出的要求即为安全需求。

信息安全体系的安全需求来源有以下 3 个方面。

（1）风险评估的要求

评估组织可能面临的风险，以及该风险的出现将会带来的业务损失，为了降低风险，需要采取相应的安全措施。

（2）法律法规以及合同的要求

在信息安全体系文件中应详细规定组织、贸易伙伴、服务提供商和签约客户需要遵守的相关法律、法规与合同的要求。

（3）业务规则、业务目标和业务信息处理的要求

在信息安全体系文件中应详细规定与组织的业务规则、业务目标和业务信息处理的相关安全需求。

在图 5-1 描述了各个风险要素之间的关系。

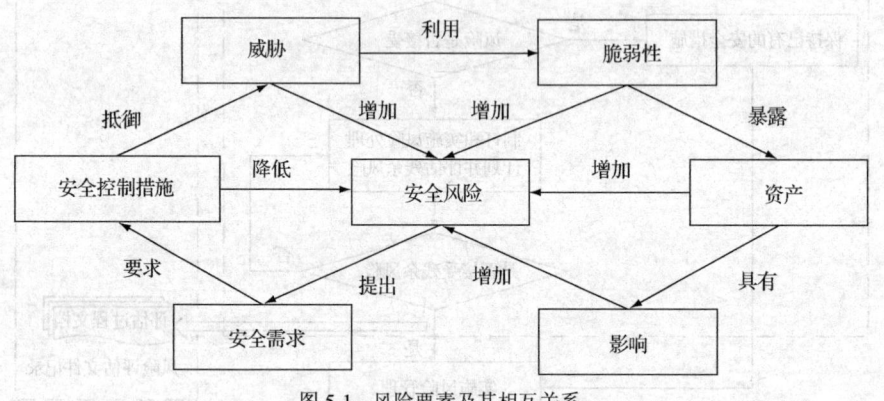

图 5-1　风险要素及其相互关系

风险评估围绕着资产、威胁、脆弱性和安全控制措施等基本要素展开。基本要素之间紧密相关。风险要素之间存在着以下关系。

（1）威胁利用脆弱性从而带来安全风险，资产面临的威胁越多则风险越大。

（2）资产的脆弱性可能暴露出资产的价值，资产具有的脆弱性越多则风险越大。

（3）资产具有价值，并对组织业务有一定的影响，资产价值及影响越大则其面临的风险越大。

（4）安全控制措施能防范威胁降低脆弱性从而降低安全风险。

（5）安全风险对风险认识提出了安全需求，安全需求要通过安全控制措施来实现。

5.3 信息安全风险评估过程

不同的风险评估方法在流程上可能存在一些差异，但基本上都是围绕资产、威胁、脆弱性的识别与评估来展开的，进一步分析风险发生的可能性及对组织团体的影响，并考虑选择恰当的安全控制措施，将安全风险降低到组织可接受的程度。

风险评估过程大致分为 4 个阶段：第一阶段为风险评估的准备；第二阶段是风险识别；第三阶段是风险分析，包括计算风险、风险的影响分析等，并建立相关评估报告；第四阶段进行相应的风险管理过程，并提交风险评估报告。

信息安全风险评估的流程如图 5-2 所示。

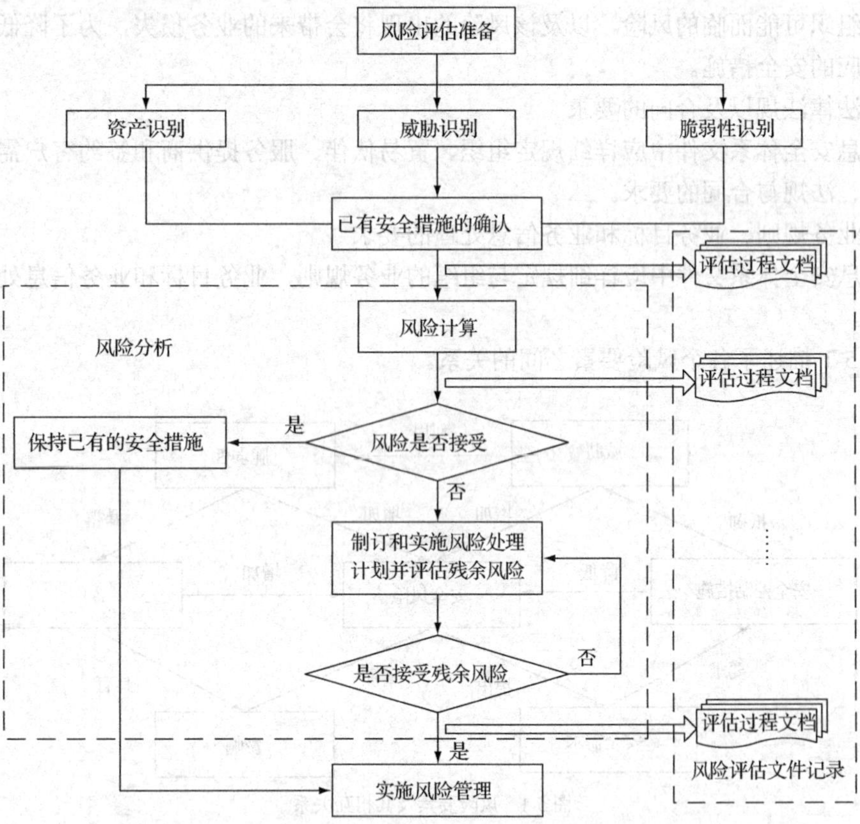

图 5-2　信息安全风险评估流程

5.3.1　风险评估准备

信息安全风险评估的准备，是实施风险评估的前提。为了保证评估过程的可控性以及评估结果的客观性，在信息安全风险评估实施前应进行充分的准备和计划。因此，在风险评估实施前，应做好以下准备工作。

（1）确定信息安全风险评估的目标。根据组织在业务持续性发展的安全性需要、法律法规的规定等内容，识别出信息系统及管理上的不足，以及可能造成的风险大小。

（2）确定信息安全风险评估的范围。风险评估的范围可能是组织全部的信息及信息处理相关的各类资产、管理机构，也可能是某个独立的信息系统、关键业务流程、与客户知识产权相关的系统或部门等。

（3）组建适当的评估管理与实施团队。在评估的准备阶段，评估组织应成立专门的评估团队，具体执行组织的信息安全风险评估。团队成员应包括评估单位领导、信息安全风险评估专家、技术专家，还应该包括管理层、业务部门、人力资源、IT 系统和来自用户的代表。

（4）进行系统调研。系统调研是确定被评估对象的过程。风险评估团队应进行充分的系统调研，为信息安全风险评估依据和方法的选择、评估内容的实施奠定基础。调研内容要包括：业务战略及管理制度、主要的业务功能和需求、网络结构和网络环境、系统边界、主要硬件软件、数据信息、系统和数据的敏感性、支持和使用系统的人员。

（5）确定信息安全风险评估的依据和方法。利用问卷调查、现场面谈等形式进行系统调研，确定风险评估的依据，并综合考虑评估的目的、范围、时间、效果、人员素质等因素来选择具体的风险计算方法和风险评估工具，并使之能与组织环境和安全要求相适应。

（6）制定信息安全风险评估方案。方案的内容一般包括：团队组织、工作计划、时间进度安排。

（7）获得最高管理者对信息安全风险评估工作的支持。上述所有内容确定之后，应形成较为完整的风险评估实施方案，并得到组织最高管理者的支持和批准，传达给管理层和技术人员，在组织范围内就风险评估相关内容进行培训，以明确有关人员在风险评估中的任务和责任。

5.3.2　识别并评估资产

在信息安全风险评估的过程中，应清晰地识别其所有的信息安全的基本要素，不能遗漏，划入风险评估范围和边界内的每一项都应该被确认和评估。

1. 资产识别

资产识别是风险识别的重要环节，其任务是对已知的评估对象所涉及的资产进行详细的标识，并建立起资产清单。

识别资产的方法主要有访谈、现场调查、文档查阅等方式。在识别的过程中要注意不能遗漏无形资产，同时要注意不同资产之间的依赖关系。

（1）软件与硬件的识别

组织可通过资产的购买清单以及固有的资产清单来帮助了解其现有的软件和硬件状况。此外选择哪些最适合组织安全需要的软件和硬件正是首席信息官的职责之一。因此，可通过咨询他们的方式来了解关于软件和硬件资产及其属性的要求。

（2）信息资产的识别

服务、流程、数据、文档和人力资源等信息资产是不易被识别和引证的。因此，这些信息资产的识别、描述和评估任务需要分配给拥有必要知识、经验的人员。一旦这些资产得到识别，就要运用一个可靠的数据处理过程来记录和标识它们。

2. 资产定级

识别好所有的信息资产后，建立的资产清单必须能够反映每一项信息资产的敏感度以及安全等级，并根据这些属性对资产制定一项分类方法。

资产的分类并没有严格的标准，在实际工作中，具体的资产分类方法可以根据具体的评估对象和要求由评估者灵活把握。

目前国内外关于资产分类的方法较多，归纳起来大体上有两种，一种是"自然形态"，即按照系统组成成分和服务内容来分类。另一种是"信息形态"，即按照信息论、系统论的观点，将资产分为"信息、信息载体和信息环境"三大类。

3. 评估资产的价值

资产价值评估包括评估资产获取价值和资产作用价值两部分，然后取其中价值最大者为资产最终价值。通常情况下，资产的作用价值往往大于其获取价值，特别是关键资产的作用价值会远远大于其获取价值，甚至可以忽略获取价值。

资产作用价值的评价过程为：（1）依照资产作用价值的评估准则，评价业务目标的最直接依赖资产，即资产依赖链顶部资产的作用价值；（2）沿着资产依赖链也就是资产作用价值传递链，根据实际情况应用资产作用价值传递原理（即最大原理、累积原理和分散原理）来决定下一个被依赖方资产的作用价值，直到资产依赖链的末尾。评估资产作用价值往往从资产失效时产生负面影响的角度来进行，即评估资产的保密性、完整性或可用性的丧失对机构业务产生负面影响的程度。通常，为了全面地评估负面影响，先要在不同的损失场景下对负面影响进行评估，然后再汇总取各损失场景中最大负面影响为资产作用价值。

总的来说，组织要通过广泛的和细致的调查研究，按需求制定符合信息资产评估价值级别，如"可忽略、低、中、高、极高"等。价值级别应与组织在实际生活中选择的价值标准一致。在资产的价值确定之后，应该按重要性列出资产，并按照 NIST SP 800-30 的建议，使用 0.1～1.0 的数值对其进行打分，即赋予一个权重因子，用来表示资产在组织中的相对重要性。

5.3.3 识别并评估威胁

识别并评估资产后，组织应该识别每项资产可能面临的威胁，识别威胁时，应该根据资产目前所处的环境条件和以前的记录情况来进行判断。一项资产可能面临多个威胁，一个威胁也可能对不同的资产产生影响。

威胁的有关信息可以从信息安全管理体系的参与人员和相关业务流程处收集获得。资产和威胁可能有多种对应关系。典型的，一项资产可能受到多个威胁的影响，而一个威胁可能作用于不同的资产。

威胁源可能有多个，主要来源于环境因素与人为因素。根据表 5-2 可以看出，不同的威胁造成的危害形式不同，所以在识别威胁的过程中，应该根据不同资产考虑其所对应的威胁源所能带来的威胁。

威胁识别活动中，可能会用到的方法有以下几种：IDS 采样分析、日志分析、人员访谈、人工分析、安全策略文档分析、安全审计等。

对资产所面临的威胁进行合理的分类是准确赋值的前提。在对威胁进行分类前，首先要考虑威胁的来源。造成威胁的原因是多种多样的，可以大致分为人为因素和环境因素两大类。在对威胁进行分类时，本质思想依然是考虑对信息系统的机密性、完整性和可用性等带来的潜在影响。

识别资产面临的威胁后，还应该评估威胁出现的频率。威胁出现的频率是衡量威胁严重程度的重要因素。

威胁评估的结果一般都是定性的。GB/T 20984—2007《信息安全风险评估规范》将威胁频度等级划分为五级，用来代表威胁出现频率的高低。等级越高，威胁出现的频率越高，如表 5-5 所示。

表 5-5 威胁的赋值

等级	标识	定义
5	很高	出现的频率很高（或≥1 次／周）；或在大多数情况下几乎不可避免；或可证实经常发生
4	高	出现的频率较高（或≥1 次／月）；或在大多数情况下很有可能会发生；或可证实多次发生过
3	中	出现的频率中等（或>1 次／半年）；或在某种情况下可能会发生；或被证实曾经发生过
2	低	出现的频率较小；或一般不太可能发生；或没有被证实发生过
1	很低	威胁几乎不可能发生；或可能在非常罕见和例外的情况下发生

5.3.4 识别并评估脆弱性

1. 脆弱性识别

脆弱性识别所采用的方法主要有：问卷调查、人员问询、工具扫描、手动检查、文档审查、渗透测试等。脆弱性识别将针对每一项需要保护的信息资产，找出每一种威胁所能利用的脆弱性，并对脆弱性的严重程度进行评估。

脆弱性可以从技术和管理两个方面进行分类，涉及物理层、网络层、系统层、应用层、管理层等各个层面的安全问题。其中，在技术脆弱性评估方面主要是通过远程和本地两种方式进行系统扫描、对网络设备和主机进行人工抽查，以确保技术脆弱性评估的全面性和有效性。表 5-6 可作为脆弱性分类的参考。

表 5-6 脆弱性分类

脆弱性分类	名称	包含内容
技术脆弱性	物理安全	物理设备的访问控制、电力供应等
	网络安全	基础网络架构、网络传输加密、访问控制、网络设备安全漏洞、设备配置安全等
	系统安全	系统软件安全漏洞、系统软件配置安全等
	应用安全	应用软件安全漏洞、软件安全功能、数据防护等
管理脆弱性	技术管理	安全策略、机构安全、资产分类和控制、人员安全、物理和环境安全、通信与操作管理、访问控制、系统开发与维护、业务连接性、符合性

2. 脆弱性评估

可以根据对资产的损害程度、技术实现的难易程度、弱点的流行程度，采用等级区分方式对已识别的脆弱性的严重程度进行赋值评估。由于很多脆弱性反映的是同一类问题，或可能造成相似后果，评估时应综合考虑这些脆弱性，以确定该脆弱性的严重程度。

对某个资产，其技术脆弱性的严重程度同时受到组织管理脆弱性的影响。因此，衡量资产的脆弱性还应参考技术管理和组织管理脆弱性的严重程度。

脆弱性严重程度可以进行等级化，等级代表资产脆弱性严重程度的高低。等级越高，脆弱性的程度越高。

脆弱性评估的结果一般也是定性的。GB/T 20984—2007《信息安全风险评估规范》将脆弱性严重程度划分为 5 级，如表 5-7 所示。

表 5-7　　　　　　　　　　　　　脆弱性严重程度赋值表

等级	标识	定义
5	很高	如果被威胁利用，将对资产造成完全损害
4	高	如果被威胁利用，将对资产造成重大损害
3	中	如果被威胁利用，将对资产造成一般损害
2	低	如果被威胁利用，将对资产造成较小损害
1	很低	如果被威胁利用，将对资产造成的损害可以忽略

在风险评估过程中自然会发现许多脆弱点以及漏洞，威胁会以多种方式显露出来。为每一项信息资产建立脆弱性评估列表，并确定哪个脆弱性会对受保护的资产产生最大的威胁，这是风险识别人员每天都要面临的挑战。

资产、威胁及脆弱性的列表清单将作为风险分析过程的支持文档。

5.3.5　确认安全控制措施

安全控制措施可以分为预防性安全控制措施、检查性安全控制措施和纠正性安全控制措施。预防性控制措施主要用于提前检测、发现、解决错误、疏漏或蓄意破坏行为等风险的发生；检查性控制措施主要用于检查和报告错误、疏漏或蓄意破坏行为等风险的发生；纠正性控制措施主要用于修复检查性控制发现的问题、降低风险危害。

在识别脆弱性的同时，评估人员应对这些已采取的安全控制措施的有效性进行确认。该步骤的主要任务是，对当前信息系统所采取的安全控制措施进行标识，并对其预期功能和有效性进行分析，再根据检查结果来决定是否保留、除去或替换已有控制措施。

已有安全控制措施的确认与脆弱性的识别存在一定的联系。一般来说，安全控制措施的使用将减少系统技术或管理上的脆弱性，但确认安全控制措施并不需要像脆弱性识别过程那样具体到每个资产、组件的脆弱性，而是一类具体控制措施的集合，为风险处理计划的制定提供依据和参考。

5.3.6　风险分析

我们在完成了资产识别、威胁识别、脆弱性识别，以及已有安全措施确认后，需要采用适当的方法及工具确定威胁利用脆弱性导致安全事件发生的可能性大小。综合安全事件所作用的资产价值及脆弱性的严重程度，判断安全事件造成的损失给组织带来的影响即为安全风险。

所以，风险可以表示为威胁发生的可能性、脆弱性被威胁利用的可能性、威胁的潜在影响三者的函数。在风险评估过程中，计算风险时还要减去一个现有安全控制措施的实施降低的风险。所以风险可记为：

$$R = R(A,T,V) - R_c = R(P(T,V),I(V_e,S_z)) - R_c$$

公式中相关符号的含义如表 5-8 所示。

表 5-8 风险公式符号含义表

符号	含义	符号	含义
R	安全风险	A	资产
T	威胁	V	脆弱性
R_c	已有控制所减少的风险	V_e	安全事件所作用的资产价值
S_z	脆弱性严重程度	P	威胁利用资产的脆弱性导致安全事件的可能性
I	安全事件发生后造成的影响		

由于 R_c 是一个有安全控制措施的实施降低的风险常数，表示式中可以省略，故上式可简化为：

$$R = R(P(T,V),I(V_e,S_z))$$

该表达式分以下 3 个过程进行计算。

（1）计算安全事件发生的可能性

计算安全事件发生的可能性需要考虑两方面的因素：威胁出现频率（T）、脆弱性的状况（V），即：$P = P(T,V)$。

在进行实际的具体评估时，判断安全事件发生的可能性需要综合这几方面的因素：攻击者的技术能力（专业技术程度、攻击设备等）、脆弱性被利用的难易程度（可访问时间、设计和操作知识公开程度等）、资产吸引力、威胁出现的可能性、脆弱点的属性、安全控制措施的效能等。

在进行安全事件的可能性分析时，可能性分析方法可分为定性方法与定量方法。其中，定量方法是将发生安全事件的可能性表示成概率形式，而定性方法将安全事件发生的可能性表示为如"极高、高、中、低"等类似的等级评价。

（2）计算安全事件发生后造成的影响

根据资产价值及脆弱性严重程度，计算安全事件一旦发生后造成的影响，即：

$$I = I(V_e,S_z)$$

安全事件的发生造成的影响可体现在以下方面：直接经济损失、物理资产损坏、业务持续性影响、法律责任、人员安全危害、信誉（形象）受损等。

部分安全事件造成的影响判断还应参照安全事件发生可能性的结果，对发生可能性极小的安全事件（如处于非地震带的地震威胁、在采取完备供电措施状况下的电力故障威胁等）可以不计算其影响或损失。

由于安全事件对组织影响的多样性，相符数据也比较缺乏，目前这种影响造成损失的定量计算方法还不成熟，更多采用的是定性的分析方法，根据经验对安全事件发生后所造成的影响或损失进行等级划分，给予"极高、高、中、低、可忽略"等等级评价。

（3）计算风险值

根据计算出的安全事件的可能性以及安全事件造成的影响，计算风险值，即：

$$R = R(P(T,V), I(V_e, S_z))$$

评估者可根据自身情况选择相应的风险计算方法计算风险值，如矩阵法或相乘法。矩阵法通过构造一个二维矩阵，形成安全事件的可能性与安全事件造成的影响之间的二维关系；相乘法通过构造经验函数，将安全事件的可能性与安全事件造成的影响进行运算得到风险值。矩阵法和相乘法的风险计算详细示例参见 5.4 节。

通过风险计算，位于"主要高业务风险"区域的风险对组织的安全水平有着显著的影响，是应当重点加以控制的风险；位于"高可能性"和"高影响"区域的风险要根据组织的接受风险的能力，适当加以控制；位于"低风险"区域的风险只要是处于组织可接受的水平，一般可以忽略。

5.3.7 风险处理

1. 安全控制措施的选择

在完成风险识别及风险计算后，就可以对无法接受的风险设置合理的安全控制措施，对风险进行管理与控制，使风险降低到组织可以接受的范围。需要注意的是在选择安全控制措施时，要考虑以下因素。

（1）考虑控制的成本

实施与维护这些控制措施带来的开销如果要高于资产遭受威胁而造成损失的预期，那么所选择的控制措施是不恰当的；同样，控制费用应该比组织计划的安全预算要低。但是控制费用预算的不足使得控制措施的数量与质量下降也是不可接受的。

（2）考虑控制的可用性

在真正实施所制定的安全控制措施时会发现有时会因为技术、环境等因素带来阻碍，或者无法进行实施和维护的问题。此外，如果用户对某些安全控制措施不接受时，这些控制也是不可行的。

由此可以看出在选择安全控制措施时，一定要注意控制措施的可用性。

（3）结合已有的控制措施

所选择的安全控制措施应当与已存在的控制措施有机地结合起来，共同服务于安全目标。由此需要注意控制措施之间关系的协调。有如下建议。

① 当已有的控制措施不能提供充分的安全保障时，在选择新的安全控制措施之前，组织应先对是否取消原有的控制或补充现有的控制做出决策。

② 已存在的控制措施应该与选择的控制措施不存在冲突。

（4）控制措施的功能范围以及强度

选择的安全控制措施需要满足所有的控制目标与安全需求。此外，控制措施的功能类型应该具有全面性，如包含有预防、探测、监控等功能，并且能够使风险减少后的残余风险达到可接受的水平。

选择安全控制措施的目的是为了控制风险，而控制风险的方法包括有：风险规避、转移风险、降低风险和接受风险。

2. 风险规避

通过不使用面临风险的资产来避免风险。比如，在没有足够安全保障的信息系统中，不处理敏感的信息，从而防止敏感信息的泄露。再如，对于只处理内部业务的信息系统，不使用互联网，从而避免外部的入侵和攻击。风险规避通常在无法接受风险的损失，又难以通过控制措施降低风险的情况下使用。

3. 转移风险

通过将面临风险的资产或其价值进行安全转移来避免或降低风险。通常只有当风险不能被降低或避免、且被第三方（被转嫁方）接受时才被采用。一般用于那些低概率、但一旦风险发生时会对组织产生重大影响的风险。比如，在组织不具有足够的安全保障技术能力时，将信息系统的技术体系外包给满足安全保障要求的第三方机构，从而避免技术风险。再如，通过给昂贵的设备上保险，将设备损失的风险转移给保险公司，从而降低资产价值的损失。

转移风险是一种常见风险控制方法，它是组织在无法避免风险时，或者减少风险很困难或者成本过高时，采取将风险转向其他的资产、过程或组织的方法。可以通过重新考虑如何提供服务、修改配置模型、执行项目外包并完善合同、购买保险等方式来实现该目标。

4. 降低风险

通过对面临风险的资产采取保护措施来降低风险，这是首先应当考虑的风险处置措施，通常在安全投入小于负面影响价值的情况下使用。保护措施可以从构成风险的 5 个方面（即威胁源、威胁行为、脆弱性、资产和影响）来降低风险。比如，采用法律的手段制裁计算机犯罪，发挥法律的威慑作用，从而有效遏制威胁源的动机；采取身份认证的措施，从而抵制身份假冒威胁行为的能力；及时给系统打补丁，关闭无用的网络服务端口，从而减少系统的脆弱性；采用各种防护措施，建立资产的安全域，从而保护资产不受侵犯，价值得到保持；采取容灾备份、应急响应和业务连续计划等措施，从而减少安全事件造成的影响程度。

5. 接受风险

对风险不采取进一步的处理措施，接受风险可能带来的结果。风险接受的前提是：确定了信息系统的风险等级，评估了风险发生的可能性以及带来的潜在破坏，分析了使用处理措施的可能性，并进行了较为全面的成本效益分析，认定某些功能、服务、信息或资产不需要进一步保护。

6. 风险评估记录文档

整个风险评估过程中会产生很多的评估过程文档和结果文档，部分文档内容如表 5-9 所示。

表 5-9　　　　　　　　　　　　　　　　风险评估记录文档

风险评估文档	文档内容
《风险评估方案》	风险评估的目标、范围、人员、评估方法、评估结果的形式和实施进度等
《风险评估程序》	明确评估的目的、职责、过程、相关的文档要求，以及实施本次评估所需要的各种资产、威胁、脆弱性识别和判断依据
《资产识别清单》	根据组织在风险评估程序文档中所确定的资产分类方法进行资产识别，明确资产的责任人／部门

续表

风险评估文档	文档内容
《重要资产清单》	根据资产识别和赋值的结果，形成重要资产列表，包括重要资产名称、描述、类型、重要程度、责任人、部门等
《威胁列表》	根据威胁识别和赋值的结果，形成威胁列表，包括威胁的名称、种类、来源、动机及出现的频率等
《脆弱性列表》	根据脆弱性识别和赋值的结果，形成脆弱性列表，包括具体脆弱性的名称、描述、类型及严重程度等
《已有安全控制措施确认表》	根据对已采取的安全控制措施确认的结果，形成已有安全控制措施确认表，包括已有安全控制措施名称、类型、功能描述及实施效果等
《风险评估报告》	对整个风险评估过程和结果进行总结，详细说明被评估对象、风险评估方法、资产、威胁、脆弱性的识别结果、风险分析、风险统计和结论等内容
《风险处理计划》	对评估结果中不可接受的风险制定处理计划，选择适当的控制目标及安全措施，明确责任、进度、资源，并通过对残余风险的评价以确定所选择安全措施的有效性
《风险评估记录》	根据风险评估程序，要求风险评估过程中的各种现场记录可复现评估过程，并作为产生歧义后解决问题的依据

记录风险评估过程的相关文档，应至少符合以下要求。

（1）确保文档发布前是得到批准的。

（2）确保文档的更改和现行修订状态可识别。

（3）确保文档的分发得到适当的控制，并保证在使用时可获得有关版本的适用文档。

（4）防止作废文档的非预期使用，若因任何目的需保留作废文档时，应对这些文档进行适当的标识。

（5）规定文档的标识、存储、保护、检索、保存期限以及处置所需的控制措施。

5.4 风险计算算法

风险要素按照组合方式并利用具体的计算方法进行计算，即可得到目标的风险值。

通常，风险评估中风险值计算涉及的要素一般为资产、威胁和脆弱性。它们之间与风险值的关系表现为由威胁和脆弱性确定安全事件发生的可能性，由资产和脆弱性确定安全事件的影响，以及由安全事件发生的可能性和安全事件的影响来确定风险值。

假设：有以下信息系统中资产面临威胁利用脆弱性的情况。

共有两项重要资产：A_1 和 A_2；

（1）资产 A_1 面临两个主要威胁 T_1 和 T_2；资产 A_2 面临一个主要威胁 T_3；

（2）威胁 T_1 可以利用资产 A_1 存在的一个脆弱性 V_1；

（3）威胁 T_2 可以利用资产 A_1 存在的一个脆弱性 V_2；

（4）威胁 T_3 可以利用资产 A_2 存在的一个脆弱性 V_3；

（5）资产价值分别是：资产 $A_1=2$，资产 $A_2=4$；

（6）威胁发生的频率分别是：威胁 $T_1=2$，威胁 $T_2=4$，威胁 $T_3=3$；

（7）脆弱性严重程度分别是：脆弱性 V_1=3，脆弱性 V_2=5，脆弱性 V_3=4。

以下分别用常见矩阵法和相乘法示例来计算信息系统面临的风险。此外还可以结合两种方法一起进行风险计算。

5.4.1 使用矩阵法计算风险

1. 矩阵法概述

矩阵法主要适用在由两个要素值确定一个要素值时。

首先需要确定二维计算矩阵，用数学方法来确定矩阵内各个要素的值，要根据具体情况和函数递增情况，然后将两个元素的值在矩阵中进行比对，行列交叉处即为所确定的计算结果，即 $z = f(x, y)$。

函数 f 采用矩阵形式表示。以要素 x 和要素 y 的取值构建一个二维矩阵，矩阵内 $m \times n$ 个值即为要素 z 的取值，如表 5-10 所示。

$x = \{x_1, x_2, \cdots, x_i, \cdots, x_m\}$，$1 << i << m$，$x_i$ 为正整数。

$y = \{y_1, y_2, \cdots, y_j, \cdots, y_m\}$，$1 << j << n$，$y_i$ 为正整数。

$z = \{z_1, z_2, \cdots, z_i, \cdots, z_m\}$，$1 << i << m$，$1 << j << n$，$z_{i,j}$ 为正整数。

表 5-10　　　　　　　　　　　　　　　　二维矩阵构造

x ＼ y	y_1	y_2	⋯	y_j	⋯	y_n
x_1	z_{11}	z_{12}	⋯	z_{1j}	⋯	z_{1n}
x_2	z_{21}	z_{22}	⋯	z_{2j}	⋯	z_{2n}
⋯	⋯	⋯	⋯	⋯	⋯	⋯
x_i	z_{i1}	z_{i2}	⋯	z_{ij}	⋯	z_{in}
⋯	⋯	⋯	⋯	⋯	⋯	⋯
x_m	z_{m1}	z_{m2}	⋯	z_{mj}	⋯	z_{mn}

采用以下公式来计算 z_{ij}：

$z_{ij}=x_i+y_j$ 或 $z_{ij}=x_i \times y_j$ 或 $z_{ij}=\alpha \times x_i + \beta \times y_j$，其中，$\alpha$ 和 β 为正常数。

z_{ij} 的计算要根据实际情况确定，矩阵内的 z_{ij} 值不一定遵循统一的计算公式，但必须具有统一的增减趋势。矩阵法的特点在于通过构造两两要素的计算矩阵，清晰反映要素变化趋势且灵活性好。

矩阵法在风险分析中得到了广泛的应用。因为在风险值计算中，通常需要根据两个要素值来确定另一个要素值。例如，由威胁和脆弱性确定安全事件发生可能性值，由资产和脆弱性确定安全事件的影响值等。

2. 矩阵法计算的示例

（1）计算资产风险值

这里以资产 A_1 为例使用矩阵法计算其风险值，其他资产计算方法类似。以资产 A_1 面临的

威胁 T_2 可以利用资产 A_1 的脆弱性 V_2 为例进行计算。

计算安全事件发生的可能性。威胁发生频率：威胁 $T_2=4$；脆弱性严重程度：脆弱性 $V_2=5$。

首先根据矩阵法原理，构建安全事件发生可能性的矩阵，如表 5-11 所示。

表 5-11 安全事件发生可能性的矩阵

威胁发生频率 \ 脆弱性严重程度	1	2	3	4	5
1	2	4	7	10	13
2	3	6	10	13	16
3	5	9	12	16	19
4	7	11	14	18	22
5	8	12	17	20	25

由矩阵可确定安全事件发生的可能性为 22。因为安全事件发生的可能性是风险计算函数的一个参数，所以在构建风险矩阵前，先对安全事件发生的可能性进行等级划分，如表 5-12 所示，此时可知安全事件发生可能性的等级为 5。

表 5-12 划分安全事件可能性的等级

安全事件发生可能性的值	1～5	6～11	12～16	17～21	22～25
发生可能性的等级	1	2	3	4	5

然后计算安全事件的影响。

资产价值：资产 $A_1=2$；脆弱性严重程度：脆弱性 $V_2=5$。先根据矩阵法原理，构建安全事件影响的矩阵，如表 5-13 所示。

表 5-13 安全事件影响的矩阵

资产价值 \ 脆弱性严重程度	1	2	3	4	5
1	2	4	7	11	14
2	3	6	9	13	16
3	5	9	12	16	19
4	7	11	14	18	22
5	9	12	17	21	25

由矩阵可确定安全事件的影响值为 16。因为安全事件的影响是风险计算函数的一个参数，所以在构建风险矩阵前，还要对安全事件的影响进行等级划分，如表 5-14 所示，此时可知安全事件影响等级为 3。

表 5-14 划分安全事件影响的等级

安全事件影响的值	1～5	6～10	11～16	17～21	22～25
安全事件影响的等级	1	2	3	4	5

综合前两项的计算风险值。

此时，已计算出：安全事件发生可能性=5，安全事件的影响=3。同样，可根据矩阵法原理，构建风险矩阵，如表 5-15 所示。

表 5-15 风险矩阵

安全事件发生 可能性安全事件影响	1	2	3	4	5
1	3	6	9	12	16
2	5	7	10	13	18
3	7	9	12	16	21
4	9	11	15	20	23
5	10	12	17	22	25

由矩阵可确定风险值为 21。按同样的方法，可计算得出资产 A_1 的其他风险值，以及资产 A_2 的风险。

（2）获得结果

先确定风险等级划分的标准，如表 5-16 所示。

表 5-16 划分风险的等级

风险值	1～5	6～12	13～17	18～22	23～25
风险等级	1	2	3	4	5

根据计算出的风险值，结合表 5-14 可知，资产 A_1 面临的威胁 T_2 可以利用资产 A_1 的脆弱性 V_2 的风险等级为 4。

以此类推，可计算出两个重要资产的其他风险值，并根据表 5-16 确定出各自的风险等级结果，如表 5-17 所示。

表 5-17 风险结果

资产	威胁	脆弱性	风险值	风险等级
资产 A_1	威胁 T_1	脆弱性 V_1	7	2
	威胁 T_2	脆弱性 V_2	21	4
资产 A_2	威胁 T_3	脆弱性 V_3	15	3

5.4.2 使用相乘法计算风险

1. 相乘法概述

相乘法通常适用于由两个或多个要素来确定一个要素值的状况，即 $z=f(x,y)$。相乘法的特点是简单明确，直接按照统一公式计算，即可得到所需结果。

相乘法的公式如下所示：

$$z = f(x,y) = x \otimes y$$

当 f 为增量函数时，$\otimes$ 可以为直接相乘，也可以为相乘后取模等，例如：

$$z = f(x,y) = x \otimes y = f(x,y) \text{ 或 } z = \sqrt{x \times y}$$

相乘法提供了一种定量的计算方法，直接使用两个要素值进行相乘得到另外一个要素值。在风险值计算中，通常需要根据两个要素值来确定另一个要素值。与矩阵法类似，相乘法在风险分析中也得到了广泛应用。

2. 相乘法计算示例

（1）计算重要资产的风险值

这里以资产 A_1 为例使用相乘法来计算其风险值。

这里以资产 A_1 面临的威胁 T_2 和脆弱性 V_2 为例，使用相乘法 $z = f(x,y) = \sqrt{x \times y}$ 计算其风险值。

① 计算安全事件发生的可能性

威胁发生频率：威胁 T_2=4；脆弱性严重程度：脆弱性 V_2=5。

计算安全事件发生的可能性 $P = \sqrt{4 \times 5} = \sqrt{20}$。

② 计算安全事件发生的影响

资产价值：资产 A_1=2；脆弱性严重程度：脆弱性 V_2=5。

计算安全事件发生的影响 $i = \sqrt{3 \times 5} = \sqrt{15}$。

③ 计算风险值

安全事件发生的可能性 $P = \sqrt{20}$；安全事件发生的影响 $i = \sqrt{15}$。

风险值进行了四舍五入 $R = \sqrt{20} \times \sqrt{15} \approx 17$。

（2）结果判定

参考矩阵法中表 5-16 所示进行等级划分。从表中可得，资产 A_1 面临的威胁 T_2 和脆弱性 V_2 的风险等级为 3。以此类推，从而可计算出两个重要资产的其他风险值，并根据风险等级划分标准确定出各自的风险结果，如表 5-18 所示。

表 5-18　　　　　　　　　　　　　　风险结果

资产	威胁	脆弱性	风险值	风险等级
资产 A_1	威胁 T_1	脆弱性 V_1	6	2
	威胁 T_2	脆弱性 V_2	17	3
资产 A_2	威胁 T_3	脆弱性 V_3	14	3

5.5　典型风险评估算法

目前存在许多的风险评估算法都符合基本的风险评估流程。但在具体的实施方案和对风险的计算方法上有所不同。从计算方法上来看，有定性的方法、定量的方法和半定量的方法（定性与定量方法的比较分析见表 5-19）；从实施手段来区分，有基于树的技术及动态系统的技术等。在风险评估的某些具体阶段来看也存在很多的方法，如脆弱性分类方法、威胁列表等。下面我们介绍几种典型的风险评估算法。

表 5-19   定性分析与定量分析

方法	优点	确定
定性	简易的计算方式； 不必精确算出资产价值； 不需得到量化的威胁发生率； 非技术或非安全背景的员工也能轻易参与； 流程和报告形式比较有弹性	本质上是非常主观的； 对关键资产的财务价值评估参考性较低； 缺乏对风险降低的成本分析
定量	结果建立在独立客观的程序或量化指标上； 大部分的工作集中在制定资产价值和减缓可能风险； 主要目的是做成本效益的审核	风险计算方法复杂； 需要自动化工具及相当的基础知识； 投入大； 个人难以执行

5.5.1 OCTAVE 法

OCTAVE（Operationally Critical Threat，Asset，and Vulnerability Evaluation，可操作的关键威胁、资产和薄弱点评估）是由美国卡耐基·梅隆大学软件工程研究所下属的 CERT 协调中心开发的用以定义一种系统的、组织范围内的评估信息安全风险的方法。

风险评估（Risk Assessment）存在于很多行业，但在 IT 行业，特指信息安全风险评估，指依据有关信息技术标准，对信息系统及由其处理、传输和存储的信息的保密性（Confidentiality）、完整性（Integrity）和可用性（Availability）等安全属性进行科学、公正的综合评估的过程。它是对信息资产面临的威胁、存在的弱点、造成的影响，以及三者综合作用而带来风险的可能性的评估。

对信息系统进行风险评估，其目的是为了了解信息系统目前与未来的风险所在，评估这些风险可能带来的安全威胁与影响程度，为安全策略的确定、信息系统的建立及安全运行提供依据。风险评估是风险管理的基础，是组织确定信息安全需求的一个重要途径，属于组织信息安全管理体系策划的过程。

目前关于风险评估的标准规范很多，如 ISO 15408、SSE-CMM、BS7799、ISO 13335、AS/NZS 4360、OCTAVE、NIST SP800 系列等。当前大多数评估方法都是"自下而上"的：都是从计算基础设施开始，强调技术弱点，而不考虑组织的任务和业务目标的风险。OCTAVE 方法则是着眼于组织自身并识别出组织所需保护的对象，明确它为什么存在风险，然后开发出技术和实践相结合的解决方案。

OCTAVE 的核心是自主原则，即由组织内部的人员管理和指导该组织的信息安全风险评估。信息安全是组织内每个人的职责，而不只是 IT 部门的职责。

在确定了原则之后，OCTAVE 方法还明确定义了所有评估环节的具体实施及输出结果，表 5-20 列出了 OCTAVE 方法的评估过程和相应的输出结果。

表 5-20　　　　　　　　　　　　　OCTAVE 法的评估过程和输出

评估过程		输出
第一阶段	产生组织机构数据的输出	信息系统的资产列表
		关键资产的安全需求列表
		关键资产的威胁列表
		现有安全措施的列表
		当前组织机构及其系统的管理方面的脆弱点
第二阶段	产生技术数据的输出	输出组织机构的关键组件列表
		现有技术上的脆弱性
第三阶段	产生风险分析和降低数据的输出	输出关键资产的风险报告
		确定风险大小
		制定保护策略
		降低风险的计划

OCTAVE 方法的 3 个阶段可分成 8 个过程：1～4 过程为第一阶段，5～6 过程为第二阶段，7～8 过程为第三阶段。

（1）第一阶段，建立基于资产的威胁配置文件

这是从组织机构的角度进行的评估，组织的全体职员阐述他们的看法，如什么对组织机构重要（与信息相关的资产），当前应该采取什么措施来保护这些资产等。分析团队整理这些信息，确定对组织机构最重要的资产（关键资产），并识别出这些资产的威胁。

配置文件通过以下属性来对威胁进行形式化的识别：资产、访问方式、主角、动机、结果如图 5-3 和图 5-4 所示。

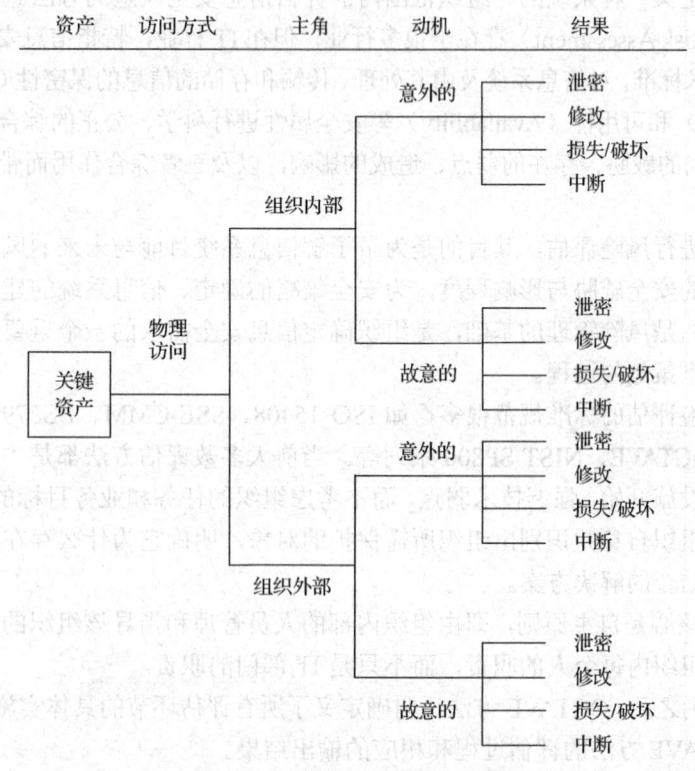

图 5-3　使用物理方式访问的威胁树

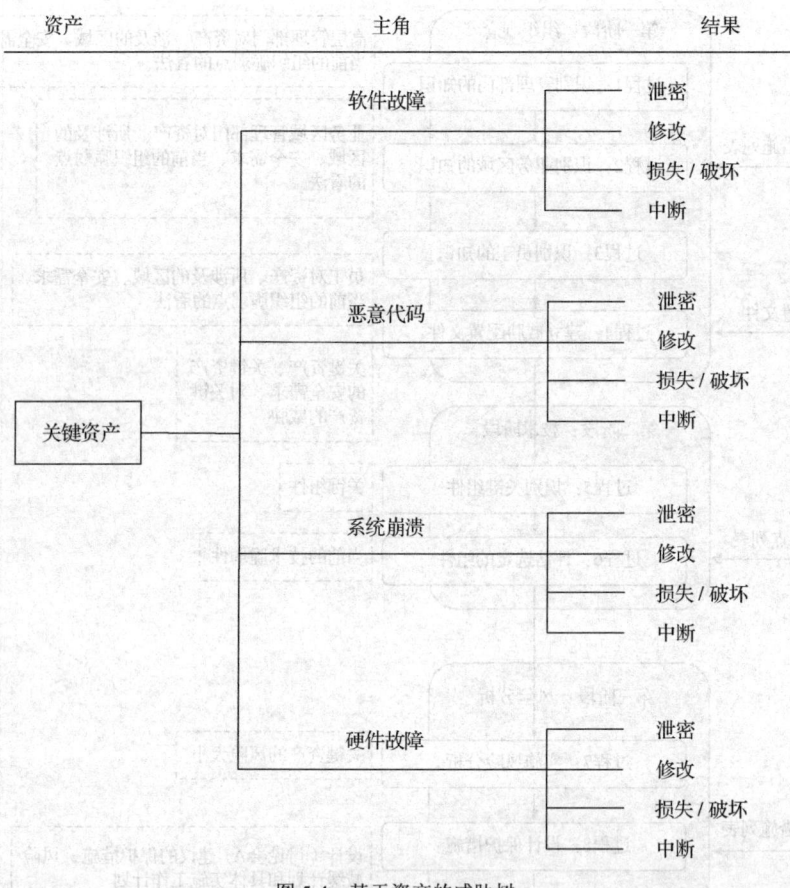

图 5-4　基于资产的威胁树

（2）第二阶段，识别基础设施的脆弱点

在此阶段，分析团队识别出与每种关键资产相关的关键信息系统和组件，然后对这些关键组件进行分析，找出关键资产存在的技术上的脆弱点。

（3）第三阶段，制订安全策略和计划

在此阶段，分析团队识别出组织机构的关键资产风险，并确定要采取的措施。根据对收集到的信息所做的分析，为组织机构制订保护策略和风险减缓计划，以解决关键资产的风险。

重要信息系统风险评估是对系统安全风险因素进行分析的过程，其评估结果是安全策略制定的依据，是信息安全管理体系的基础。只有进行风险评估，掌握对系统安全性进行分析的第一手资料，才能为降低系统风险、实施风险管理及风险控制提供直接依据。详细评估过程如图 5-5 所示。

5.5.2　层次分析法

层次分析法（Analytic Hierarchy Process，AHP）是将与决策总是有关的元素分解成目标、准则、方案等层次，在此基础之上进行定性和定量分析的决策方法。该方法是美国运筹学家、匹茨堡大学教授萨蒂于 20 世纪 70 年代初，在为美国国防部研究"根据各个工业部门对国家福利的贡献大小而进行电力分配"课题时，应用网络系统理论和多目标综合评价方法，提出的一种层次权重决策分析方法。

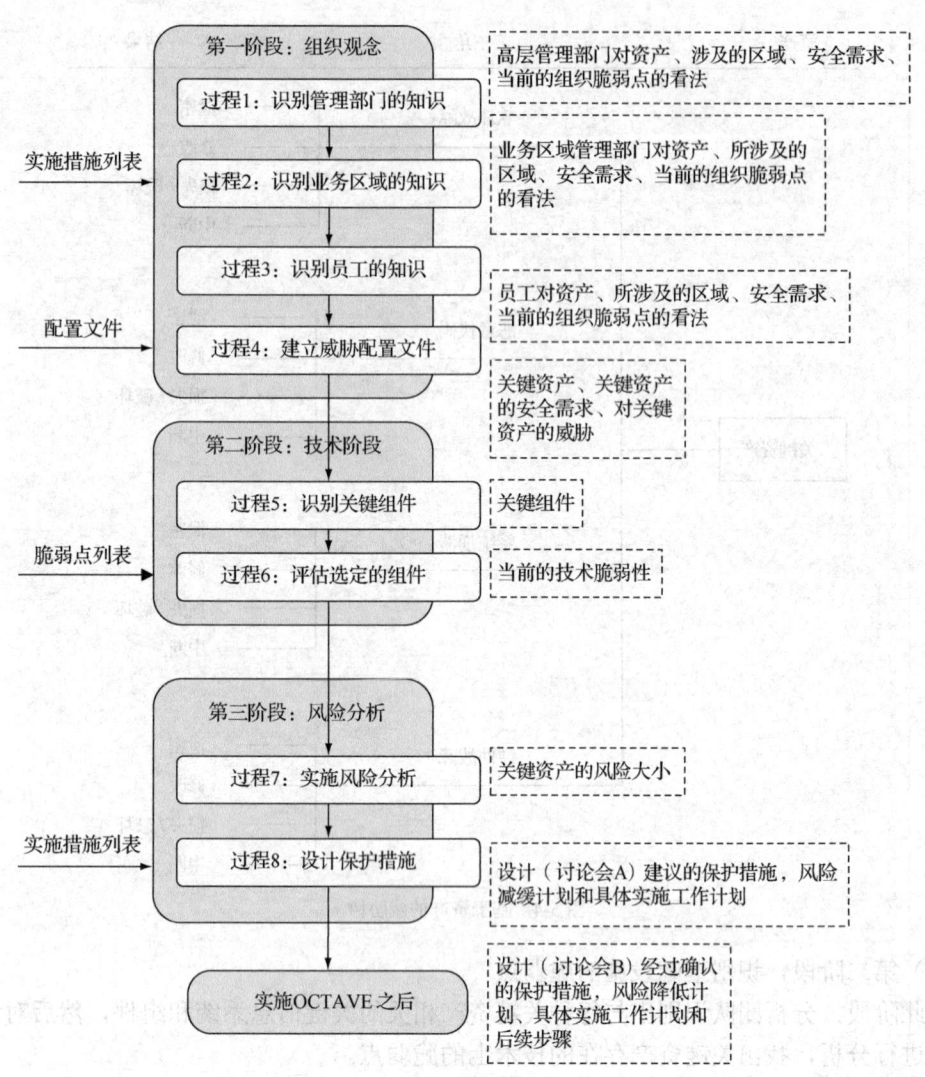

图 5-5　OCTAVE 的评估过程和输出

　　所谓层次分析法，是指将一个复杂的多目标决策问题作为一个系统，将目标分解为多个目标或准则，进而分解为多指标（或准则、约束）的若干层次，通过定性指标模糊量化方法计算出层次单排序（权数）和总排序，以作为目标（多指标）、多方案优化决策的系统方法。

　　层次分析法是将决策问题按总目标、各层子目标、评价准则直至具体的备投方案的顺序分解为不同的层次结构，然后用求解判断矩阵特征向量的办法，求得每一层次的各元素对上一层次某元素的优先权重，最后再用加权和的方法递阶归并各备择方案对总目标的最终权重，此最终权重最大者即为最优方案。这里所谓"优先权重"是一种相对的量度，它表明各备择方案在某一特点的评价准则或子目标，是标识其优越程度的相对量度，以及各子目标对上一层目标而言重要程度的相对量度。层次分析法比较适合于具有分层交错评价指标的目标系统，而且目标值又难于定量描述的决策问题。其用法是构造判断矩阵，求出其最大特征值及其所对应的特征向量 W，归一化后，即为某一层次指标对于上一层次某相关指标的相对重要性权值。

用 AHP 进行分析大体要经过以下 5 个步骤。

（1）建立层次结构模型

将决策的目标、考虑的因素（决策准则）和决策对象按它们之间的相互关系分为最高层、中间层和最低层，绘出层次结构图。

（2）构造判断矩阵

在确定各层次各因素之间的权重时，如果只是定性的结果，则常常不容易被别人接受，因而 Saaty 等人提出一致矩阵法，即不把所有因素放在一起比较，而是两两相互比较；对比时采用相对尺度，以尽可能降低性质不同因素相互比较的困难程度，以提高准确度。

（3）层次单排序

层次单排序是指对于上一层某因素而言，本层次各因素的重要性的排序。

（4）判断矩阵的一致性检验

一致性是指判断思维的逻辑一致性。例如当甲比丙是强烈重要，而乙比丙是稍微重要时，显然甲一定比乙重要。这就是判断思维的逻辑一致性，否则判断就会有矛盾。

（5）层次总排序

确定某层所有因素对于总目标相对重要性的排序权值过程，称为层次总排序。这一过程是从最高层到最底层依次进行的。对于最高层而言，其层次单排序的结果也就是总排序的结果。

5.6 风险评估工具

风险评估的过程自然不能缺少风险评估工具的帮助。风险评估工具是保证风险评估结果可信度的一个重要部分。风险评估工具能帮助技术人员摆脱繁杂的资产统计以及风险评估工作。它也能完成一些人力难以企及的任务。此外，在历史数据存储、积累和专家知识分析、提炼等方面，风险评估工具也具有诸多的优势，可以极大地减少专业顾问的负担，为各种形式的风险评估提供强有力的支持。

根据在风险评估过程中承担的主要任务以及其作用原理，风险评估工具可以分成风险评估管理工具、信息基础设施风险评估工具、风险评估辅助工具 3 类。

5.6.1 风险评估管理工具

管理型信息安全风险评估工具根据信息所面临威胁的不同分布进行全面考虑，主要从安全管理方面来入手，评估信息资产所面临的威胁。可以通过问卷调查的方式，也可以通过结构化的推理过程，建立模型、输入信息、得出结论、完成评估。风险评估者可以根据自己的目标需求来设计调查问卷，如 BS 7799 符合性调查问卷、控制现状调查问卷、业务流程调查问卷等。定性风险评估中，评估者一般借助调查问卷在组织的管理和运营层面上进行评估与分析，并在评估后针对目标提出风险管理措施。风险评估工具通常会建立在一定的算法基础之上，风险由关键信息资产、资产面临的威胁以及威胁利用的脆弱点来确定；风险评估工具也会通过建立专家系统、利用专家经验来进行风险分析过程，得出评估结论。它需要不断扩充知识库，以适应不同的评估需求。

风险评估管理工具其实是一套集成了风险评估各方面的管理信息系统，以规范风险评估的过程和操作方法，或者是用于收集评估所需要的数据和资料，基于专家经验，对输入、输出进行模型分析，通常在进行风险评估后有针对性地提出风险控制措施。

风险评估管理工具可以分为以下 3 类。

（1）基于相关标准或指南的风险评估管理工具

目前，国际上存在多种不同的风险评估或分析的标准或指南，不同方法侧重点有所不同，例如 NIST SP 800-30、BS 7799、ISO/IEC 13335 等。以这些标准或指南的内容为基础，分别开发和建立相应的评估工具，完成遵循标准或指南的风险评估过程。例如英国推行基于 BS 7799 标准认证并开发了 CRAMM，美国 NIAP（National Information AssurancePartnership，美国国家信息安全保障合作组织）根据 CC 进行信息安全自动化评估的 CC Toolbox，美国 NIST 根据 SP 800-26 进行 IT 安全自动化自我评估的 ASSET 等，其中 ASSET 可免费使用。

CRAMM 是一种可以评估信息系统风险并确定恰当对策的结构化方法工具，它包括全面的风险评估工具，适用于各种类型的信息系统和网络，也可以在信息系统生命周期的各个阶段使用。CRAMM 的安全模型数据库基于著名的"资产/威胁/弱点"模型，完全遵循 BS 7799 规范，包括基于资产的建模、商业影响评估、威胁和弱点的识别和评估、风险等级评估、需求识别、基于风险评估调整与控制等。CRAMM 评估风险基于资产价值、威胁和脆弱点，这些参数在 CRAMM 评估者和资产所有者、系统使用者、技术支持人员和安全部门人员的交互活动中获得，最终给出一套安全解决方案。

Yazar（2002）在网络安全概要一书中提到的 CRAMM 风险分析方法的主要步骤是：第一，通过会议、访谈和结构化问卷进行数据收集；第二，风险的识别和组织资产评估通过分析风险对组织资产价值的影响来确定风险的等级和所需的安全级别；第三，威胁和脆弱性评估除了资产价值，其他两个关键点是 CRAMM 风险分析可能发生的威胁和脆弱性。

风险计算：CRAMM 计算风险对于每个组织资产免受威胁的等级，从 1~7 使用风险矩阵与预定义的值进行比较组织资产价值。

CRAMM 可以帮助组织提升风险管理能力，降低风险系数。一方面，因为 CRAMM 基于结构化的方法进行风险分析，制订风险应对计划，进行信息认证和审计安全意识等管理。另一方面 CRAMM 可以完全评论和快速回顾（也允许高级别的评估），定期更新数据库，涵盖广泛的更高层次的风险应对策略，而非只是技术领域。相对优先级高的对策，包括有效性标准和实施成本一致性等，其解决方案可以解决类似风险问题。

其不足之处是：需合格的和有经验的专业人员去使用其工具进行操作，并作出完整的评估，这就意味着对于初学者来说难以操作。更重要的是，它要求用户提供专业知识，有些评估结果将会对整个分析产生影响。

（2）基于知识的风险评估管理工具

基于知识的风险评估管理工具并不仅仅遵循某个单一的标准或指南，而是将各种风险分析方法进行综合，并结合实践经验，形成风险评估知识库，以此为基础完成综合评估。它还涉及来自类似组织（包括规模、商务目标和市场等）的最佳实践，主要通过多种途径采集相关信息、识别组织的风险和当前的安全措施，并与特定的标准或最佳实践进行比较，从中找出不符合的地方，同时产生专家推荐的安全控制措施。例如 Microsoft 公司推出的基于专家系统的 MSAT、英国 C&A System Security Ltd.推出的自动化风险评估与管理工具 COBRA 等，COBRA 和 MSAT 可免费使用或试用。

COBRA 通过问卷的形式来采集和分析数据，并对组织的风险进行定性分析，最终的评估报告中包含已识别风险等级和推荐采取的措施，因此，它可以被看作一个基于专家系统和扩展知识库的问卷系统。此外 COBRA 还支持基于知识的评估方法，可以将组织的安全现状与 ISO 17799 相比较，从中找出差距，提出修正措施，对每个风险类别提供风险分析报告和风险值。

COBRA 评估过程主要包括 3 个步骤：问题表构建、风险评估、报告生成。其工作机理如图 5-6 所示，工具操作界面如图 5-7 所示。

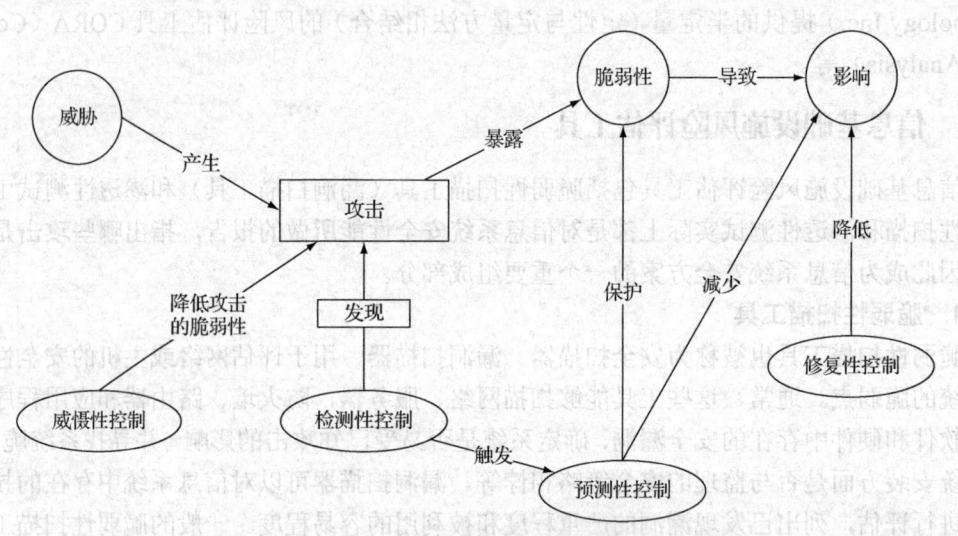

图 5-6 COBRA 定性风险分析方法

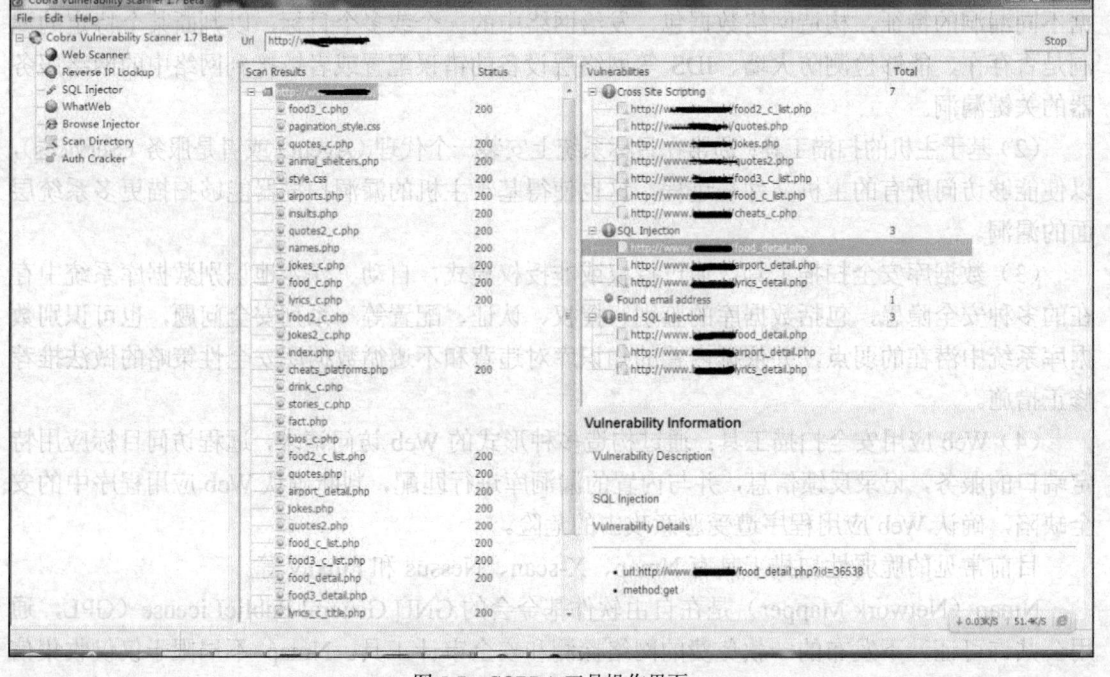

图 5-7 COBRA 工具操作界面

（3）基于定性或定量的模型算法的风险评估管理工具

风险评估根据对各要素的指标量化以及计算方法不同分为定性和定量的风险分析工具。基于标准或基于知识的风险评估与管理工具，都使用了定性分析方法或定量分析方法，或者将定性与定量相结合。这类工具在对信息系统各组成部分、安全要素充分分析的基础上，对典型信息系统的资产、威胁和脆弱性建立定性的或量化、半量化的模型，并根据收集信息输入，得到风险评估的结果。例如英国 BSI 根据 ISO 17799 进行风险等级和控制措旋的过程式分析工具 RA/SYS（Risk Analysis System）、国际安全技术公司（InternationalSecurity Technology Inc.）提供的半定量（定性与定量方法相结合）的风险评估工具 CORA（Cost-of-Risk Analysis）等。

5.6.2 信息基础设施风险评估工具

信息基础设施风险评估工具包括脆弱性扫描工具（漏洞扫描工具）和渗透性测试工具。脆弱性扫描和渗透性测试实际上都是对信息系统安全性能所做的报告，指出哪些攻击是可能的，因此成为信息系统安全方案的一个重要组成部分。

1. 脆弱性扫描工具

脆弱性扫描工具也被称为安全扫描器、漏洞扫描器，用于评估网络或主机的安全性并报告系统的脆弱点。通常，这些工具能够扫描网络、服务器，防火墙、路由器和应用程序等，寻找软件和硬件中存在的安全漏洞，确定系统是否易受已知攻击的影响，并寻找系统脆弱点，如系统安装方面是否与监理的安全策略相悖等。漏洞扫描器可以对信息系统中存在的技术性漏洞进行评估，列出已发现漏洞的严重程度和被利用的容易程度。一般的脆弱性扫描工具按照目标系统的类型可分为以下几种。

（1）基于网络的扫描工具：通过网络实现扫描，可以看作是一种漏洞信息收集工具，根据不同漏洞的特征，构造网络数据包，发给网络中的一个或多个目标，以判断某个特定的漏洞是否存在，能够检测防火墙、IDS 等网络层设备的错误配置或者链接到网络中的网络服务器的关键漏洞。

（2）基于主机的扫描工具：通常在目标系统上安装一个代理（Agent）或者是服务（Services），以便能够访问所有的主机文件与进程，这也使得基于主机的漏洞扫描器能够扫描更多系统层面的漏洞。

（3）数据库安全扫描工具：通过授权或非授权模式，自动、深入地识别数据库系统中存在的多种安全隐患，包括数据库的鉴别、授权、认证、配置等一系列安全问题，也可识别数据库系统中潜在的弱点，并依据内置的知识库对违背和不遵循数据库安全性策略的做法推荐修正措施。

（4）Web 应用安全扫描工具：通过构造多种形式的 Web 访问请求，远程访问目标应用特定端口的服务，记录反馈信息，并与内置的漏洞库进行匹配，判断确认 Web 应用程序中的安全缺陷，确认 Web 应用程序遭受恶意攻击的危险。

目前常见的脆弱性扫描工具有 Nmap、X-scan、Nessus 和 Fluxay 等。

Nmap（Network Mapper）是在自由软件基金会的 GNU General PublicLicense（GPL，通用公共许可证）下发布的一款免费的网络探测和安全审计工具。Nmap 不局限于仅仅收集信息和枚举，同时可以用来作为一个漏洞探测器或安全扫描器。它可以适用于 Winodws、Linux、

Mac 等操作系统。Nmap 是一款功能非常强大的实用工具，它能够扫描大规模网络以判断存活的主机及其所提供的 TCP、UDP 网络服务的安全性，支持流行的 ICMP、TCP 及 UDP 扫描技术，并提供一些较高级的服务功能，如服务协议指纹识别（Fingerprinting）、IP 指纹识别、隐秘扫描（避开入侵检测系统的监视，并尽可能不影响目标系统的日常操作）以及底层的滤波分析等。

　　Nmap 通过使用 TCP/IP 协议栈指纹来准确地判断出目标主机的操作类型。首先，Nmap 通过对目标主机进行端口扫描，找出正在目标主机上进行监听的端口；其次，Nmap 对目标主机进行一系列的测试，利用响应结果建立相应目标主机的 Nmap 指纹；最后，将此指纹与指纹库中的指纹进行查找匹配，从而得出目标主机类型、操作系统的类型和版本以及运行服务等相关信息。

　　Nmap 主要包括四个方面的扫描功能：主机发现、端口扫描、应用与版本侦测、操作系统侦测。以下以全面扫描为例讲解 Nmap 的用法。

　　（1）确定端口状况

　　如果直接针对某台计算的 IP 地址或域名进行扫描，那么 Nmap 对该主机进行主机发现过程和端口扫描。该方式执行迅速，可以用于确定端口的开放状况。

　　命令形式：

```
nmap targethost
```

　　可以确定目标主机在线情况及端口基本状况，如图 5-8 所示。

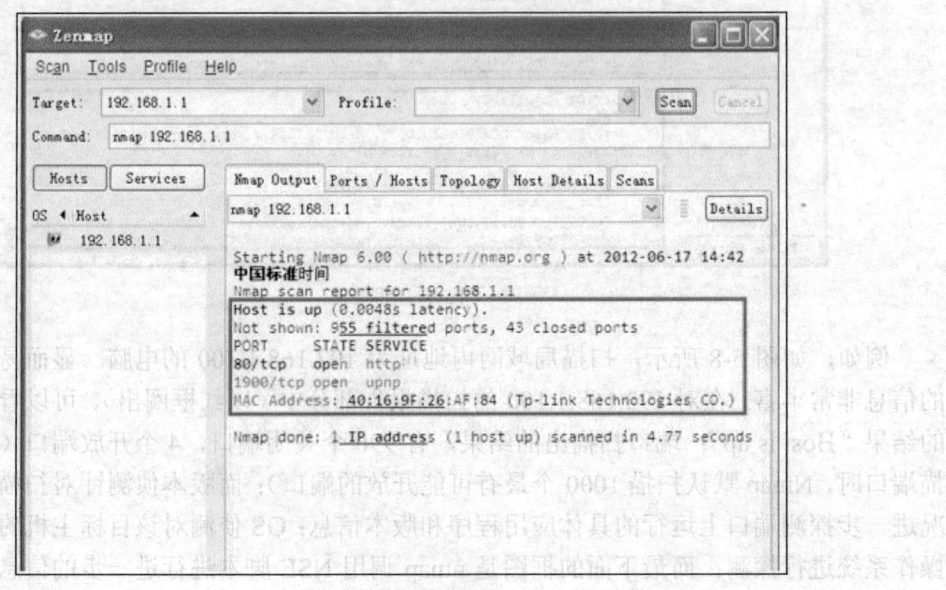

图 5-8　端口状况确定

　　（2）完整全面的扫描

　　如果希望对某台主机进行完整全面的扫描，那么可以使用 nmap 内置的-A 选项。使用了该选项，nmap 对目标主机进行主机发现、端口扫描、应用程序与版本侦测、操作系统侦测及调用默认 NSE 脚本扫描。

命令形式:

nmap –T4 –A –v targethost

其中-A 选项用于使用进攻性(Aggressive)方式扫描;-T4 指定扫描过程使用的时序(Timing),总有 6 个级别(0~5),级别越高,扫描速度越快,但也容易被防火墙或 IDS 检测并屏蔽掉,在网络通信状况良好的情况推荐使用 T4;-v 表示显示冗余(Verbosity)信息,在扫描过程中显示扫描的细节,从而让用户了解当前的扫描状态。如图 5-9 所示。

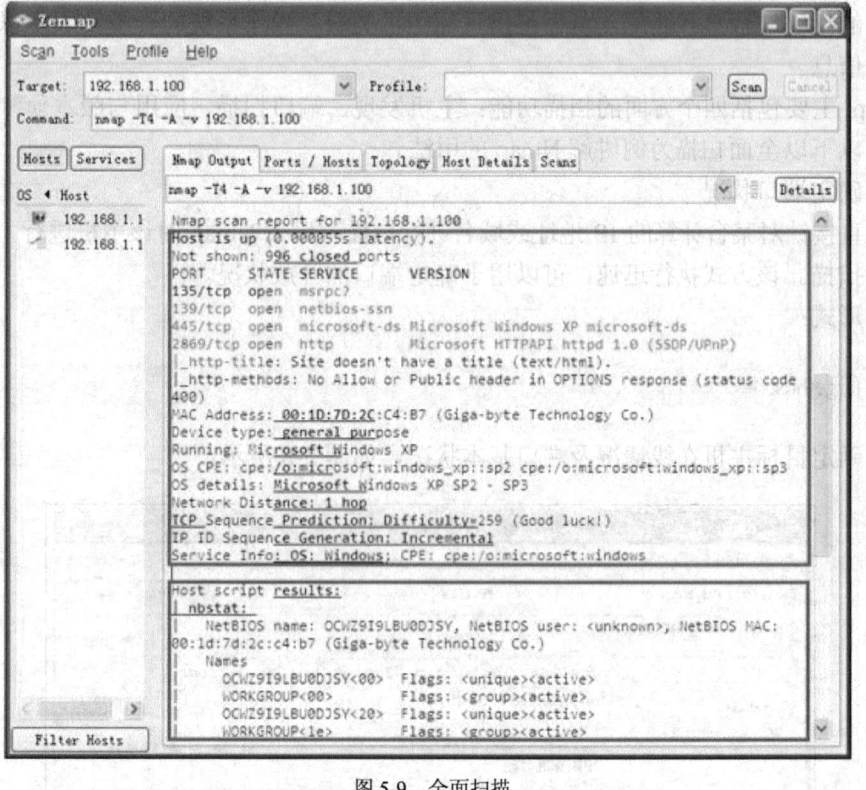

图 5-9　全面扫描

例如,如图 5-8 所示,扫描局域网内地址为 192.168.1.100 的电脑。显而易见,扫描出的信息非常丰富,在对 192.168.1.100 的扫描报告部分中(以红框圈出),可以看到主机发现的结果"Host is up";端口扫描出的结果,有 996 个关闭端口,4 个开放端口(在未指定扫描端口时,Nmap 默认扫描 1000 个最有可能开放的端口);而版本侦测针对扫描到的开放状况进一步探测端口上运行的具体应用程序和版本信息;OS 侦测对该目标主机的设备类型与操作系统进行探测;而最下面的框图是 nmap 调用 NSE 脚本进行进一步的信息挖掘的显示结果。

X-Scan 是国内最著名的综合扫描器之一。它完全免费,是不需要安装的绿色软件,界面支持中文和英文两种语言,包括图形界面和命令行方式。值得一提的是,X-Scan 把扫描报告和安全焦点网站相连接,对扫描到的每个漏洞进行"风险等级"评估,并提供漏洞描述、漏洞溢出程序,方便网管测试、修补漏洞。目前 X-Scan 稳定的版本是 Version 3.3。

X-Scan 采用由 NASL（Nessus Attack Script Language）脚本语言设计的插件库，共有两干多个插件。X-San 对 NASL 插件库进行筛选和简化，去除了许多不常用的插件，同时把多个实现同一扫描功能的插件筛合并选成一个插件，极大地简化了插件库，提高了扫描的效率。

Nessus 是在 1998 年由法国人 Renaud Derasion 提出的一款基于插件的 C/S 构架的脆弱性扫描器。1998 年，Nessus 的创办人 Renaud Deraison 展开了一项名为"Nessus"的计划，其目的是希望能为因特网社群提供一个免费、威力强大、更新频繁并简易使用的远端系统安全扫描程序。经过数年的发展，包括 CERT 与 SANS 等著名的网络安全相关机构皆认同此工具软件的功能与可用性。2002 年，Renaud 与 Ron Gula，Jack Huffard 创办了一个名为 Tenable Network Security 的机构。在第三版 Nessus 发布之时，该机构收回了 Nessus 的版权与程序源代码（原本为开放源代码），并注册成为该机构的网站。目前此机构位于美国马里兰州的哥伦比亚。

Nessus 采用多线程方式，完全支持 SSL（Secure Socket Layer），能自行定义插件，拥有很好的 GTK（GIMP Toolkit，跨平台的图像处理工具包）界面，提供完整的电脑漏洞扫描服务，具有强大的报告输出能力，支持输出 HTML、XML、LaTeX 和 ASCII 等格式的安全报告，并且会为每一个发现的安全问题提出解决建议。与传统的漏洞扫描软件不同之处在于，Nessus 可同时在本地（已授权的）或远程端上遥控，进行系统的漏洞分析扫描，其运行效能还能随着系统的资源而自行调整。

Nessus 也采用 NASL 插件库，最新版有超过 46000 个插件，而且还在不断增加，所有的插件都由 Nessus 官方网站进行维护。

Nessus 是目前全世界使用人数最多的系统漏洞扫描与分析软件。总共有超过 75000 个机构使用 Nessus 作为扫描该机构电脑系统的软件。

Nessus 的安全检查由插件（plugin）完成。Nessus 的体系结构如图 5-10 所示。图 5-10 显示了一次完整的漏洞扫描过程，服务端程序安装于一台 Linux 主机上，随时等待客户端的连接，当客户端发起一个连接后，流程按照以下步骤进行。

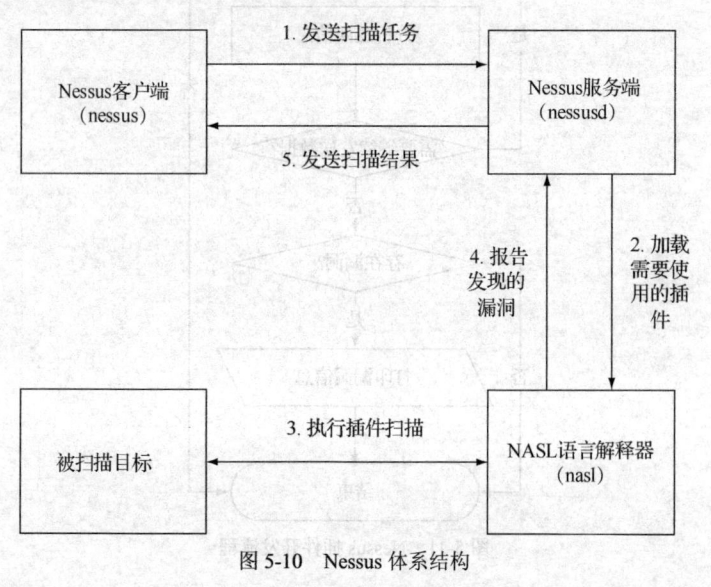

图 5-10　Nessus 体系结构

① 客户端程序向服务端程序发送详细的扫描任务的参数（遵循 nessus 传输协议）。

② 服务端程序接收到客户端程序的请求后，加载完成任务所需要的插件，并合理安排插件的执行顺序。

③ NASL 语言解释器执行插件，在执行插件扫描过程中会与扫描目标之间进行一些数据交互。

④ NASL 解释器判断扫描结果，并报告给服务端程序。

⑤ 服务端程序归纳从 NASL 解释器收到的扫描结果，生成漏洞报告反馈给客户端程序。

综上可知，插件在 Nessus 扫描过程中发挥了重要作用。对每一个漏洞的扫描都由一个插件来支持，要及时地扫描到主机或网络上最新的漏洞信息，就要及时更新插件来扩充相应的功能。

Nessus 漏洞插件的开发流程如图 5-11 所示。

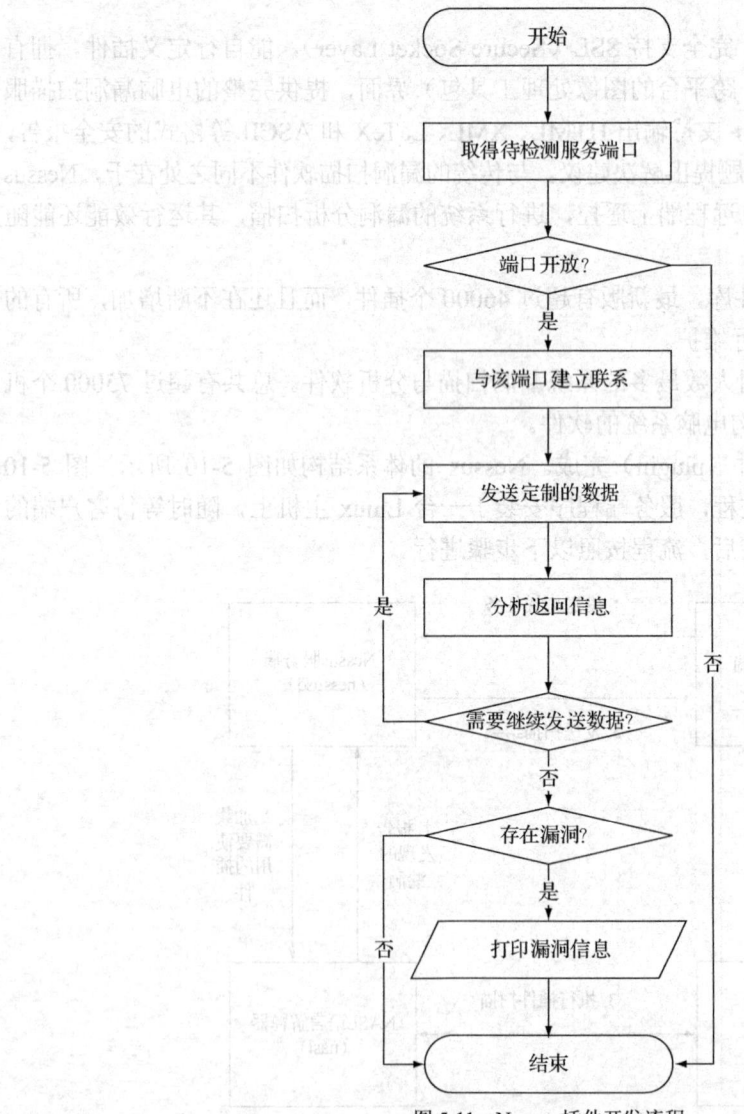

图 5-11 Nessus 插件开发流程

针对 Nessus 插件的开发流程，简单介绍 NASL 中几个主要的网络函数及具体的使用方法如下。

① 判断服务监听端口，使用 get_kb_item（services），services 参数根据需要具体的服务来确定。

② 判断端口状态，使用 get_port_state（port），port 参数根据需要具体的端口来确定。

③ 连接远程的端口，无论是进行 TCP 连接还是 UDP 连接首先都必须打开套接字。NASL 提供了一系列的函数，利用它们可以很容易完成这些操作。在 NASL 中打开一个 TCP 套接字是使用 open_sock_tcp（port），打开一个 UDP 套接字是使用 open_sock_udp（port）。如果无法与远程主机建立连接，这两个函数都返回 0。通常由于无法判断远程主机的 UDP 端口是否开放，对于 open_sock_udp（port）通常不会失败。

④ 构造特定的数据，在 NASL 中，可以非常方便地构造一个新的 IP、TCP、UDP、ICMP 和 IGMP 原始报文，用到的函数分别是 forge_ip_packet()、forge_tcp_packet()、forge_udp_packet()、forge_icmp_packet()、forge_igmp_packet()。在实际使用中需要构造哪种数据包、如何构造均由待测试的漏洞决定，这部分是开发漏洞测试插件的核心部分。

⑤ 发送构造的数据包，发送原始报文的函数是 send_packet( )，如果是通过套接字发送数据，则使用 send( )函数。

⑥ 接收服务器返回信息与发送函数对应，如果接收原始报文，则使用函数 pcap_next ( )；如果通过套接字接收数据，则用 recv ( )和 recv_line ( )。

2. 渗透性测试工具

渗透测试是一种利用模拟黑客攻击的方式，来评估计算机网络系统安全性能的方法。

渗透性测试工具根据脆弱性扫描工具扫描的结果进行模拟攻击测试，判断被非法访问者利用的可能性。这类工具通常包括黑客工具、脚本文件等。渗透性测试的目的是检测已发现的脆弱性是否真正会给系统或网络带来影响，能直观地让管理人员知道自己网络所进行的问题，了解当前系统的安全性，明确攻击者可能利用的途径，以便对危害性严重的漏洞及时修补。通常渗透性测试工具与脆弱性扫描工具一起使用，并且可能会对被评估系统的运行带来一定影响。

目前常见的渗透性测试工具有 Core Impact、Metasploit 等。下面简单介绍这两款渗透性工具。

（1）Metasploit 是一款开源的安全漏洞检测工具，可以帮助安全和 IT 专业人士识别安全性问题，验证漏洞的缓解措施，并对专家驱动的安全性进行评估，提供真正的安全风险情报。这些功能包括智能开发，代码审计，Web 应用程序扫描，社会工程。

Metasploit 是一个免费的、可下载的框架，通过它可以很容易地获取、开发并对计算机软件漏洞实施攻击。它本身附带数百个已知软件漏洞的专业级漏洞攻击工具。当 H.D. Moore 在 2003 年发布 Metasploit 时，计算机安全状况也被永久性地改变了。仿佛一夜之间，任何人都可以成为黑客，每个人都可以使用攻击工具来攻击那些未打过补丁或者刚刚打过补丁的漏洞。软件厂商再也不能推迟发布针对已公布漏洞的补丁了，这是因为 Metasploit 团队一直都在努力开发各种攻击工具，并将它们贡献给所有 Metasploit 用户。

Metasploit 的设计初衷是打造成一个攻击工具开发平台。然而在目前情况下，安全专家以及业余安全爱好者更多地将其当作一种点几下鼠标就可以利用其中附带的攻击工具进行成功攻击的环境。

（2）Core Impact 渗透测试工具是最全面的评估网络系统、站点、邮件用户和 Web 应用安全的软件解决方案。Core Impact 漏洞检测工具通过使用渗透测试技术，检测出新出现的关键性威胁，进而追踪对用户重要信息构成威胁的攻击路径。Core Impact 漏洞检测工具允许你查看网络的配置等信息。使用 Core Impact 渗透测试工具，你可以在网络服务器和工作站中，确定出可被利用的系统漏洞和服务；测试最终用户对钓鱼、反钓鱼、垃圾邮件和其他电子邮件威胁的反应；测试 Web 应用安全，表明基于 Web 攻击造成的后果；从误报中区分出真正的威胁，以加速和简化补救措施；配置和测试 IPS、IDS、防火墙以及其他防御设施的有效性；确认系统的升级，修改和补丁的安全性；建立和保持脆弱性管理办法的审计跟踪。

5.6.3　风险评估辅助工具

信息系统安全风险评估辅助工具在安全风险评估中不可或缺，它主要用于收集评估所需的数据和资料，帮助测试者完成现状分析和趋势分析。

常见的风险评估辅助工具有以下几种。

（1）检查列表：检查列表通常基于标准或基线，用于特定系统的审查。利用检查列表和基于知识的分析方法，可以快速定位系统目前的安全状况及其与基线要求之间的差距。

（2）入侵检测系统：入侵检测系统（Intrusion Detection System，IDS）是一种对网络传输进行即时监视，在发现可疑传输时发出警报或者采取主动反应措施的网络安全设备。它与其他网络安全设备的不同之处便在于，IDS 是一种积极主动的安全防护技术。

（3）安全审计工具：通过安全审计工具记录网络行为，分析网络或系统的安全现状，内容包括系统配置、服务检查、操作情况审计等，审计日志记录了信息安全风险评估中的安全现状数据，可以用作判断被评估对象威胁信息的来源。

（4）拓扑发现工具：通过接入点接入被评估网络，完成被评估网络中的资产（主要是针对网络硬件设备）发现功能，并提供网络资产的相关信息。

（5）资产信息收集系统：通过提供调查表形式，完成被评估信息系统数据、管理、人员等资产信息的收集功能，用来了解组织的主要业务、重要资产、威胁、管理上的缺陷、采用的安全控制措施和安全策略的执行情况。

（6）其他：用于评估过程参考的评估指标库、知识库、漏洞库、算法库、模型库等。

此外，还需要注意在选择以及使用风险评估工具时要考虑以下内容。

（1）风险评估工具提供的依据、方法和功能应符合信息安全方针，并与风险评估与管理的方法相适应。

（2）在满足选择可靠的、成本有效的安全控制措施的同时，能够对风险评估与管理的结果形成清晰的、无歧义的、精确的报告。

（3）提供数据收集、分析和输出功能，并能保存和维护历史记录。

（4）要与信息系统中的硬件和软件协调和兼容。

（5）具有充分的使用培训和相关的帮助文件，保证相关工具的安装和使用过程的安全。

5.7 风险评估案例

本节给出一个学院网站信息安全风险评估模型案例。

1. 风险评估准备

本次信息安全风险评估针对的是 XX 学院官方网站,根据建立信息安全风险评估模型的相关要求,我们列出如下风险评估准备工作,如表 5-21 所示。

表 5-21　　　　　　　　　　　　　　风险评估准备工作表

类别	内容
目标	根据组织在业务持续性发展的安全性需求、法律法规的规定等内容,识别出现有的学院网站及其管理的不足,以及可能造成的风险大小
范围	是对网站信息系统的风险的获取与研究,其次是对其管理上缺陷的研究
团队	XX 团队小组
依据和方法	通过使用计算机对学院网站信息安全风险进行识别为主要方法,并以此得到的结果作为评估依据
获得支持	暂无

2. 资产识别与估价

由于条件有限,此处只是简单地给出一些明显的资产的识别,主要包括软件、硬件、数据和服务,如表 5-22 所示。

表 5-22　　　　　　　　　　　　　　资产说明估价表

资产类别	资产说明	资产估价(0.1~1.0)
软件	服务器系统软件	0.6
	应用软件	0.5
	源程序	0.6
硬件	系统和外围设备	0.8
	安全设备	0.8
	其他技术设备	0.8
数据	学院通知、新闻等	0.9
服务	信息服务	0.7
	其他技术服务	0.7
	网络通信服务	0.7

3. 威胁识别与评估

列出如下所示的威胁，如表 5-23 所示。

表 5-23 威胁说明表

分类	说明	评估
软硬件故障	对业务实施或系统运行产生影响的设备硬件故障、存储介质故障、通讯链路中断、系统本身或软件缺陷	2
物理环境影响	对信息系统正常运行造成影响的物理环境问题和自然灾害，如地震、火灾	1
物理攻击	通过物理的接触造成对软件硬件或数据的破坏，如物理接触性损害、物理性破坏、盗窃	3
恶意代码	在计算机系统上能执行恶意任务的程序代码，如病毒、特洛伊木马、蠕虫	2
网络攻击	利用工具和技术通过网络对信息系统进行攻击和入侵，如网络嗅探和信息采集、漏洞扫描	4

4. 脆弱性识别与评估

由于对学院网站的具体管理流程不太熟悉，此处只是包括学院网站可能存在的一些技术脆弱性，如表 5-24 所示。

表 5-24 脆弱性识别评估表

识别对象	识别内容	等级
物理环境	防火	4
	防静电	3
	场地	3
网络结构	边界保护	4
	外部控制策略	2
	内部控制策略	3
系统软件	补丁安装	2
	用户账号	2
	口令策略	4
应用中间件	协议安全	4
	数据完整性	3
	交易完整性	2
应用系统	审计机制	3
	访问控制策略	4
	鉴别机制	3

5. 风险计算与分析

风险可以表示为威胁发生的可能性、脆弱性被威胁利用的可能性、威胁的潜在影响三者的函数。可以使用如下的公式进行计算：

$$R = R(A,T,V) - R_c = R(P(T,V),I(V_e,S_z)) - R_c$$

其中 R 为资产风险；A 为资产；T 为威胁；V 为脆弱性；R_c 为已有控制所减少的风险；V_e 为安全事件所作用的资产价值；S_z 为脆弱性严重程度；P 为威胁利用资产脆弱性导致安全事件的可能性；I 为安全事件发生后的影响。通过该公式和图 5-12 所示风险分析函数图，我们可以得到表 5-25 所示的相应表格。

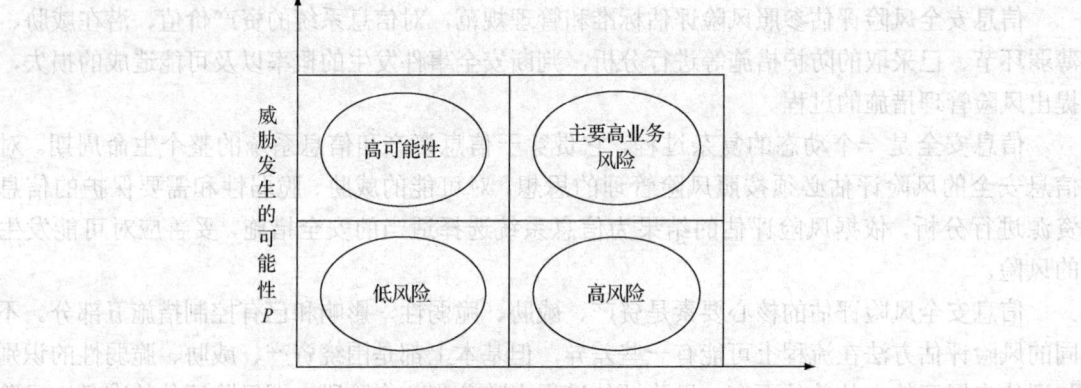

图 5-12　风险分析函数图

表 5-25　风险计算分析表

安全事件	发生可能性	发生后的影响	风险值
软硬件故障	低	高	高影响
物理环境影响	低	高	高影响
物理攻击	中	低	低风险
恶意代码	高	中	主要高风险业务
网络攻击	高	中	主要高风险业务

6. 风险管理与控制

风险管理与控制是对风险控制的成本费用、控制的可用性、已存在的控制及控制功能的范围和强度的分析与管理过程。我们针对不同的安全事件，采取相应的避免风险、降低风险和转移风险的控制方法和具体实现。表 5-26 给出了风险管理控制方法。

表 5-26　风险管理控制方法

安全事件	采取方法	具体实现
软硬件故障	避免风险	对软硬件进行及时检查以及更新换代
物理环境影响	降低风险	建议增加灭火器等简单的降低风险影响的方法

续表

安全事件	采取方法	具体实现
物理攻击	避免风险	采取打击威胁的方法
恶意代码	避免风险	采取实施安全技术来避免风险
网络攻击	转移风险	交由网络安全专家进行管理

本章小结

信息安全风险评估参照风险评估标准和管理规范，对信息系统的资产价值、潜在威胁、薄弱环节、已采取的防护措施等进行分析，判断安全事件发生的概率以及可能造成的损失，提出风险管理措施的过程。

信息安全是一个动态的复杂过程，它贯穿于信息资产和信息系统的整个生命周期。对信息安全的风险评估必须按照风险管理的思想，对可能的威胁、脆弱性和需要保护的信息资源进行分析，依据风险评估的结果为信息系统选择适当的安全措施，妥善应对可能发生的风险。

信息安全风险评估的核心要素是资产、威胁、脆弱性、影响和已有控制措施五部分。不同的风险评估方法在流程上可能有一些差异，但基本上都是围绕资产、威胁、脆弱性的识别与评估来展开的。从总体而言，风险评估过程大致分为 4 个阶段，即风险评估的准备、风险识别、风险分析和进行相应的风险管理过程。

通常，风险评估中风险值计算要涉及的要素一般为资产、威胁和脆弱性。由威胁和脆弱性确定安全事件发生的可能性，由资产和脆弱性确定安全事件的影响，由安全事件发生的可能性和安全事件的影响来确定风险值。常用的计算方法为矩阵法和相乘法。

在风险评估算法中，从计算方法来看，分为定性、定量和半定量；从实施手段上来看，分为基于树的技术以及动态系统的技术。几种典型的风险评估算法有 OCTAVE 法、AHP 法。

风险评估的过程中不可缺少的还有风险评估工具，风险评估工具是保证风险评估结果可信度的一个重要部分，分为风险评估与管理工具、信息基础设施风险评估工具、风险评估辅助工具三类。

思考题

1. 简述信息安全风险评估的概念、目的、原则以及意义。
2. 信息安全风险评估的核心要素是什么？它们之间有何关系？
3. 画出信息安全风险评估的流程图并简述其过程。
4. 风险计算的公式是什么？并解释公式中相关符号的含义。
5. 简述风险计算的过程。
6. 进行风险处理的过程中，选择安全控制措施时应该考虑哪些因素？
7. 风险评估文档包括哪些？简述并阐述文档内容。

8．举例说明几个典型的信息安全风险评估算法。

9．信息安全的风险评估工具有哪些？简述并举例说明。

10．联系实际谈谈你对风险评估的看法。

实验二　网络信息系统风险评估

实验内容：学习利用工具对本地主机运行状态进行安全评估，分析本地主机安全隐患，并生成相应的报告文件。对系统进行综合评估，发现主机应用服务状态，对外安全隐患。利用 X-Scan 扫描系统漏洞并分析，对漏洞进行防御。

第 6 章

信息安全管理基础

信息安全研究可分为安全理论研究、安全技术研究、安全管理研究和安全标准研究。信息安全技术是信息安全控制的重要手段，一些复杂且安全性要求高的信息系统，其安全性必须借助技术手段来实现，但单独依靠技术手段实现的安全能力是有限的，安全技术应当有适当的管理和程序来支持，否则，安全技术就无法发挥其应有的安全作用。当应用环境发生变化时，如果不做适当的技术调整，其安全作用会大打折扣，甚至完全丧失。因此，研究信息安全管理体系对信息安全性的提高有重要的理论和现实意义。

信息安全管理是指导和控制组织内部关于信息安全风险的相互协调活动。关于信息安全风险的指导和控制活动，通常包括制定信息安全方针、风险评估、控制目标与方式选择、风险控制、安全保证等。要对组织内部的信息的安全性进行动态、高效的管理就必须依据信息安全管理模型和标准来构建组织的信息安全管理体系。

在本章中，6.1 节在信息安全管理的基本概念进行描述的同时，对国内外安全管理现状进行简要叙述，重点突出信息安全管理实施的必要性；本节的后半部分将对信息安全管理的内容及策略进行阐述，同时给出一种信息安全管理模型。在对信息安全管理的基础有所了解之后，6.2 节将着眼于信息安全管理准则，主要对 BS 7799 准则的主要内容进行考察。在 6.3 节对信息安全管理体系进行简要的介绍后，6.4 节将介绍信息安全体系建立的流程。

【学习目标】

- 了解信息安全管理的概念，理解信息安全管理的意义。
- 明确信息安全管理的内容及原则，熟悉信息安全管理的模型。
- 熟悉信息安全管理标准，了解 BS 7799 系列标准的主要内容。
- 掌握信息安全管理体系 PDCA 循环模型。
- 理解信息安全管理体系过程。

6.1 概述

信息是现代社会的一种重要资产，它的保密性、完整性和可用性对确保组织业务的连续性具有重要的意义，因此需要对信息系统的安全性建设给予充分的重视。传统的信息系统安全建设一般是事后的、被动的和单一的，应对措施简单，针对出现的问题，主要采用一些技术上的安全防护措施，并以某个问题的暂时解决为结束的标志。这种模式缺少系统的考虑，就事论事，带有很大盲目性，不能从根本上避免、降低各类风险和信息安全故障导致的综合损失，已经不能适应信息系统安全整体、多维和动态防护的发展要求。所以我们需要更新观念，站在系统工程的角度，从管理和技术两方面对它进行全面的分析。

6.1.1 信息安全管理的概念

随着科学技术的发展，信息系统不断地进步，在带给我们更多便利的同时，信息系统所面对的安全威胁也愈发增多。面对日益严峻的安全环境，国家逐步出台了信息系统的等级保护定级、测评的相关规定，以保护信息系统的安全，降低其面临的风险。比如，如何对信息系统进行规划和管理，如何保证其正常运行，出现故障后的应急方案如何制定等。根据在实际情况中遇到的问题，遵循对问题进行分析、思考、实践、改善这一系列研究过程，发现规范化管理对提高系统运行的可用性和连续性有着至关重要的意义。

1. 信息系统管理规范化

信息系统的规范化管理是建立在自身管理规范化的基础上，依照自身的运维流程对系统进行建设和管理，解决内部管理中的权限分发与权限集中的问题，要求对整个系统的流程制度化、流程化、标准化、表单化以及数据化。通过信息系统规范化的建设，将自身常规的事件制度化、数据化、流程化，形成统一、规范和相对稳定的管理体系，进而提高工作质量和工作效率，达到保障信息系统正常运行的目的。

信息系统的管理规范化，需要依据管理者对等级保护工作内容的理解，结合等级保护要求设计管理的规范框架和流程，形成统一、规范和相对稳定的管理体系，并在管理工作中按照这些组织框架和流程实施，就能达到管理动作的井然有序和协调高效。

规范化管理在信息系统的运作上涉及多个方面：项目规划与决策程序、组织机构、业务流程、部门和岗位设置、规章制度和管理控制等。规范化的内容简单地说就是：制度化、流程化、标准化、表单化、数据化。

2. 流程的规范化

信息系统涉及的各个部门内部都有各自的管理办法，但对于部门之间的衔接却很难有较好的管控方法，所以，越是界定部门之间的权责，问题就越多。这时就需要对自身运维流程进行明确，使部门纳入到流程中，成为流程中的一个结点。流程一般包括岗位工作流程、系统业务流程和机构组织流程。在进行流程规范化时，必须先明确自身的职责和目标，识别流程及其现状，然后确定各个流程，并对流程进行科学的规划和设计。

3. 组织结构的规范化

组织结构是信息系统在运维过程中涉及的目标、任务、权责、操作以及相互关系的系统。具体内容包括：各部门之间的结构、岗位设置、岗位职责以及岗位描述等。目的在于协调好部门与部门之间、人员与任务之间的关系，使管理人员在管理过程中清楚应有的权、责、利，工作形式和考核标准，有效地保证组织活动的开展，最终保证组织目标的实现。

组织结构规范化强调组织架构的设计应该建立在系统思考的基础上。各部门和岗位，都必须从系统的角度出发，根据自己的目标来界定自己工作的内容、标准、要求，以及所能支配的资源，按照既定要求和标准，对获得的资源的配置方式进行选择，行使决策权力，并承担相应的责任。

4. 规章制度的规范化

管理制度是规范化管理的有效工具，它可以对各个部门、岗位和员工的运行准则进行明确的界定，它能够使整个测评机构的管理体系更加规范，让每个员工的行为受到合理的约束与激励。其主要内容包括：管理体系的规范化、行为准则界定的规范化、绩效管理标准的规范化、违规行为处罚的规范化等。

6.1.2 国内外信息安全管理现状

自 2013 年以来，数据泄露事件接连不断：香港八达通资料外泄、富士通公司 Ipad2 后壳设计图泄密、RSA 公司 SecurID 技术及客户资料被窃取和索尼公司的 PlayStation 用户数据外泄等。目前在信息安全技术处于领先的国家主要是美国、法国、以色列、英国、丹麦、瑞士等，一方面这些国家在技术上，特别是在芯片技术上有着一定的历史沉积，另一方面这些国家在信息安全技术的应用上，例如电子政务、企业信息化等起步较早，应用比较广泛。他们的领先优势主要集中在防火墙、入侵检测、漏洞扫描、病毒查杀、身份认证等传统的安全产品上，而在注重防内兼顾防外的信息安全综合审计上，国内的意识理念早于国外，产品开发早于国外，目前在技术上有一定的领先优势。

我国信息安全领域近几年发展非常迅速，但由于起步较晚，在信息安全技术和管理等核心技术上和国外还有一定差距，在技术向产业转化方面也存在许多问题需要解决。特别是在中国加入 WTO 后，信息安全产业面对新一轮的国际产业重组和日趋激烈的国际竞争，很难受到国家政策和产业政策的保护，信息安全产业必须尽快解决成果转化和产业发展的问题，为切实提高我国信息安全保障水平做出贡献。目前，信息安全从理论和技术，到产品和服务，再到实际解决方案，最终到用户的信息安全保障体系的价值链的多个环节都有不少急需解决的重要问题。在信息安全领域成果转化与产业化研究开发方面存在的主要问题包括以下 9 个方面。

（1）国内研究机构的新理论成果缺乏实验和验证的环境和机会，使得一些理论方向和核心技术研究由于缺乏资金支持和实践环节而难以深入发展。

（2）国内信息安全专业机构和企业开发出来的新技术和新产品，真正进入市场和国外主流产品展开竞争，需要非常艰苦和长期的努力。由于我国专业机构和企业普遍缺乏产品化和商品化的经验和机制，使得我国的自主产品在获得市场认可方面要付出比国外产品更大的努力。

（3）国内的客户，特别是电子政务市场的客户，在选择信息安全产品方面常常陷入困惑的境地。面对各种信息安全厂商时，难以判断哪些技术、产品和服务更加适合自身的安全需求；同时，由于技术水平和项目时间方面的限制，难以判断哪些技术、产品和服务确实具有较高的品质，以及是否可以实现互联、互通、互操作。

（4）现在信息系统的安全建设基本上是多种不同安全产品简单叠加来组成的。将来的信息安全防御系统将是不断扩展的多种安全产品技术一体化集成的系统，仅由多种不同安全产品简单叠加来组成信息网络的安全防御系统，其实际效果、易用性、可管理性、系统效率、整体安全性是根本无法保证的。再加上我国缺乏职业信息安全监理人员，在信息工程的实施中又不能做到规范化管理，使得信息安全系统在设计、施工、验收过程中不能保证质量，以致严重影响系统的有效使用。

（5）国内信息安全专业机构和企业在开发产品的同时，也在向客户和市场提供专业的信息安全服务。由于大量的信息安全服务的量化和规范化不够，难于形成有影响有规模的信息安全服务产业，无法适应产业的发展趋势。

（6）国内电子政务的客户往往比较重视信息安全的建设，而忽略信息安全的运行维护。

根据"谁主管谁负责、谁运营谁负责"的原则，检查和监督信息安全运营过程，提高信息安全应用水平，已经成为信息安全保障体系的重要一环。

（7）建设一批权威机构，使其成为信息安全产业群组中各个企业和机构实施成果转化和产业化发展的桥梁和纽带，这也是促进我国信息安全产业发展的重要措施。2002 年 3 月 29 日成立的中国信息产业商会信息安全产业分会和即将建立的国家信息安全保障工程中心等机构可以在某种程度上扮演这样的角色。

（8）在信息安全领域，国家缺乏统一的管理政策，统一的认证标准和收费标准，产业管理极不规范，各信息安全企业穷于应付各个部门出台的许可制度，从而大大影响了其与国外企业竞争的能力。

（9）目前，国内绝大部分用户对信息安全认识的不足也是制约信息安全产业发展的障碍。令人可喜的是，已经有不少企业对信息安全的认知正在发生积极的转变，他们的安全建设将从响应防御向主动风险防御过渡，即企业从发现问题后再修补的产品叠加型防御方式向以风险为核心，主动发现隐患，系统地设计安全体系为主的防御方法过渡。信息安全工具从孤立产品向集中管理过渡也是信息安全产业发展的另一个趋势。

6.1.3 信息安全管理意义

管理对信息安全等级保护的实现有十分重要的意义和作用。管理是对人的管理。信息安全管理是指，在实现信息安全的过程中，人应该做什么、如何做，通常用"三分技术，七分管理"来形容管理对信息安全的重要性，管理是贯穿信息安全整个过程的生命线。

首先，信息安全等级保护制度的确立，需要有政策、法律、法规来保证。其次，信息安全等级保护的贯彻实施，需要有规范化的过程和制度，需要建立标准体系，进行系统和产品的研究与开发，系统和产品的测试与评估等。这些都需要进行统一的管理和协调。另外，与技术相关的管理更是无处不在。安全系统的开发过程需要进行工程管理；安全系统的运行过程需要进行系统管理；甚至每一个安全功能的实现和正确使用，都离不开管理。

与信息安全有关的人员包括安全系统的开发者、测试与评估者、运行管理者、使用者以及对这些过程的实施进行监督的检查者。信息管理的目的是让参与信息安全的所有人员都能够按照确定的要求去行动。对开发者的管理是为了开发出符合安全要求的系统或产品；对测试与评估者的管理是为了对开发的系统和产品严格把关；对运行管理者的管理是为了确保运行管理者对系统或产品的运行进行正确控制；对使用者的管理是为了让使用者按规定合理使用系统或产品；对监督检查者的管理是为了让执法者严格执法。不同安全等级的信息安全对管理有不同的要求。为了达到高级别的安全要求，需要更加严格的管理。

管理是许多安全技术和机制发挥作用的保证。如果没有严格的权限管理，而是随意授权，访问控制就失去了应有的作用。如果没有人员分工上的严格管理，对系统管理员、安全员、审计员实行权限分离的安全机制就不能发挥应有的作用，类似的情况在安全系统中随处可见。最普遍的情况是，几乎所有的安全机制都需要进行正确的系统配置、操作和运行控制，而且级别越高的系统要求就越多、越严格，如果没有按照要求进行操作、配置和运行控制，相应的安全技术和机制就起不到应有的作用，甚至会成为攻击的弱点和漏洞。与技术密切相关的管理要求应在系统开发过程中同时产生，并以文档形式（包括安全员指南和用户指南）随系统一起提交用户。

信息管理的重要性还体现在领导的重视程度上。实践证明，在我国信息系统建设阶段，如果没有领导的重视与支持，信息系统建设就不会有良好的发展；相反，如果得到了主要领导的重视和支持，单位信息系统的建设就会有健康的发展这已经成为不争的事实。

6.1.4 信息安全管理内容与原则

1. 信息安全管理内容

（1）信息安全风险管理

信息安全管理是一个过程，而不是一个产品，其本质是风险管理。信息安全风险管理可以看成是一个不断降低安全风险的过程，最终目的是使安全风险降低到用户和决策者都可以接受的程度。信息安全风险管理贯穿信息系统生命周期的全部过程。信息系统生命周期包括规划、设计、实施、运维和废弃五个阶段。每个阶段都存在相应的风险，需要采用同样的信息安全风险管理的方法加以控制。

信息安全风险管理是为了保护信息及其相关资产，指导和控制一个组织相关信息安全风险的协调活动。《信息安全风险管理指南》指出，信息安全风险管理包括对象确立、风险评估、风险控制、审核批准、监控与审查、沟通与咨询六个方面，其中前四项是信息安全风险管理的四个基本步骤，监控与审查和沟通与咨询则贯穿于前四个步骤中。

（2）设施的安全管理

设施的安全管理包括网络的安全管理、保密设备的安全管理、硬件设施的安全管理、场地的安全管理等。

① 网络的安全管理

信息管理网络是一个用于收集、传输、处理和存储有关信息系统与网络的维护、运行和管理信息的、高度智慧化的综合管理系统。它包括性能管理、配置管理、故障管理、计费管理、安全管理等功能。而安全管理又包括系统的安全管理、安全服务管理、安全机制管理、安全事件处理管理、安全审计管理、安全恢复管理等。

② 保密设备的安全管理

对保密设备的管理主要包括保密性能指标、工作状态、保密设备类型、数量、分配、使用者状况和密钥的管理。

③ 硬件设施的安全管理

对硬件设施的安全管理主要包括配置管理、使用管理、维修管理、存储管理、网络连接管理。常见的网络设备需要防止电磁辐射、电磁泄漏和自然老化。对集线器、交换机、网关设备或路由器，还需防止受到拒绝服务、访问控制、后门缺陷等威胁，对传输介质还需防止电磁干扰、搭线窃听和人为破坏，对卫星信道、微波接力信道等需防止对信道的窃听及人为破坏。

④ 场地设施的安全管理

机房和场地设施的安全管理需要满足防水、防火、防静电、防雷击、防辐射、防盗窃等国家标准。人员出入控制，需要根据安全等级和涉密范围，采取必要的技术与行政措施，对人员进入和退出的时间及进入理由进行登记等。电磁辐射防护，需要根据技术上的可行性与经济上的合理性，采取设备防护、建筑物防护、区域性防护、磁场防护。

（3）信息的安全管理

根据信息化建设发展的需要，信息包括三个层次的内容：一是在网络和系统中被采集、传输、处理和存储的对象，如技术文档、存储介质、各种信息等；二是指使用的各种软件；三是安全管理手段的密钥和口令等信息。

① 存储介质的安全管理

存储介质包括：纸介质、磁盘、光盘、磁带、录音/录像带等，它们的安全对信息系统的恢复、信息的保密和防病毒起着十分关键的作用。对不同类别的存储介质，安全管理要求也不尽相同。对存储介质的安全管理主要考虑存储管理、使用管理、复制和销毁管理、涉密介质的安全管理。

② 技术文档的安全管理

技术文档是系统或网络在设计、开发、运行和维护中所有技术问题的文字描述。技术文档按其内容的涉密程度进行分级管理，一般分为绝密级、机密级、秘密级和公开级。对技术文档的安全管理主要考虑文档的使用、备份、借阅、销毁等方面，需要建立严格的管理制度并确定相关负责人。

③ 软件设施的安全管理

对软件设施的安全管理主要考虑配置管理、使用和维护管理、开发管理、病毒管理。软件设施主要包括操作系统、数据库系统、应用软件、网络管理软件以及网络协议等。操作系统是整个计算机系统的基石，由于它的安全等级不高，需要提供不同安全等级的保护。对数据库系统，需要加强数据库的安全性，并采用加密技术对数据库中的敏感数据加密。目前使用最广泛的网络通信协议是 TCP/IP 协议，由于它存在许多安全设计缺陷，常常面临许多威胁。网络管理软件是安全管理的重要组成部分，常用的有：HP 公司的 OpenView、IBM 公司的 NetView、SUN 公司的 NetManager 等，它也需要额外的安全措施进行防护。

④ 密钥和口令的安全管理

密钥是加密解密算法的关键，密钥管理就是对密钥的生成、检验、分配、保存、使用、注入、更换和销毁等过程进行管理。口令是进行设备管理的一种有效手段，对口令的产生、传送、使用、存储、更换均需要有效的管理和控制。

（4）运行的安全管理

信息系统和网络在运行中的安全状态也是需要考虑的问题，目前常常关注安全审计和安全恢复两个安全管理问题。

① 安全审计

安全审计是指对系统或网络运行中有关安全的情况和事件进行记录、分析并采取相应措施的管理活动。目前主要对操作系统及各种关键应用软件进行审计。安全审计工作应该由各级安全机构负责实施，安全审计可以采用人工、半自动或自动智能三种方式。人工审计一般通过审计员查看、分析、处理审计记录；半自动审计一般由计算机自动分析，再由审计员作出决策并进行处理；自动智能审计一般由计算机完成分析处理，并借助专家系统作出判断，能满足不同应用环境的需求。

② 安全恢复

安全恢复是指网络和信息系统在收到灾难性打击或破坏时，为使网络和信息系统迅速恢复正常，并将损失降低到最小而进行的一系列活动。安全恢复的管理主要包括安全恢复策略的确立、安全恢复计划的制定、测试和维护、执行。

2. 信息安全管理的原则

信息安全管理应遵循如下统一的安全管理原则。

（1）规范化原则：各阶段都应遵循安全规范要求，根据组织安全需求，制定安全策略。

（2）系统化原则：根据安全工程的要求，对系统各阶段，包括以后的升级、换代和功能扩展进行全面统一的考虑。

（3）综合保障原则：人员、资金、技术等多方面综合保障。

（4）以人为本原则：技术是关键，管理是核心，提高管理人员的技术素养和道德水平。

（5）预防原则：安全管理以预防为主，并要有一定的超前意识。

（6）风险评估原则：根据实践对系统定期进行风险评估以改进系统的安全状况。

（7）动态原则：根据环境的改变和技术的进步，提高系统的保护能力。

（8）成本效益原则：根据资源价值和风险评估结果，采取适当的保护措施。

此外，在信息安全管理的具体实施过程中还应遵循以下原则：分权制衡原则、最小特权原则、职权分离原则、普遍参与原则、审计独立原则等。

6.1.5 信息安全管理模型

信息安全管理模型如图 6-1 所示。

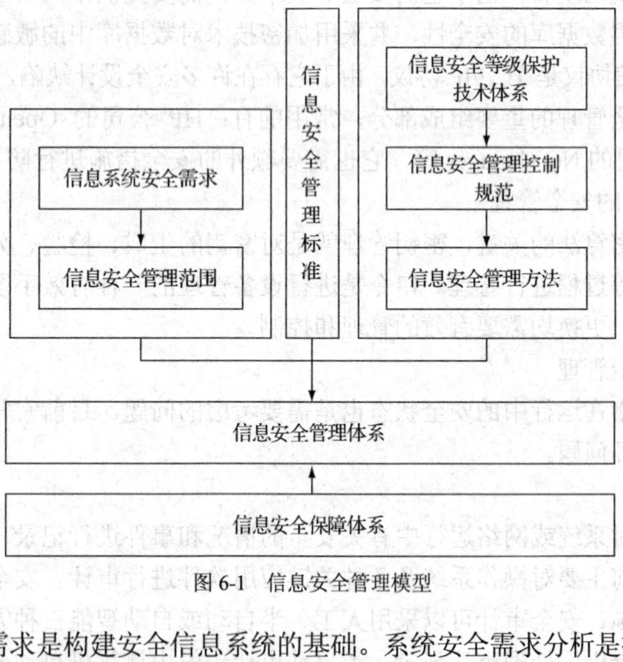

图 6-1 信息安全管理模型

信息系统安全需求是构建安全信息系统的基础。系统安全需求分析是指针对安全的指标，对信息系统中可能存在的风险及潜在威胁进行评估和分析，并以此为依据对信息及信息系统进行安全分类，从而利用不同的安全技术制定保护措施来应对风险。

信息安全管理范围是由信息系统安全需求决定的信息安全控制点，对这些控制点实施适当的控制措施就可以确保组织相应环节的信息安全，从而保证整个组织的整体信息安全水平。

信息安全等级保护技术体系为信息安全管理提供了相应的理论依据，是对信息安全管理活动或结果规定的共同的和重复使用的具有指导性的规则、导则或特性文件。

信息安全管理控制规范是为了改善具体信息安全问题而设置的技术管理手段，并运用信息安全管理相关的方法来选择和实施控制规范，为信息安全管理体系服务。

6.1.6 信息安全管理实施要点

信息安全管理的方法包括法律方法、行政方法、经济方法和宣传教育方法，四者相互结合，形成完整的管理方法体系。

（1）法律方法是指通过国家制定和实施的各种法规进行管理的方法。这里的法规包括国家颁布的法律、国家及军队的各级领导机构以及各个管理系统制定的法令、条例、制度等各种具有法律效力的规范。

（2）行政方法是指行政组织机构和领导者运用权力，通过强制性的行政命令、规定、指示等行政手段，按照行政系统和层次，直接指挥下属工作以实施管理的方法。

（3）经济方法是根据客观经济规律，运用各种经济手段，调节各方面经济利益之间的关系，以获取较高的社会效益与经济效益的管理方法。尤其应该关注安全技术方法、安全产品采办、安全设施建设、安全人才培养、信息资源共享等方面。

（4）宣传教育方法是指通过多种形式的教育，全面提高全社会的安全素质。事实证明，很多信息安全事故的发生都和人的思想因素有关。为此，可根据人员的工作性质，分层次有重点、有计划、有步骤地普及一般的信息技术、网络安全保密、通信安全保密、电磁辐射泄密防范、信息对抗等知识与技能。宣传教育方法等都需要通过行政系统来具体地组织与贯彻实施。

6.2 信息安全管理标准

信息安全管理的标准是基于完善的信息安全系统管理的，组织可采取有效的机制，合理运用庞大的信息系统资源，控制管理与信息相关的风险过程，令信息系统能够始终保持与战略目标两者一致，促进组织业务的发展。

6.2.1 信息安全管理标准的发展

1. BS 7799

BS 7799（ISO/IEC1 7799）：即国际信息安全管理标准体系，2000 年 12 月，国际标准化组织（ISO）正式发布了有关信息安全的国际标准 ISO 17799，这个标准包括信息系统安全管理和安全认证两大部分，是参照英国国家标准 BS 7799 制定的。它是一个详细的安全标准，包括安全内容的所有准则，由十个独立的部分组成，每一节都覆盖了不同的主题和区域。

由英国标准协会（BSI）编写的信息安全管理体系标准 BS 7799-Part 1（ISO 17799）及 BS 7799-Part 2 为各种机构、企业进行信息安全管理提供了一个完整的管理框架。这一套"姊妹对"标准引导机构、企业建立一个完整的信息安全管理体系，以分析机构及企业面临的安全风险，对企业的信息安全风险进行动态的、全面的、有效的、不断改进的管理，并强调信息安全管理的目的是保持机构及企业业务的连续性不受信息安全事件的破坏，要从机构或企业现有的资源和管理基础为出发点，建立信息安全管理体系，不断改进信息安全管理的水平，使机构或企业的信息安全以最小代价达到需要的水准。保护信息安全，建立信息安全管理体系是机构或企业营运的重要工作之一。BS 7799-2:2002 是目前最完整的参考依据，它以"计划（Plan）、实施（Do）、检查（Check）、行动（Action）"模式，将管理体系规范导入机构或企业内，以达到"持续改进"的目的。

随着在世界范围内信息化水平的不断发展和贸易全球一体化的不断普及和深入，信息系统在商业和政府组织中得到了广泛的应用。许多组织对其信息系统不断增长的依赖性，加上在信息系统上运作业务的风险、收益和机会，使得信息安全管理成为企业管理越来越关键的一部分；在很多的场合，它已经成为一个组织生死存亡或贸易亏盈成败的决定性因素，因此信息安全逐渐成为人们关注的焦点。世界范围内的各个国家、机构、组织、个人都在探寻如何保障信息安全的问题，各相关部门和研究机构也纷纷投入相当的人力、物力试图解决信息安全问题。

在决策者想方设法保障本组织的信息安全的同时，各类泄密事故仍层出不穷。就拿我国来说，近年来也接连不断地出现了程度不同的信息安全事件，这些事件不仅仅是简单的信息系统瘫痪的问题，其直接后果是导致巨大的经济损失，还造成了不良的社会影响。经济损失尚能弥补，而由信息网络的脆弱性而引起的公众对网络社会的诚信危机则不是短时间内可以恢复的。

安全是一种"买不到"的东西。打开包装箱后即插即用并提供足够安全水平的安全防护体系是不存在的，因此，一些企业虽然安装了一些安全产品，但并不等于拥有了一个真正的安全体系。而且相关调查数据显示，超过 75%的信息系统泄密和恶意攻击事件都是人为的，即由于信息安全管理的缺位而造成的。技术本身实际上只是信息安全体系里的一小部分，不管一项技术有多先进，都是辅助实现信息安全的手段。大部分的信息安全管理专家认为技术并不是不重要，但在信息安全的架构里，它一定要在好的信息安全管理的基础上才能发挥其应有的作用，所以在业界素有"三分技术，七分管理"的说法。

正是在这样的世界大环境和学术界认同的原则下，各国的研究机构都纷纷研究并制定信息安全管理、风险评估、信息安全技术的标准，而英国标准化协会，这个在全世界标准界负有盛名的机构，在成功地为 ISO 9000、ISO 14000、OHSAS 18000 等世界著名的标准打好基础后，又一次在信息安全管理领域拔得头筹，其制定的 BS 7799 信息安全管理标准又一次成为国际上最权威的和最具代表性的标准。

早在 1995 年 2 月，英国标准协会就提出了信息安全管理标准，并于 1995 年 5 月制定完成，且于 1999 年重新修改了该标准。BS 7799 分为两个部分：BS 7799-1，《信息安全管理实施规则》；BS 7799-2《信息安全管理体系规范》。其中 BS 7799-1:1999 于 2000 年 12 月通过 ISO/IECJTC1（国际标准化组织和国际电工委员会的联合技术委员会）认可，正式成为国际标准，即 ISO/IEC 17799:2000《信息技术-信息安全管理实施细则》。这是 ISO 表决通过最快的一个标准，足见世界各国对该标准的关注和接受程度。而在 2002 年 9 月 5 日英国标准化协会又发布了新版本 BS 7799-2:2002 替代 BS 7799-2:1999。

2. ISO/IEC 27000

信息安全管理体系（Information Security Management System，ISMS）是 ISO 发展的一个

信息安全管理标准族。

2005 年 10 月，BS 7799-2 正式成为 ISO 27001。这是建立信息安全管理体系的一套规范（Specification for Information Security Management　Systems），其中详细说明了建立、实施和维护信息安全管理体系的要求，可用来指导相关人员去应用 ISO/IEC 17799，其最终目的在于建立满足企业需要的信息安全管理体系。

3. ISO/IEC 27001

ISO 27001 的特点在于定义了包括风险评估、风险处理和管理决策的风险管理方法的持续改进模型，以及衡量了内部和外部可审计的规范的有效性。

ISO 27001 定义了"6 步过程"并使用了"PDCA 方法"。

其中的 6 步过程为：

（1）定义信息安全策略；

（2）定义信息安全管理体系的范围；

（3）进行信息安全风险评估；

（4）管理标识出风险；

（5）选择控制措施以供实施和应用；

（6）准备一份适用性声明。

4. ISO/IEC 27002

ISO 17799 是最广为人知的信息安全管理标准之一。ISO 17799 最早是英国贸工部颁布的实践指南。英国贸工部主要根据石油公司使用的国内安全标准制定信息安全管理标准：1995 年由英国标准协会颁布为 BS 7799，2000 年成为国际标准 ISO17799；2005 年 6 月 15 日经过改版发布为 ISO 17799：2005。BSI 还将不断制定信息安全管理相关的不断变化的风险、控制措施和最佳实践。ISO 17799：2005 已于 2007 年改名和更新为 ISO 27002。

其中控制措施有以下这些变化。

（1）控制措施的组织方式的变化。每个控制措施由原来的控制措施以及一些实施指南和其他支持信息转变为包含三个部分：

① 控制措施综述。描述控制措施为了什么，定义了满足控制目标的特定控制措施的描述。

② 实施指南。帮助特定组织实施控制措施的详细指南。提供了更加详细的实施控制措施和相关指南，以满足控制措施和控制目标。这些信息和指南不一定适合所有的情况，也可能有更适合的实施方式。

③ 需要考虑的其他信息，提供了与实施控制措施相关的解释性说明，包括实施控制措施时应该考虑的那些因素（例如法律因素的考虑等）的描述。

（2）从控制目标和控制措施数量上的改变，经过删除、重构和重新插入后的控制领域和控制措施，增加了 17 个新的控制措施，删除了 9 个旧的控制措施，保留了 118 个控制措施。

5. ISO/IEC 27003

ISO 27003 将是 ISO 27000 系列标准的实施指南，包括有关 PDCA 过程的详细的指导和帮助、ISMS 的范围和策略、资产的标识、监视和检查、持续改进等内容。

6. ISO/IEC 27004

ISO 27004 目前正在制定当中，它将是全新的信息安全管理度量和衡量的标准，可以帮助衡量信息安全管理体系实施的有效性，包括管理过程（ISO 27001）和控制措施（ISO 17799/27002）的有效性。这些度量指标的制定，可能会部分参考 NIST SP 800-55 "IT 系统安全度量指南"。

7. ISO/IEC 27005

BS 7799 系列将出现一个新的标准：BS 7799-3-in-formation security management systems-guidelines for infor-marion security risk management 信息安全管理体系——信息安全风险管理指南，ISO 27005 将是即将出版的 BS7799-3 的 ISO 版本，目前 BS 7799-3:2006 已发布。

ISO 27005 将为 ISO 27001 提供风险管理指南，包括评估风险、实施适当的控制措施、不断或定期监视和检查风险、维护和持续改进控制措施体系。

8. ISO/IEC 27006

ISO 27006 将是一个信息和通信技术灾难恢复服务指南的新标准，目前在初步设计中。

9. 我国采取的措施

我国政府主管部门以及各行各业已经认识到信息安全的重要性。政府部门开始出台一系列相关策略，直接牵引、推进信息安全的应用和发展。由政府主导的各大信息系统工程和信息化程度要求非常高的相关行业，也开始出台对信息安全技术产品的应用标准和规范。国务院信息化工作小组最近颁布的《关于我国电子政务建设指导意见》也强调电子政务建设中信息系统安全的重要性；中国人民银行正在加紧制定网上银行系统安全性评估指引，并明确提出对信息安全的投资要达到 IT 总投资的 10%以上，而在其他一些关键行业，信息安全的投资甚至已经达到总 IT 预算的 30%～50%。

2002 年 4 月，我国成立了"全国信息安全标准化技术委员会（TC260）"，该标委会是在信息安全的专业领域内，从事信息安全标准化工作的技术工作组织。信息安全标委会设置了10 个工作组，其中信息安全管理（含工程与开发）工作组（WG7）负责对信息安全的行政、技术、人员等管理提出规范要求及指导指南，它包括信息安全管理指南、信息安全管理实施规范、人员培训教育及录用要求、信息安全社会化服务管理规范、信息安全保险业务规范框架和安全策略要求与指南。目前，WG7 工作组正在着手制定推荐性国家标准《信息技术信息安全管理实用规则》，该标准的采用程度为等同采用标准，也就是说该标准与 ISO/IEC 17799 相同，除了纠正排版或印刷错误、改变标点符号、增加不改变技术内容的说明和指示之外不改变标准技术的内容。

BS7799 提供了一套综合的、由信息安全最佳措施组成的实施规则和管理要求，它涵盖了几乎所有的安全议题，非常适合于作为工商业及大、中、小组织的信息系统在大多数情况下所需的控制范围所确定的参考基准。虽然我国信息安全标委会不是将 ISO/IEC 17799 作为强制性国家标准引入，而是仅作为推荐性国家标准推行，但是企业和组织仍然可以将 ISO/IEC 17799 作为衡量信息安全管理体系规范程度的标准。建立信息安全管理体系并获得认证机构的认证，不仅能提高组织自身的安全管理水平，将企业的安全风险控制在可接受的程度，减少信息安全遭到破坏带来的损失，保证业务的可持续运作；并且能向客户及利益相关方展示组织对信息安全的承诺，增强投资方和股票持有者的投资信心，向政府及行业主管部门证明组织符合相关法律法规，并且得到国际的承认。尤其对于银行、证券、电子商务、ISP 等服务提供商来说，可以借此向客户展示其服务相比其他竞争对手更加安全、可靠，并树立和增强企业的信息安全形象，提高企业的综合竞争力。

6.2.2 BS 7799 主要内容

BS 7799 内容主要由两大部分组成：BS 7799-1：2000（《信息安全管理实施细则》）以及 BS 7799-2：2002（《信息安全管理体系规范》）。

1. BS 7799-1

作为国际信息安全指导标准 ISO / IEC17799 基础的指导性文件，主要让负责开发的人员作为参考文档使用，从而在他们的机构内部实施和维护信息安全。这一部分包括十大管理要项，36 个执行目标，127 种控制方法。它涵盖了信息系统日常安全管理和控制方面的内容，提供了一个可持续提高的信息安全管理环境。图 6-2 给出了 BS 7799-1 标准的体系结构。

一、安全方针（Security Policy）（1,2）（附注）

二、安全组织（Security Organization）（3,10）

三、资产分级与控制（Asset Classification and Control）（2,3）

四、人员安全（Personnel Security）（3,10）	五、物理与环境（Physical and Environmental Security）（3,13）	六、通信与操作管理（Communications and Operations Management）（7,24）	八、系统开发与维护（Systems Development and Maintenance）（5,18）

七、访问控制（Access Control）(8,31)

九、业务持续管理（Business Continuity Management）(1,5)

十、符合性（Compliance）（3，11）

图 6-2 BS7799-1 体系结构

表 6-1 给出了 BS 7799-1 标准的主要内容。

表 6-1   **BS 7799-1 标准的主要内容**

标准	目的	内容
安全方针	为信息安全提供管理方向和支持	建立安全方针文档
安全组织	建立组织内的管理体系以便安全管理	组织内部信息安全责任；信息采集设施安全；可被第三方利用的信息资产的安全；外部信息安全评审；外包合同的安全
资产分类与控制	维护组织资产的适当保护系统	利用资产清单、分类处理、信息标签等对信息资产进行保护
人员安全	减少人为造成的风险	减少错误、偷窃、欺骗或资源误用等人为风险；保密协议；安全教育培训；安全事故与教训总结；惩罚措施
物理安全与环境安全	防止对关于 IT 服务的未经许可的介入、损伤和干扰服务	阻止对工作区与物理设备的非法进入；业务机密和信息非法的访问、损坏、干扰；组织资产的丢失、损坏或遭受风险；桌面与屏幕管理阻止信息泄露
通信与操作管理	保证通讯和操作设备的正确和安全维护	确保信息处理设备正确和安全的操作；降低系统失效的风险；保护软件和信息的完整性；维护信息处理和通讯的完整性和可用性；确保网络信息的安全措施和支持基础结构的保护；防止资产被损坏和业务活动被干扰中断；防止组织间的交易信息遭受损坏、修改或误用

续表

标准	目的	内容
访问控制	控制对商业信息的访问	控制访问信息；阻止非法访问信息系统；确保网络服务得到保护；阻止非法访问计算机；检测非法行为；保证在使用移动计算机和远程网络设备时信息的安全
系统开发与维护	保证系统开发与维护的安全	确保信息安全保护深入到操作系统；阻止应用系统中的用户数据丢失、修改或误用；确保信息的保密性、可靠性和完整性；确保 IT 项目工程及其活动在安全的方式下进行；维护应用程序软件和数据的安全
业务持续管理	防止商业活动中断和灾难事故的影响	防止商业活动的中断；防止关键商业过程受到重大失误或灾难的影响
符合性	避免任何违反法令、法规、合同约定及其他安全要求的行为	避免违反刑法、民法、条例、遵守契约责任以及各种安全要求；确保组织系统符合安全方针和标准；使系统审查过程的绩效最大化，并将干扰因素降到最小

2. BS 7799-2

作为信息安全管理体系 ISMS（Information Security Management System）的规范，BS 7799-2 详细说明了建立、实施和维护信息安全管理体系的要求，规定了建立、实施信息安全管理体系的文档。

BS 7799 完整覆盖了当前信息安全中的所有内容，提供了信息安全的统一的规范和要求。但是它没有详细说明信息安全管理是如何实施的，需要科学的流程和方法来指导实施。

信息安全管理系统的规范，详细说明了建立、实施和维护信息安全管理系统（ISMS）的要求，指出实施组织需遵循某一风险评估来鉴定最适宜的控制对象，并对自己的需求采取适当的控制措施。本部分提出了建立信息安全管理体系的步骤，如图 6-3 所示。

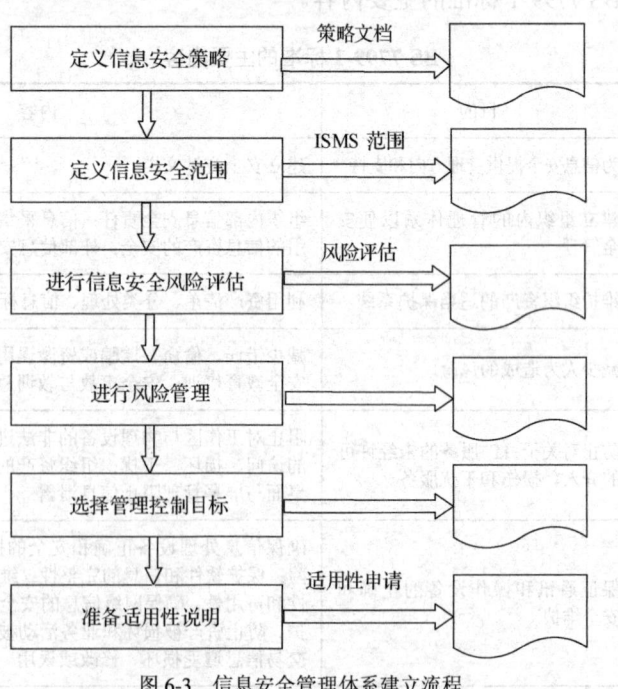

图 6-3　信息安全管理体系建立流程

（1）定义信息安全策略

信息安全策略是组织信息安全的最高方针，需要根据组织内各个部门的实际情况，分别制订不同的信息安全策略。例如，规模较小的组织单位可能只有一个信息安全策略，并适用于组织内所有部门、员工；而规模大的集团组织则需要制订一个信息安全策略文件，分别适用于不同的子公司或各分支机构。信息安全策略应该简单明了、通俗易懂，并形成书面文件，分发给组织内的所有成员。同时要对所有相关员工进行信息安全策略的培训，对信息安全负有特殊责任的人员要进行特殊的培训，使信息安全方针植根于组织内所有员工并落实到实际工作中。

（2）定义 ISMS 的范围

定义 ISMS 的范围首先需要确定重点进行信息安全管理的领域，组织需要根据自己的实际情况，在整个组织范围内或者在个别部门或领域内来构架 ISMS。在本阶段，应将组织划分成不同的信息安全控制领域，以易于组织对有不同需求的领域进行适当的信息安全管理。

（3）进行信息安全风险评估

信息安全风险评估的复杂程度取决于风险的复杂程度和受保护资产的敏感程度，所采用的评估措施应该与组织对信息资产风险的保护需求相一致。风险评估主要对 ISMS 范围内的信息资产进行鉴定和估价，然后对信息资产面对的各种威胁进行评估，同时对已存在的或规划的安全管制措施进行鉴定。风险评估主要依赖于商业信息和系统的性质、使用信息的商业目的、所采用的系统环境等因素，组织在进行信息资产风险评估时，需要将直接后果和潜在后果一并考虑。

（4）信息安全风险管理

根据风险评估的结果进行相应的风险管理。信息安全风险管理主要包括以下几种措施。

① 降低风险：在考虑转嫁风险前，应首先考虑采取措施降低风险。

② 避免风险：有些风险很容易避免，例如通过采用不同的技术、更改操作流程、采用简单的技术措施等。

③ 转嫁风险：通常只有当风险不能被降低或避免且被第三方（被转嫁方）接受时才被采用。一般用于低概率、但一旦风险发生时会对组织产生重大影响的风险。

④ 接受风险：用于那些在采取了降低风险和避免风险措施后，出于实际和经济方面的原因，只要组织进行运营，就必然存在并必须接受的风险。

（5）确定管制目标和选择管制措施

管制目标的确定和管制措施的选择的原则是费用不超过风险所造成的损失。由于信息安全是一个动态的系统工程，组织应实时对选择的管制目标和管制措施加以校验和调整，以适应变化的情况，使组织的信息资产得到有效、经济、合理的保护。

（6）准备信息安全适用性声明

信息安全适用性声明纪录了组织内相关的风险管制目标和针对每种风险所采取的各种控制措施。信息安全适用性声明的准备，一方面是为了向组织内的员工声明对信息安全面对的风险的态度，在更大程度上则是为了向外界表明组织的态度和作为，以表明组织已经全面、系统地审视了组织的信息安全系统，并将所有有必要管制的风险控制在能够被接受的范围内。

6.3 信息安全管理体系简介

信息安全管理体系（Information Security Management System，ISMS）起源于英国标准协会（British Standards Institution，BSI）二十世纪 90 年代制定的英国国家标准 BS 7799，是系统化管理思想在信息安全领域的应用。

信息安全管理体系（ISMS）指的是在一定范围内建立的信息安全方针和目标，以及为实现这些方针和目标所采用的文件体系和方法的总和。

组织过程指的是应在面临风险的环境下，针对其整体业务活动建立、实施、运行、监视、评审、保持和改进文件化的信息安全管理体系。

通过制定一系列文件，建立一个系统化、程序化与文件化的管理体系，来保障组织的信息安全。这个过程在组织管理层的直接授权下，由信息安全管理体系的领导小组来负责实行。BS 7799-2 和 ISO/IEC 27001:2005《信息技术——安全技术——信息安全管理体系要求》是信息安全管理体系实施过程中的重要依据。对应的我国国家标准是 GB/T 22080-2008《信息技术——安全技术——信息安全管理体系要求》。信息安全管理体系规范如图 6-4 所示。

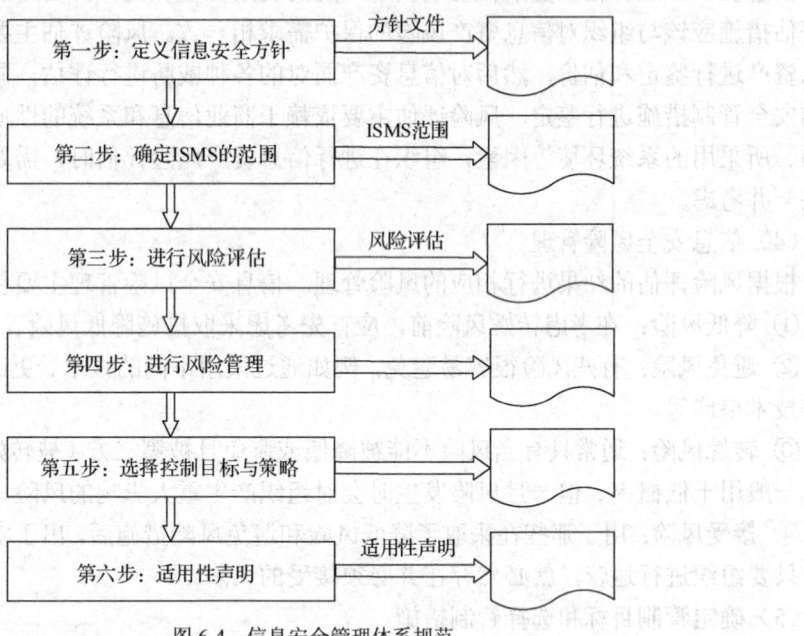

图 6-4　信息安全管理体系规范

"规划（Plan）-实施（Do）-检查（Check）-处置（Action）"（PDCA）循环模型被采用在信息安全管理体系的实施过程中。

PDCA 循环是由美国质量管理专家戴明（W.E.Deming）提出的，所以又称为"戴明环"（Deming Cycle）。PDCA 循环又叫质量环，是管理学中的一个通用模型，最早由休哈特于 1930 年构想，后来被戴明博士在 1950 年再度挖掘出来，并加以广泛宣传并运用于持续改善产品质量的过程。它是有效进行任何一项工作的合乎逻辑的工作程序，在质量管理中应用良多，并取得了很好的效果。

事实上，建立与管理信息安全管理体系与其他管理体系十分相似，需要采用过程的方法开发、实施和改进一个组织的信息安全管理体系，而 PDCA 循环是实施信息安全管理的有效模式，可应用于所有的信息安全管理体系过程，能够实现对信息安全管理只有起点、没有终点的连续改进，逐渐提高信息安全管理水平。

信息安全管理体系具有以下特征。

（1）体系的建立基于系统、全面、科学的安全风险评估，体现以预防控制为主的思想，强调遵守国家有关信息安全的法律法规及其他合同方的要求。

（2）强调全过程和动态控制，本着控制费用与风险平衡的原则合理选择安全控制方式。

（3）强调保护组织所拥有的关键性信息资产，而不是全部信息资产，确保信息的机密性、完整性和可用性，保持组织的竞争优势和商务运作的持续性。

信息安全管理体系的 PDCA 循环具有以下内容。

（1）计划（Plan）——根据风险评估结果、法律法规要求、组织业务运作自身需要来确定控制目标与控制措施。

（2）实施（Do）——实施所选的安全控制措施。

（3）检查（Check）——依据策略、程序、标准和法律法规，对安全措施的实施情况进行符合性检查。

（4）改进（Action）——根据 ISMS 审核、管理评审的结果及其他相关信息，采取纠正和预防措施，实现 ISMS 的持续改进。

具体过程如图 6-5 所示。

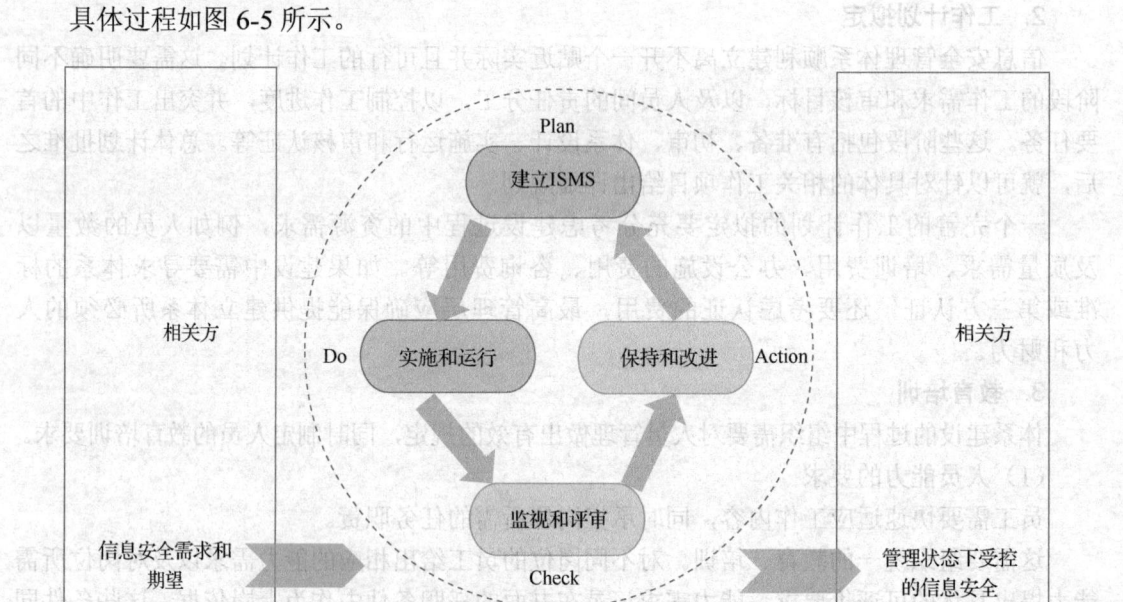

图 6-5　应用于 ISMS 过程的 PDCA 模型

6.4　信息安全管理体系的过程

信息安全管理体系过程主要分为 6 个部分：准备、建立、实施和运行、监视和评审、保持和改进、认证。每个部分既相互独立，又相互影响，共同构成信息安全管理体系结构。

6.4.1　信息安全管理体系的准备

1．组织与人员建设

信息安全管理体系的成功建立离不开有效的信息安全组织机构和相关人员的合理分配。需要对相关的各类人员明确权限并落实责任。

首先需要成立信息安全委员会。信息安全委员会由组织的最高管理层与信息安全管理有关的部门负责人、管理人员、技术人员等组成，定期展开会议讨论，就信息安全方针审核、管理职责分配、信息安全事故的评审、风险评估结果的评估等重要信息安全管理问题进行分析做出决策，为信息安全管理体系的建设提供指导与帮助。

然后需要组建信息安全管理推进小组。在信息安全委员会批准下，任命信息安全管理经理，并由信息安全管理经理组建信息安全管理推进小组。小组成员一般是企业各部门的精英成员，要求懂得信息安全技术相关知识，有一定的信息安全管理能力，并有良好的分析能力和扎实的文字功底。这些组织都要保持合适的管理层次和控制范围，并具有一定的独立性，坚持执行与监督两大部门分开治理的原则。

最后需要保证人员的职责和权限得到落实。通过培训、学习等方式，使得相关职员明白自身权限责任，以及与其他部的关系，确保全体员工相互配合，有效地开展活动，为信息安全管理体系的建设贡献力量。

2．工作计划拟定

信息安全管理体系顺利建立离不开一个贴近实际并且可行的工作计划。这需要明确不同阶段的工作需求和审核目标，以及人员间的责任分工，以控制工作进度，并突出工作中的首要任务。这些阶段包括有准备、初审、体系设计、实施运行和审核认证等。总体计划批准之后，就可以针对具体的相关工作项目给出详细规划。

一个完善的工作计划的拟定要充分考虑建设过程中的资源需求，例如人员的数量以及质量需求、培训费用、办公设施的费用、咨询费用等。如果建设中需要寻求体系的标准或第三方认证，还要考虑认证的费用，最高管理层应确保能提供建立体系所必须的人力和财力。

3．教育培训

体系建设的过程中组织需要对人员管理做出有效的规定，同时制定人员的教育培训要求。

（1）人员能力的要求

员工需要快速适应工作内容，同时承担岗位所需的任务职责。

这需要组织统一的教育、培训。对不同岗位的员工给出相应的能力需求以及对岗位所需能力提出具体的可评价要求。能力需求记录在书面的任职条件中作为上岗依据。这些条件同样会依据组织环境等因素的变化而不断变更。

（2）教育培训的要求

人员的教育和培训对于提高信息安全管理体系的质量有着重要作用。所有的员工以及相关第三方都要接受相关的教育与培训。教育与培训中应该涵盖如下内容：安全需求、业务控制、法律责任、专业技能以及正确使用设备等。

首先要确定教育与培训的需求。人员的教育培训中应当考虑不同层次和不同阶段的任务、所需能力、文化程度的要求以及可能面临的风险。

其次要编制教育与培训的计划。根据各部门提出的教育与培训需求编制教育与培训计划。计划中应该包括教育与培训的对象、考核方式、项目与要求、主要内容、责任部门（人）等。

同时需要确定教育与培训的内容和方式。其中包括信息安全相关专业的继续教育、相关的法律法规一级政策、信息安全知识和安全技能的培训等。

4. 相关资源配置与管理

信息安全管理体系 ISMS 中的"管理"是指通过计划、组织、领导、控制等环节来协调人力、物力、财力等资源，以期有效达到组织信息安全目标的活动。

管理层必须按计划的时间间隔（至少一年一次）评审 ISMS，以确保其持续的合适性、充分性和有效性。评审必须包括评估 ISMS 的改进机会和变更需要，包括信息安全策略和信息安全目标。评审结果必须清楚地记入文件，并做好维护工作。

管理评审的输入必须包括以下内容。

（1）ISMS 审核和评审的结果。

（2）相关方的反馈。

（3）在组织中可以用来改善 ISMS 绩效和有效性的技术、产品或程序。

（4）预防和纠正措施的实施情况。

（5）上次风险评估未充分指出的弱点或威胁。

（6）有效性测量的结果。

（7）对上次管理评审后所采取措施进行验证的结果。

（8）任何可能影响 ISMS 的变化。

（9）改进建议。

管理评审的输出必须包括与以下方面有关的任何决定和措施。

（1）ISMS 有效性的改进。

（2）更新风险评估和风险处置计划。

（3）必要时，针对以下方面的变化和可能影响 ISMS 的内外部事件，修订促进信息安全的程序和控制：

① 业务要求；

② 安全要求；

③ 实现现有业务要求的业务过程；

④ 法律法规；

⑤ 合同责任；

⑥ 风险接受准则/风险接受水平；

⑦ 资源需求；

⑧ 改进测量控制措施有效性的方法。

6.4.2 信息安全管理体系的建立

在建立一个信息安全管理体系时，首先要建立的是一个合理规范的管理框架。根据 ISO/IEC 27001 从信息系统的所有层面进行整体安全建设，并从信息系统出发，通过建立资产清单，进行风险分析，选择控制目标与措施等相关步骤，建立整个信息安全管理体系。

要启动 PDCA 循环，必须有"启动器"：提供必需的资源、选择风险管理方法、确定评审方法、文件化实践。设计策划阶段就是为了确保正确建立信息安全管理体系的范围和详略程度，识别并评估所有的信息安全风险，为这些风险制定适当的处理计划。策划阶段的所有重要活动都要被文件化，以备将来追溯和控制更改情况。

1. 确定 ISMS 安全方针

安全方针是关于在一个组织内，指导如何对信息资产进行管理、保护和分配的规则、指示，是组织信息安全管理体系的基本方法。组织的信息安全方针，描述信息安全在组织内的重要性，表明管理层的承诺，提出组织管理信息安全的方法，为组织的信息安全管理指出方向并提供支持。

信息安全方针的目标是为信息安全提供管理指导和支持。

管理者应该制定一套清晰的指导方针，并通过在组织内对信息安全方针的发布和保持来证明对信息安全的支持与承诺。

ISMS 信息安全方针的重要意义是统领整个体系的方向，指导对体系中的资产进行管理、保护和分配。其方针内容应当简明扼要。

信息安全方针的制定时间需要在 ISMS 实施的前期。制定信息安全方针应该参考以下原则。

（1）包括制定目标框架和建立信息安全工作的总方向和原则。

（2）考虑业务和法律法规的需求以及合同中包含的安全义务。

（3）建立保持 ISMS 在风险管理环境下。

（4）建立风险评价的准则和评估架构。

（5）得到管理层的许可。

表 6-2 给出了电子科技大学网络系统 ISMS 安全方针。

表 6-2　　　　　　　　　　　电子科技大学网络系统 ISMS 安全方针

文件名称	电子科技大学网络系统信息安全方针	
编号	电子科技大学网络系统-001	
版本	版本　Version 1.0	
密级	绝密	
文件审定	姓名	部门
	昝浩	网安部
	李泽华	网安部
复核计划	复核时间	复核结果
	2016.12.1	合格
	2016.12.5	合格
目标	提高电子科技大学全体员工的安全意识，积极做好预防工作，贯彻落实安全方针和各项安全措施，保护学校网络安全运行	
适用范围	本信息安全管理方针适用于电子科技大学所有网络相关的业务，以及所有用于保护电子科技大学的信息资产	

	电子科技大学成立信息安全委员会来领导信息安全工作
	电子科技大学所有员工都必须接受信息安全的教育培训，提高信息安全意义
相关内容	建立完整的事故处理程序
	对网络访问进行严格控制
	定期对本方针进行回顾和评审
实施时间	本方针自签发之日起，正式实施

2. 确定 ISMS 范围

根据业务、组织、位置、资产和技术等方面的特性，确定 ISMS 的范围和边界。

信息安全管理体系可以覆盖组织的全部或者部分。无论是全部还是部分，组织都必须明确界定体系的范围，如果体系仅涵盖组织的一部分这就变得更重要了。

组织需要文件化信息安全管理体系的范围，信息安全管理体系范围文件应该涵盖：

（1）确立信息安全管理体系范围和体系环境所需的过程；

（2）战略性和组织化的信息安全管理环境；

（3）组织的信息安全风险管理方法；

（4）信息安全风险评价标准以及所要求的保证程度；

（5）信息资产识别的范围。

在这种情况下，上下级控制的关系有下列两种可能。

（1）下级信息安全管理体系不使用上级信息安全管理体系的控制：在这种情况下，上级信息安全管理体系的控制不影响下级信息安全管理体系的 PDCA 活动。

（2）下级信息安全管理体系使用上级信息安全管理体系的控制：在这种情况下，上级信息安全管理体系的控制可以被认为是下级信息安全管理体系策划活动的"外部控制"。尽管此类外部控制并不影响下级信息安全管理体系的实施、检查、措施活动，但是下级信息安全管理体系仍然有责任确认这些外部控制提供了充分的保护。

3. 定义风险评估的系统性方法

确定信息安全风险评估方法，并确定风险等级准则。评估方法应该和组织既定的信息安全管理体系范围、信息安全需求、法律法规要求相适应，兼顾效果和效率。组织需要建立风险评估文件，解释所选择的风险评估方法、说明为什么该方法适合组织的安全要求和业务环境，介绍所采用的技术和工具，以及使用这些技术和工具的原因。评估文件还应该规范下列评估细节。

（1）信息安全管理体系内资产的估价，包括所用的价值尺度信息。

（2）威胁及薄弱点的识别。

（3）可能利用薄弱点的威胁的评估，以及此类事故可能造成的影响。

（4）以风险评估结果为基础的风险计算，以及剩余风险的识别。

4. 实施 ISMS 风险评估

安全管理中最基本的一步便是风险评估，它为 ISMS 的控制目标与控制措施的选择提供依据，也是对安全控制的效果进行评价的主要方法。根据资产保密性、完整性或可用性丢失的潜在影响，评估由于安全失败（failure）可能引起的商业影响；根据与资产相关的主要威胁、薄弱点及其影响，以及目前实施的控制，评估此类失败发生的现实可能性；根据既定的风险等级准则，确定风险等级。

组织应考虑评估的目的、范围、时间、效果、人员素质等因素，确定适合 ISMS、相关业务的信息安全和法律法规要求的风险评估方法。这些评估方法可以参照 ISO/IEC13335-3：1998《IT 安全管理技术》中描述的风险评估方法的例子，或者 SP 800-30《IT 系统风险管理指南》等提供的风险评估的步骤和方法，另外，还可以参考一些组织提出的风险评估工具，例如卡内基·梅隆大学软件工程研究所下属的 CERT 协调中心开发的可操作的关键威胁、资产和薄弱点评估工具 OCTAVE（Operationally Critical Treat, Asset, and Vulnerability Evaluation）、Microsoft 公司提供的安全风险评估工具 MSAT（Microsoft Security Assessment Tool）、英国政府中央计算机与电信局（Central Computer and Telecommunications Agency, CCTA）开发的一种支持定性分析的定量风险分析工具 CRAMM（CCTA Risk Analysis and Management Method）、美国国家标准技术局（NIST）发布的可用来进行安全风险自我评估的自动化工具 ASSET（Automated Security Self-Evaluation Tool）等。

风险评估在建立、实施、运行、监视、评审、保持和改进 ISMS 的整个过程中都是非常关键的。风险评估的质量，直接影响着 ISMS 建设的成败。BS 7799 采用了 ISO/IEC 13335 的风险评估方法，把风险定义为特定威胁利用资产的一种或一组脆弱点，从而导致资产的丢失或损害的潜在可能性。风险评估是对信息和信息处理设施的威胁、影响和脆弱点及三者发生的可能性评估，即利用适当的风险评估工具，包括定性和定量的方法，确定资产风险等级和优先控制顺序等。

风险评估的过程主要包括风险识别和风险评估两大阶段。在风险评估过程中，首先要对 ISMS 范围内的信息资产进行鉴定和估价，然后对信息资产面对的各种威胁和脆弱性进行评估，同时对已存在的或规划的安全控制措施进行鉴定。

（1）风险识别

风险识别是风险管理的第一步，也是风险管理的基础。只有在正确识别出自身所面临的风险的基础上，人们才能够主动选择适当有效的方法进行处理。

风险识别是指在风险事故发生之前，人们运用各种方法系统的、连续的认识所面临的各种风险以及分析风险事故发生的潜在原因。风险识别过程包含感知风险和分析风险两个环节。

感知风险：即了解客观存在的各种风险，是风险识别的基础，只有通过感知风险，才能进一步在此基础上进行分析，寻找导致风险事故发生的条件因素，为此拟定风险处理方案，进行风险管理决策服务。

分析风险：即分析引起风险事故的各种因素，它是风险识别的关键。

① 用感知、判断或归类的方式对现实的和潜在的风险性质进行鉴别的过程。

② 存在于人们周围的风险是多样的，既有当前的也有潜在于未来的，既有内部的也有外部的，既有静态的也有动态的，等等。风险识别的任务就是要从错综复杂环境中找出经济主体所面临的主要风险。

③ 风险识别一方面可以通过感性认识和历史经验来判断，另一方面也可通过对各种客观的资料和风险事故的记录来分析、归纳和整理，以及必要的专家访问，从而找出各种明显和

潜在的风险及其损失规律.因为风险具有可变性，因而风险识别是一项持续性和系统性的工作，要求风险管理者密切注意原有风险的变化，并随时发现新的风险。

（2）风险评估

风险评估（Risk Assessment）是指，在风险事件发生之前或之后（但还没有结束），对该事件给人们的生活、生命、财产等各个方面造成的影响和损失的可能性进行量化评估的工作。即风险评估就是量化测评某一事件或事物带来的影响或损失的可能程度。

从信息安全的角度来讲，风险评估是对信息资产（即某事件或事物所具有的信息集）所面临的威胁、存在的弱点、造成的影响，以及三者综合作用所带来风险的可能性的评估。作为风险管理的基础，风险评估是组织确定信息安全需求的一个重要途径，属于组织信息安全管理体系策划的过程。

5. 进行 ISMS 风险管理

根据风险评估的结果，以及相关的法律法规、合同和业务的需要，可以通过以下 4 种方法进行风险管理。

（1）接受风险

风险接受，即风险自留，是指项目的业主承担风险造成的损失。显然，那些造成损失较小、重复性较高的风险是最适合于自留的，典型的例子包括机动车保险和医疗保险中的免赔额。风险接受是一种财务性的管理技术，风险接受的程度是由所处的金融环境和可能造成的损失所决定的。

很多人倾向于选择风险转移对策，但不是所有风险都是可转移的，或者说将这些风险转移是不经济的。除此之外，在某些情况下，自留一部分风险也是合理的。例如，工程保险如果采用的是全额保险，那么保险费可能非常高，而如果规定一个合适的免赔额，则可以大大降低保险费。采用风险接受对策时的相关因素包括保险费的多少、最大可能损失、不投保的可能损失额等。

根据风险管理人员是否意识到风险的情况可以将风险接受对策分为非计划性风险接受和计划性风险接受。前者发生在风险管理人员没有意识到项目风险存在或低估风险后果的情况下，这种情况在实际项目实施过程中应着力避免；后者发生在风险管理人员经过合理的分析和评价，主动地转移相关风险的潜在损失的情况下。

（2）避免风险

风险避免即放弃或不进行可能带来损失的活动或工作。例如，为了避免洪水风险，可以把工厂建在地势较高、排水方便的地方；为避免飞机失事的风险，不乘坐飞机。

任何经济单位对风险的对策，首先考虑到的是避免风险，尤其是尽可能地避免静态风险。当风险所造成的损失不能由该项目可能获得利润予以抵消时，避免风险是最可行的简单方法。

避免风险是一种简单、彻底的风险处理方法，但也是一种消极的方法，具有很大的局限性。

首先，在许多情况下，风险无法避免；其次，为了避免风险，可能不得不放弃与此类风险相联系的利益；最后，为回避某类风险而采取新的行动，这又有可能面临其他新的风险，而要回避所有风险是不可能的，除非终止一切活动。

因此，在采取这一方法时，必须仔细衡量各种风险，以决定哪些是该回避的，哪些是不该回避的。在衡量过程中需注意以下因素：与放弃的活动相联系的利益；回避的风险大小；面临新风险的大小；新风险的处理成本及与新风险相关联的利益等。

（3）降低风险

降低风险是通过选择控制目标与控制措施来降低评估确定的风险。为了使风险降低到可接受的水平，需要结合以下各种控制措施来降低风险。

① 减少威胁发生的可能性。

② 减轻并弥补系统的脆弱性。

③ 把安全事件的影响降低到可接受的水平。

④ 检测意外事件，并从意外事件中恢复。

（4）转移风险

转移风险是通过合同或非合同的方式将风险转嫁给另一个人或单位的一种风险处理方式。

风险转移是对风险造成的损失的承担的转移，在国际货物买卖中具体是指原有卖方承担的货物的风险在某个时候改为买方承担。

转移风险是组织在无法避免风险时的一种可能的选择，或者在减少风险很困难、成本很高时采取的一种方法。例如，对已评估确认的价值较高，风险较大的资产进行保险，把风险转移给保险公司，另外，还有以下转移风险的方式：

① 把关键业务的处理过程外包给拥有更好设备和更高水平专业人员的第三方组织。要注意的是，在与第三方签署服务合同时，要详细描述所有的安全需求、控制目标与控制措施，以确保第三方提供服务时也能提供足够的安全。尽管这样，在许多外包项目的合同条款中，外购的信息的安全责任大部分还是落在组织自己身上，对这一点要有清醒的认识。

② 把重要资产从信息处理设施的风险区域转移出去，以减少信息处理设施的安全要求。比如，一份高度机密的文件使得存储与处理该文件的网络风险倍增，将该文件转移到一个单独的 PC 机上，风险也就明显降低。

在风险被降低或转移后，还会有残余风险，对于残余风险，也应该有相应的控制措施，以避免不利的影响被扩大的可能性。

6. 选择控制目标与措施

信息安全控制措施是组织中为解决某些信息安全问题的目的、范围和步骤的整合，即为信息安全策略，例如防火墙策略、访问控制策略等。

组织应根据信息安全风险评估的结果，针对具体风险，制定相应的控制目标，并实施相应的控制措施。在选择控制目标与控制措施时，应考虑组织的文件以及策略的可实施性。

对控制目标与控制措施的选择应当由安全需求来驱动，选择过程应该是基于优先满足安全需求，同时要考虑风险平衡与成本效益的原则，并且要考虑信息安全的动态系统工程过程，对所选择的控制目标和控制措施要及时加以校验和调整，以适应不断变化的情况，使信息资产得到有效的、经济的、合理的保护。

7. 准备适用性声明

信息安全适用性声明记录了组织内相关的风险管制目标和针对每种风险所采取的各种控

制措施。信息安全适用性声明的准备，一方面是为了向组织内的员工声明对信息安全面对的风险的态度，另一方面则是为了向外界表明组织的态度和作为，以表明组织已经全面、系统地审视了组织的信息安全系统，并将所有有必要管制的风险控制在能够被接受的范围内。组织可以只选择适合本机构使用的部分，而不适合使用的，可以不选择。对于这些使用和不使用的部分，都必须作出声明，即建立 SoA 文件。

SoA 文件为描述与组织的信息安全管理体系相关的和适用的控制目标和控制措施的文档。SoA 文件中记录了组织内相关的风险控制目标和针对每种风险所采取的各种控制措施，并包括这些控制措施的选择或弃用原因。表 6-3 给出了一个适用性声明的示例。

表 6-3   适用性声明

适用性声明		
控制（ISO/IEC 27001：2005 附录 A）	是否选择	说明
A.5.1.1 信息安全方针文件	是	信息安全方针文件应由管理者批准、发布并传达给所有员工和外部相关方
A.5.1.2 信息安全方针的评审	是	应按计划的时间间隔或当重大变化发生时进行信息安全方针评审，以确保他持续的适宜性、充分性和有效性
A.6.1.2 信息安全协调	是	信息安全活动应由来自组织不同部门并具备相关角色和工作职责的代表进行协调
A.6.1.5 保密性协议	是	应识别并定期评审反映组织信息保护需要的保密性和不泄露协议的的要求
A7.1.1 资产清单	是	应清晰地识别所有资产，编制并维护所有资产的清单
A8.1.1 角色和职责	是	雇员、承包方人员和第三方人员的安全角色和职责应按照组织的信息安全方针定义并形成文件
A9.1.2 物理入口控制	是	安全区域应由适合的入口控制所保护，以确保只有授权的人员才允许访问
A9.2.7 资产的移动	是	设备、信息或软件在授权之前不应带出组织场所
A10.3.1 容量管理	是	资源的使用应加以监视、调整，并作出对于未来容量要求的预测，以确保拥有所需的系统性能
A11.4.4 远程诊和配置端口的保护	否	无相关业务

SoA 文件内容应简明扼要，不泄露组织的保密信息。SoA 文件的准备，是对组织内的员工声明对信息安全风险的态度，特别是向外界表明组织已全面、系统地审视了信息安全系统，并将所有应该得到控制的风险控制在可被接受的范围内等。

6.4.3 信息安全管理体系的实施和运行

信息安全管理体系的规范建立和有效运行是实现信息安全保障的有效手段。

信息安全管理体系建立之后，经过审核与批准并发布实施，信息安全管理体系即进入运行阶段。

在运行期间，要在实践中检验 ISMS 的充分性、适用性和有效性。特别是在初期阶段，组织应加强管理力度，通过实施 ISMS 手册、程序、作业指导书等体系文件，以及教育培训计划、风险处理计划等，评价控制措施的有效性，充分发挥体系本身的各项职能，及时发现存在的问题，找出问题的根源，采取纠正措施．并按照控制程序对体系进行更改，以达到进一步完善 ISMS 的目的。

在实施 ISMS 的过程中，必须充分考虑各种因素，例如宣传贯彻、实施监督、考核评审、信息反馈与及时改进等，还要考虑实施的培训费、报告费等各项费用，以及解决员工工作习惯的冲突、不同机构和部门之间的协调等问题。

在具体的实施和运行 ISMS 过程中，应该做到以下工作。

（1）做好动员与宣传。在实施 ISMS 的前期应召开全体员工会议，由上层管理者做宣传动员，承诺对组织中实施 ISMS 的支持，带头执行 ISMS 的有关规定，并明确提出对各级员工信息安全的职责要求。

（2）实施培训和安全意识教育计划。ISMS 文件的培训是体系运行的首要任务，培训工作的好坏直接影响体系运行的结果。组织应通过恰当的方式，对全体员工实施各种层次的培训，内容包括信息安全意识、信息安全知识与技能及 ISMS 运行程序等，确保有关 ISMS 职责的人员具有相应的执行能力。这些方式包括：

① 确定从事影响 ISMS 工作的人员所必要的能力。

② 提供培训或采取其他措施（例如聘用有能力的人员）以满足这些需求。

③ 评价所采取的措施的有效性。

④ 保持教育、培训、技能、经历和资格的记录。

⑤ 确保相关人员意识到他们的信息安全活动有相关性和重要性，以及如何做出贡献。

（3）制定与实施风险处置计划。为管理信息安全风险，制定风险处置计划，以识别适当的管理措施、资源、职责和优先顺序，并实施该计划，以达到已识别的控制目标，包括资金安排、角色和职责的分配等。

（4）选择控制措施，并评价其有效性。实施风险分析之后选择的控制措施，以满足控制目标的需要，并确定如何测量所选择的控制措施的有效性，使管理者和员工确定控制措施达到既定的控制目标。另外，还要指明如何用这些测量措施来评估控制措施的有效性，以产生可比较的和可再现的结果。

（5）管理 ISMS 的运行。实施对 ISMS 的运行管理，包括以下内容。

① 管理 ISMS 的资源。

② 对有关体系运行的信息进行收集、分析、传递、反馈、处理、归档等管理。

③ 建立信息反馈与信息安全协调机制，对异常信息进行反馈和处理，对出现的体系设计不周、项目不全等问题加以改进，完善并保证体系的持续正常运行。

④ 实施能够迅速检测安全事件和响应安全事故的程序，以及其他控制措施等。

（6）保持 ISMS 的持续有效。ISMS 毕竟只是提供一些原则性的建议，如何将这些建议与组织自身状况结合起来，构架符合实际情况的 ISMS，并保持其有效运行，才是真正具有挑战性的工作。

组织可以通过 ISMS 的监视和定期的审核来验证 ISMS 的有效性，并对发现的问题采取有效的纠正措施并验证其实施结果。ISMS 的运行环境不是一成不变的，当组织的信息系统、组织结构等发生重大变更时，应根据风险评估的结果对 ISMS 进行适当的调整。

6.4.4 信息安全管理体系的监视和评审

1. 监视和评审过程

信息安全管理体系的监视和评审能够识别出与 ISMS 要求不符合的事项，进而识别出不符合发生和潜在不符合发生的原因，并提出需实施的应对措施。这个过程是 ISMS 的 PDCA 过程的"C"处置阶段，组织在此阶段应该做以下工作。

（1）执行监视、评审规程和其他控制措施，以达到如下目的：迅速检测过程运行结果中的错误；迅速识别已经或将要出现的安全违规及事故；使管理者能够确定分配给人员的安全活动或通过信息技术实施的安全活动是否如期执行；通过使用指示器等，帮助检测安全事件并预防安全事故；确定解决安全违规的措施是否有效等。

（2）在考虑安全审核结果、事件、有效性测量结果、所有相关方的建议和反馈的基础上，定期评审 ISMS 的有效性，包括满足 ISMS 方针和目标，以及安全控制措施的评审。

（3）测量控制措施的有效性以验证安全要求是否被满足。

（4）定期进行风险评估的评审，对残余风险和已确定的可接受的风险级别进行评审，并且要考虑各方面的变化，如：组织情况、技术情况、业务目标和过程、已识别的威胁、已实施的控制措施的有效性、法律法规环境的变更、合同义务的变更和社会环境的变更等。

（5）定期进行 ISMS 内部审核和管理评审。表 6-4 给出它们的不同目的、依据等区别。

表 6-4　　　　　　　　　　　　　　　　ISMS 的内部审核与管理评审

	ISMS 内部审核	ISMS 管理评审
目的	确保 ISMS 实施的一致性、可行性	保证 ISMS 持续发展的有效性、完整性、适应性
依据	按照 ISO/IEC 27001 标准以及相关体系文件法律法规	相关法律法规、相关方需求及期望、内部审核成果
结果	根据给出的纠正措施进行跟踪纠正结果	改进 ISMS 过程，提高信息安全管理的整体水平
实施者	与审核领域无直接关系的审核员	最高管理者

2. ISMS 内部审核

ISMS 内部审核，也称第一方 ISMS 审核，是组织自我评估和检查其 ISMS 符合性的一种方法，旨在维护和改进 ISMS。

（1）建立内部 ISMS 审核程序文件

① 执行标准对文件的规定

ISO/IEC 27001:2005 标准"内部 ISMS 审核"规定，组织要建立"内部 ISMS 审核程序"文件。因此这个"内部 ISMS 审核程序"文件是标准要求的必须存在的强制性文件。ISO/IEC 27001:2005 标准还规定"内部 ISMS 审核程序"文件的定义：ISMS 审核计划与审核实施的职责和要求、审核结果报告与记录保持的职责和要求。"内部 ISMS 审核程序"文件也必须包含这些规定。

② 提供最有效的内审管理方法

在实际工作中，最有效的内审管理方法是，利用"内部 ISMS 审核程序"文件，除了定义标准要求的规定外，还控制一系列内审活动及顺序，包括（但不只限于）：

a. 内审适宜时机的确定（包括正常和非正常时期的时间间隔等）；

b. 内审的准备（包括组成审核组、制定审核方案/计划、查阅相关文件和编制检查表等）；

c. ISMS 文件的评审；

d. 首次会议的召开；

e. 现场审核；

f. 末次会议的召开；

g. 不符合项的确定；

h. 内审报告文件的编写；

i. 纠正措施的跟踪；

j. 记录的保存。

③ 产生所需要的记录表格

"内部 ISMS 审核程序"运行的结果产生内审所需要的预定义的和规范化的记录表格，包括（但不只限于）：《内审计划》《内审检查表》《内审首/末次会议记录表》《内审报告》《纠正措施要求表（CAR）》。

④ 规范内审员的行动

执行 ISMS 内审的人员称为内审员。"内部 ISMS 审核程序"定义本组织 ISMS 内审所要遵循的步骤和过程，是内审员执行内审工作的行动准则。

（2）做好充分的内审准备

① 组成审核组

ISMS 内审的成败关键在于内审员的素质和能力，包括：道德行为、公正表达、职业素养、独立性和基于证据的方法等。这些就是所谓的"审核原则"。因此，审核组的成员必须是合格且具有能力的。特别是审核组长，还应具有组织、领导和协调审核的能力。在多数情况下，内审员是组织内部的员工。但是，由于 ISMS 审核是一个新项目，有些组织内部缺乏合格的 ISMS 内审员，因此也可从外部聘用有能力的审核员作为其内审员，帮助其执行内审。

② 制定内审计划

在 ISO/IEC 27001:2005 内部 ISMS 审核中，要求在 ISMS 内审时，要制定"审核方案（Audit Program）"。审核方案是一个总审核计划，可包括一系列的审核。不管"审核方案"还是"审核计划（Audit Plan）"，都是"计划"，就像长远计划和短期计划都是计划一样。特别是，某些组织在一年只有一次内审时，"审核方案"就可看作"审核计划"。国内比较习惯，而易于理解的名称应是"审核计划"。审核计划十分重要，所有 ISMS 内审活动必须按计划执行。通常，审核组组长应按照预先编制的《内审计划》表的格式，拟定一份详细的《内审计划》，经相关领导（如管理者代表）批准后，在审核前一周发送给各个受审核的部门。内审计划的内容可包括（但不只限于）：

a. 审核目的；

b. 审核范围；

c. 审核准则；

d. 审核日期；

e. 审核组长与成员；

f. 受审部门的具体审核时间、审核范围和审核方法；

g. 首次/末次会议的时间和地点。

③ 查阅相关文件

为了进行更准确的审核，审核员在审核之前应查阅相关文件，包括（但不只限于）：

a. 相关体系文件；

b. 过去审核的发现；

c. 已经完成的纠正与预防措施的记录。

④ 编制检查表

内审员应按照本组织预先编制好的《内审检查表》格式，编制审核所需要的《内审检查表》，以备现场审核使用。

（3）执行内审

① 确定审核准则

ISMS "审核准则（Audit Criteria）" 是审核人员测量受审组织 ISMS 执行情况符合性时的对照标准或依据。如果没有审核准则，审核人员就无法进行审核，也就不存在管理体系符合与否的问题，自然也不会有纠正措施/预防措施和改进等审核的后续活动。

因此，审核人员要十分熟悉审核准则，只有透彻地了解审核准则后，才能谈得上符合性审核。审核人员在审核时，如果发现不符合项，应指出不符合的依据（或审核准则的具体条款）。

ISMS "审核准则" 应包括：

a. ISO/IEC 27001:2005 标准；

b. 受审组织已经建立的、当前正在运行的 ISMS 方针和程序；

c. 相关法律法规要求和合同要求。

注意：如果 ISMS 与其他体系联合审核，则 "审核准则" 还应包括其他体系的标准、方针和程序。每一次审核，可以只使用一个或一个以上的 "审核准则"。

② 执行审核活动

审核活动可包括（但不只限于）：文件评审，现场审核（包括举行首次会议、采访受审人员、查找证据、形成审核发现、准备审核结论和举行末次会议等）和编制、批准与分发审核报告等。

审核工作至少包括：

a. 证实该组织是否按照其方针、目标和程序执行工作；

b. 证实该组织的 ISMS 是否符合 ISO/IEC 27001:2005 标准 4-8 章的所有要求；

c. 检查组织如何评估信息安全风险和如何设计其 ISMS；

d. 检查组织如何执行 ISMS 监控、测量、报告和评审（包括检查相关的过程是否到位）；

e. 检查管理者如何执行 ISMS 管理评审（包括检查相关的过程是否到位）；

f. 检查管理者如何履行信息安全的职责（包括检查相关的过程是否到位）；

g. 检查安全方针、风险评估结果、控制目标与控制措施、各种活动和职责，以及相互之间的连带关系。

③ 使审核增值

所有审核活动都应是增值的。关于如何使审核增值的问题，国外已有许多研究和报道。这里，"增值"主要不是指增加了确切的可量化的金钱数值，而是指使审核对组织"更加有用"。最重要的是，审核员应使审核能够用于组织维护与改进其 ISMS、帮助其持续改进安全控制措施、实现其战略的业务目标，而不能使审核成为组织的负担。从审核"增值"的概念出发，审核活动的类型和内容都可以作适当的调整。

（4）报告审核结果

审核员经过现场采访和取证后，应编写审核发现。审核发现包括对相关要求的"符合（或满足）""不符合（或不满足）"和"部分符合（或部分满足）"的情况。"不符合"和"部分符合"的审核发现属于不符合项。"不符合项"一般具有以下 5 个属性（Attributes）。

① 准则（Criteria）

审核人员在开出"不符合项"时，应指出不符合的审核准则。

② 状况（Condition）

状况是审核发现的实际情况，描述受审部门曾经做过或者正在做的事情，可包括 ISMS 方针和程序如何实施（或不实施）的情况等。审核人员在开出"不符合项"时，应描述其实际情况。

③ 原因（Cause）

对于已发现的不符合项来说，必须有其发生的原因，即为什么出现当前的状况。原因可能有多个。因此，ISO/IEC 27001:2005 标准要求，为了防止不符合项再次出现，组织的管理者在采取纠正措施纠正所不符合项之前，必须"确定不符合的原因"。

④ 严重度（Severity）

不符合项的严重度可以理解为其造成的影响的严重程度，但标准却没有明确的定义。因此，不符合项的严重度可能有不同分类方法。一般可考虑分为 3 类：重大不符合项（或称严重不符合项）、小不符合项（或称一般不符合项）和观察项。审核人员在开出不符合项时，应指出其严重度。

⑤ 措施（Action）

对于审核发现的不符合项，组织必须采取措施加以纠正，并进行跟踪。因此，受审部门的管理者在查明不发生符合项的原因之后，应在规定的时间内采取措施纠正除观察项外的所有不符合项。

（5）讨论审核发现

在最终的审核报告发布之前，审核员应与适当层次的相关管理者讨论所有审核发现、结论和建议等，为受审人员对审核发现、结论和建议提供充分发表意见的机会，从而消除对具体问题的误解或曲解。参与讨论的人员除了相关管理者外，通常也包括具有具体操作知识的人员和有权批准实施纠正措施的人员。

（6）报告审核结果

内审员应真实地、没有偏见地报告其审核工作。最终审核结果应形成审核报告文件。审核报告的目标是为提供管理者有关 ISMS 的符合程度的信息，以帮助修正其 ISMS。审核报告文件的内容可以包括（但可适当增减，也不只限于）：审核的目的和范围、审核的结果、内审员的意见、改进的建议，最终审核报告文件经过审核组讨论并得到通过后，应及时传送给相关管理者。

（7）跟踪审核发现

对于审核发现的问题（或不符合项），管理者应采取措施（包括纠正措施和预防措施），并进行跟踪直到问题获得解决为止。对于内审员，应促使和协助管理者在规定的时间内完成纠正措施或预防措施。当纠正措施或预防措施完成并获得验证，而相关内审记录获得妥善保管后，内审工作即可暂时中止。

最终的内部审核报告应该是正式的，这是审核的关键成果，其内容应包括审核的目的及范围、审核准则、审核部门及负责人、审核组成员、审核时间、审核情况、审核结论、分发范围等。表 6-5 是一个内部审核报告的示例。

表 6-5   ISMS 的内部审核报告

一、审核目的

对电子科技大学现有的信息安全管理体系作全面审核，了解其信息安全管理体系的有效性和符合性，评价其是否具备申请 ISO/IEC 27001 认证的条件。

二、审核范围

JSO/IEC 27001 所要求的相关活动及所有相关职能部门。

三、审核准则

ISO/IEC27001 标准。

ISMS 信息安全手册、程序文件及其他相关文件。

组织适用的 ISMS 法律法规及其他要求。

四、审核组成员

审核组长：李泽华

审核员：马茂洪，昝浩

五、审核时间

2016～2017 年

六、审核概况

按公司计划，审核组 6 人于 2016 年 12 月开始进行了为期 3 天的现场审核。

审核组检查了公司信息安全管理体系有关的各个部门，包括信息中心、研发部、技术服务部、市场部、行政人事部、财务部等，查看了公司的各个生产现场和设施，并同总经理、信息安全管理经理、部门主管和普通员工等 20 余人进行了交谈，对所有 ISO/IEC 27001 的要求进行了抽样取证。

在检查过程中，审核组发现，电子科技大学在文件规定和实际行动方面已按照 ISO/IEC27001 标准的要求，建立起了信息安全管理体系，但各部门对 ISO/IEC 27001 标准、程序文件的熟悉方面尚存在一定的差距，需要进一步完善和提高。

需要指出的是，审核是抽样的，可能有些实际问题没有发现。各部门要改正。

七、审核结论

1. 电子科技大学的信息安全管理体系运行有效。

2. 电子科大学信息安全管理体系基本符合 ISO/IEC 27001 的标准要求。

3. 审核组建议：电子科技大学在 30 天内纠正本次审核提出的不符合项目，可以申请 ISO/IEC27001 的正式认证。

八、本报告分发范围

1. 正、副总经理，信息安全管理经理，信息中心

2. 受审核部门成员

3. 审核组成员

九、附件

无

审核组长：

李泽华

2016 年 12 月 12 日

3. ISMS 管理评审

管理层必须按计划的时间间隔（至少一年一次）评审 ISMS，以确保其能持续保持合适性、充分性和有效性。评审必须包括评估 ISMS 的改进机会和变更需要，包括信息安全策略和信息安全目标。评审结果必须清楚地记入文件，并做好维护工作。

（1）管理评审的时机

一般而言，每年作一次管理评审是适宜的。有的认证机构每半年进行一次监督审核，因此企业每六个月作一次管理评审。但如果发生以下情况之一时，应适时进行管理评审。

① 在进行第三方认证之前；

② 企业内、外部环境（例如组织结构、产品结构、标准、法律法规等）发生较大变化时；

③ 新的 ISMS 进行正式运行时；

④ 其他必要的情况，例如发生重大信息安全事故时。

（2）评审输入

管理评审的输入必须包括：

① ISMS 审核和评审的结果；

② 相关方的反馈；

③ 在组织中可以用来改善 ISMS 绩效和有效性的技术、产品或程序；

④ 预防和纠正措施的实施情况；

⑤ 上次风险评估未充分指出的弱点或威胁；

⑥ 有效性测量的结果；

⑦ 对上次管理评审后所采取措施进行验证的结果；

⑧ 任何可能影响 ISMS 的变化；

⑨ 改进建议。

（3）评审输出

管理评审的输出必须包括与以下方面有关的决定和措施：

① ISMS 有效性的改进；

② 更新风险评估和风险处置计划；

③ 必要时，针对以下方面的变化和可能影响 ISMS 的内外部事件，修订促进信息安全的程序和控制：

    a．业务要求；

    b．安全要求；

    c．实现现有业务要求的业务过程；

    d．法律法规；

    e．合同责任；

    f．风险接受准则/风险接受水平。

    g．资源需求；

    h．改进测量控制措施有效性的方法。

6.4.5 信息安全管理体系的保持和改进

在信息安全管理体系的监视和评审的结果中，会确定针对与 ISMS 要求不符的相应实施的纠正、改进和预防措施等。信息安全管理体系的保持和改进就是通过实施这些措施来实现的，其中改进措施主要包括纠正与预防性控制措施，同时还包括对潜在的不符合因素采取预防性控制措施。

1．纠正措施

组织应采取措施，消除不合格的、与 ISMS 要求不符合的因素，以防止问题再次发生。纠正措施应形成文件，并满足以下方面的要求：

（1）识别在实施和运行 ISMS 过程中的不符合因素；

（2）确定这些不符合因素产生的原因；

（3）对确保这些不符合因素不再发生所需的措施进行评价；

（4）确定和实施所需的纠正措施，并记录结果；

（5）评审所采取的纠正措施。

2．预防措施

组织应针对潜在的和未来的不合格因素确定预防措施，以防止其发生。采取的预防措施应与潜在问题的影响程度相适应。

预防措施应形成文件，并规定以下方面的要求：

（1）确定潜在的不符合因素的原因；

（2）对预防这些不符合因素发生所需的措施进行评价；

（3）确定和实施所需要的预防措施，并记录结果；

（4）评审所采取的预防措施；

（5）识别发生变化风险，并通过关注变化显著的风险来满足预防措施的要求；

（6）应根据风险评估的结果来确定预防措施的优先级。

3．修正不符合项

对程度轻微的不符合因素，可采取口头纠正和辅导，不必采取更进一步的纠正与预防措施。而对程度严重的不符合因素，信息安全管理部门应积极采取补救措施，下达纠正与预防措施任务到相关责任部门，并要求在规定的时间内完成相关原因分析和确定纠正与预防措施后回传，以减少或消除其不利影响。所涉及的相关责任部门要负责分析其原因，并制定详细的纠正与预防措施，明确责任人和完成日期，经信息安全管理部门审核，确保其可行性和不产生新的 ISMS 风险，并在监督检查和协调指导下验证纠正与预防措施的执行效果。表 6-6 给出了对不符合项的修正过程。

表 6-6	纠正与预防不符合的措施要求
下达纠正与预防措施	（1）不符合项的来源。 （2）不符合项事实的陈述。 （3）不符合项信息严重性评价。 （4）纠正与预防措施任务的下达：确定责任部门、时间要求、建议的纠正与预防措施
制定纠正与预防措施	（1）不符合项的原因。 （2）纠正与预防措施任务的制定：确定责任人、预定完成日期、制定纠正与预防措施
验证纠正与预防措施	（1）若已按期完成，给出时间及效果简述。 （2）若未按期完成，给出推迟完成日期。 （3）若推迟完成，给出推迟原因

6.4.6　信息安全管理系统的认证

按照 ISO 和 IEC 的定义，认证（Certification）是由国家认可的认证机构证明一个组织的产品、服务、管理体系等符合相关标准、技术规范（TS）或其强制性要求的合格评定活动。认证的基础是标准，认证的方法包括对产品的特性抽样检验和对组织体系的审核与评定，认证的证明方式是认证证书与认证标志。

随着信息化水平的不断发展，信息安全逐渐成为人们关注的焦点，世界范围内的各个机构、组织、个人都在探寻保障信息安全的方式。英国、美国、挪威、瑞典、芬兰、澳大利亚等国各自制定了有关信息安全的标准，国际标准化组织（ISO）也发布了 ISO 17799、ISO 13335、ISO 15408 等与信息安全相关的国际标准及技术报告。在信息安全管理方面，英国标准 ISO 27000:2005 已经成为世界上应用最广泛与最典型的信息安全管理标准，它是在 BSI/DISC 的 BDD/2 信息安全管理委员会的指导下制定完成。

1．认证目的

认证是指由认证机构证明产品、服务、管理体系符合相关技术规范的强制性要求或者标准的合格评定活动。此处的认证包括体系认证和产品认证两大类。一般的企业都可以进行体系认证，它是一个让客户对企业或公司放心的认证。比如说 ISO 9001 质量体系认证，价格以企业或公司人数的多少来决定。产品认证相对来说比较广泛，不同的产品认证价格也不一样，当然他们的用途也不一样，比如，CCC 国家强制性认证和 CE 欧盟安全认证。另外，同一类产品做不同的产品认证价格也不相同，比如说空调，如果要出口，就要做国外的相关产品认证。

认证，是一种信用保证形式，是第三方所从事的活动，是一个组织证明其信息安全水平和能力符合国际标准要求的有效手段，它将帮助组织节约信息安全成本，增强客户、合作伙伴等相关方的信心，提高组织的公众形象和竞争力。具体来说，ISMS 认证可以给组织带来以下收益。

（1）使组织获得最佳的信息安全运行方式。

（2）保证组织业务的安全。

（3）降低组织业务风险、避免组织损失。

（4）保持组织核心竞争优势。

（5）提升组织在业务活动中的信誉。

（6）增强组织竞争力。

（7）满足客户要求。

（8）保证组织业务的可持续发展。

（9）使组织符合法律法规的要求。

目前，世界上普遍采用的信息安全管理体系的认证标准是 ISO/IEC 27001:2005《信息技术—安全技术—信息安全管理体系要求》。ISO/IEC 27001 标准适用于所有类型的组织（例如，商业企业、政府机构、非赢利组织）。ISO/IEC 27001 从组织的整体业务风险的角度，为建立、实施、运行、监视、评审、保持和改进文件化的 ISMS 制定了标准。它规定了为满足不同组织或部门的需要而定制的安全控制措施的实施要求。

信息安全管理体系标准（ISO 27001）可有效保护信息资源，保证信息化进程健康、有序、可持续发展。ISO 27001 是信息安全领域的管理体系标准，类似于质量管理体系认证的 ISO9000 标准。当组织通过了 ISO 27001 的认证，就表示组织已建立了一套科学有效的管理体系来保障信息安全。通过 ISO2 7001 的安全管理体系认证，可以带来以下几个好处。

（1）引入信息安全管理体系就可以协调各个方面的信息管理，从而使管理更为有效。保证信息安全不是仅仅依靠防火墙，或找一个 24 小时提供信息安全服务的公司就可以达到的，它需要全面的综合管理。

（2）通过 ISO 27001 信息安全管理体系的认证，可以增进组织间电子商务往来的信用度，能够增进组织和贸易伙伴之间的信任，随着组织间电子交流的增加，通过信息安全管理的记录可以明显地看到信息安全管理的优点：它在为广大用户和服务提供商提供基础的设备管理的同时，把干扰因素降到最低，创造了更大收益。

（3）通过认证能证明组织所有的部门对信息安全的承诺。

（4）通过认证可改善组织的业绩、消除不信任感。

（5）获得国际认证机构的认证证书，能得到国际上的承认，拓展业务。

（6）建立信息安全管理体系能降低风险，通过第三方的认证能增强投资者及其他利益相关方的投资信心。

（7）按照 ISO 27001 标准建立信息安全管理体系，会有一定的前期投入，但是若能通过审核，获得认证，将会获得有价值的回报。企业通过认证就可以向客户、竞争对手、供应商、员工和投资方展示其在行业中的地位；定期的监督、审核将确保组织的信息系统不断地被改善，并以此作为增强信息安全的依据，使客户及利益相关方直观地感受到组织对信息安全的承诺。

（8）通过认证能够向政府及行业主管部门证明组织符合相关的法律法规。

2. 前期工作

（1）确定认证范围

认证范围（Certification Scope）的确定应该与信息安全管理体系涉及的范围保持一致，如果存在多个系统或异地多节点关系，也要一并考虑在内。

已确定的认证范围将作为认证机构确定评审计划的基础，并以此选择需要评审的内容、功能、活动安排，以及相关的评审员和技术专家。

认证范围应该是条理清晰的关键活动的概要声明，并保持完整性和准确性。在确定认证范围时，应考虑以下 6 个因素。

① 适用性声明的相关文件。

② 组织的地理位置和业务相关范围。

③ 信息系统的应用及其平台和边界。

④ 组织的相关活动。

⑤ 信息系统的相关活动。

⑥ 需获得认证机构对认证范围的认可。

（2）检查基本条件

确保已按照 ISO/IEC 27001 标准和相关的法律法规的要求建立并实施文件化的信息安全管理体系，并满足以下条件。

① 遵守相关法律法规并得到相关机构的认可。

② 当前的 ISMS 已有效运行 3 个月以上，即组织已在风险评估的基础上，识别出需要保护的关键信息资产，制定出信息安全方针，确定好安全控制目标，实施了安全控制措施，至少完成一次内部审核和管理评审，并采取了适当的纠正和预防措施。

③ ISMS 运行期间及建立体系前一年内未受到主管部门的行政处罚。

3. 寻求信息安全管理体系认证机构

在具备信息安全体系认证的基本条件后，组织就可以寻求认证机构进行体系认证。

国际认可论坛（International Accreditation Forum，IAF）作为有关国家认可机构（包括中国 CNAS，英国 UKAS，美国 ANAB，荷兰 RVA 等）参加的多边合作组织，其主要目标是协调各国认证认可制度，通过统一规范各成员单位的审核员资格要求、认证标准及管理体系认证机构的评定和认证程序，令各成员单位在技术运作上保持一致，从而确保有效的国际互认。

我国已经在质量管理体系（QMS）、环境管理体系（EMS）的认证证书与 IAF 的成员单位签订了互认协议，中国合格评定国家认可委员会（China National Accreditation Service for Conformity Assessment，CNAS）作为 IAF 17 个发起成员单位和主要协调单位之一，承担着众多责任，正积极组织开展信息安全管理体系国际互认工作。但是信息安全管理体系（ISMS）涉及安全等敏感问题，各国的认可机构都没有在 ISMS 领域加入 IAF，还没有实现国际互认，均不具有国际互认性，获得任何一家认证机构颁发的证书都不能称为获得了国际认证，只有 IAF 中的各成员单位就 ISMS 签署多边互认协议，同时相关认证机构被授权在颁发的 ISMS 认证证书上加贴 IAF 标识后，该 ISMS 认证证书才具有国际互认性。

目前，各国认可机构均依据本国认证认可制度对申请认可的组织进行认可。虽然各不同的国家认证认可制度不同，但由于认证标准都是依据统一的 ISO/IEC 27001:2005 国际认证标准，通过认可的认证机构颁发的信息安全管理体系认证证书具有相同的效力，这也是将来能实现 ISMS 国际互认的前提和条件。

中国信息安全认证中心（China Information Security Certification Center，ISCCC）是经中央编制委员会批准成立，由国务院信息化工作办公室、国家认证认可监督管理委员会等八部委授权，隶属国家质检总局的事业单位，是依据国家有关强制性产品认证、信息安全管理的法律法规，负责实施信息安全认证的专门机构。2009 年 5 月 22 日，ISCCC 获得了 CNAS 颁发的 CNAS 首张 "信息安全管理体系认证机构认可证书"，具有基于 ISO/IEC 27001:2005 标准进行 ISMS 认证的资质。这也表明 CNAS 开展的信息安全管理体系认证机构试点的实施工作取得了阶段性的成果。运用认可约束手段促进认证机构规范化，将为我国成功开展信息安全管理体系认证国际互认奠定基础。

国内具有 ISMS 认证资质的机构还有中国质量认证中心、上海质量体系审核中心、广州赛宝认证中心服务有限公司等，相关名单可查询中国国家认证认可监督管理委员会。

ISMS 认证证书每年接受年度审核，3 年之后进行重新评估。CNCA 管理并公布一份被认可的认证机构及其认证范围的清单，每个机构的认证范围不同，寻求认证的组织需要根据实际情况选择合适的机构。

组织在选择认证机构之后，就可以与之联系提交认证申请书、申请书要求提供的资料，以及审核所需必要信息的规定或承诺，在双方协商一致的情况下签订认证合同。认证合同中应确认认证机构保守组织的商业机密，并遵守组织的有关信息安全规章的要求。

4．认证过程

ISMS 认证过程如图 6-6 所示。

（1）第一阶段审核

第一阶段主要是文件审核与初访，从总体上了解受审核方 ISMS 的基本情况，包括其活动、产品或服务的全过程，判断风险评估与管理的状况，并对内总审核等情况进行初步审查，确认是否具备认证审核的条件，确定第二阶段审核的可行性和审核的重点，为第二阶段的审核策划提供依据。

第一阶段审核的重点在于审核 ISMS 文件是否符合 ISO/IEC 27001 标准的要求。

审核的范围包括受审核方的 ISMS 文件的有关资料，以及与重要信息资产及高风险源有关的现场，审核的内容包括以下要点。

① 适用的法律、法规的识别与满足的基本情况。

② 风险评估、风险管理方法策划的充分性。

③ 安全方针、控制目标和控制措施的连贯性、适宜性。

④ 对实现信息安全方针与控制目标的策划。

⑤ 组织内部审核与管理评审的实施情况。

第一阶段审核完成之后，审核组应编制审核报告，包括审核结论、发现的问题和下一步的工作重点。其中审核结论主要是对体系策划的充分性、风险评估和法律要求的符合性，以及体系文件的符合性进行评价，如果存在不符合项，则要求受审核方进行修改，否则发出第二阶段审核计划。

（2）第二阶段审核

第二阶段审核是对受审核方 ISMS 的全面审核与评价，目的是验证 ISMS 是否按照 ISO/IEC 27001 标准和组织体系文件的要求有效实施，组织的安全风险是否被控制在可接受的

息安全工程与实践 ◄◄◄

范围之内，根据审核对 ISMS 的运行状况是否符合标准与文件规定作出判断，并据此对受审核方能否通过信息安全管理体系认证给出结论。

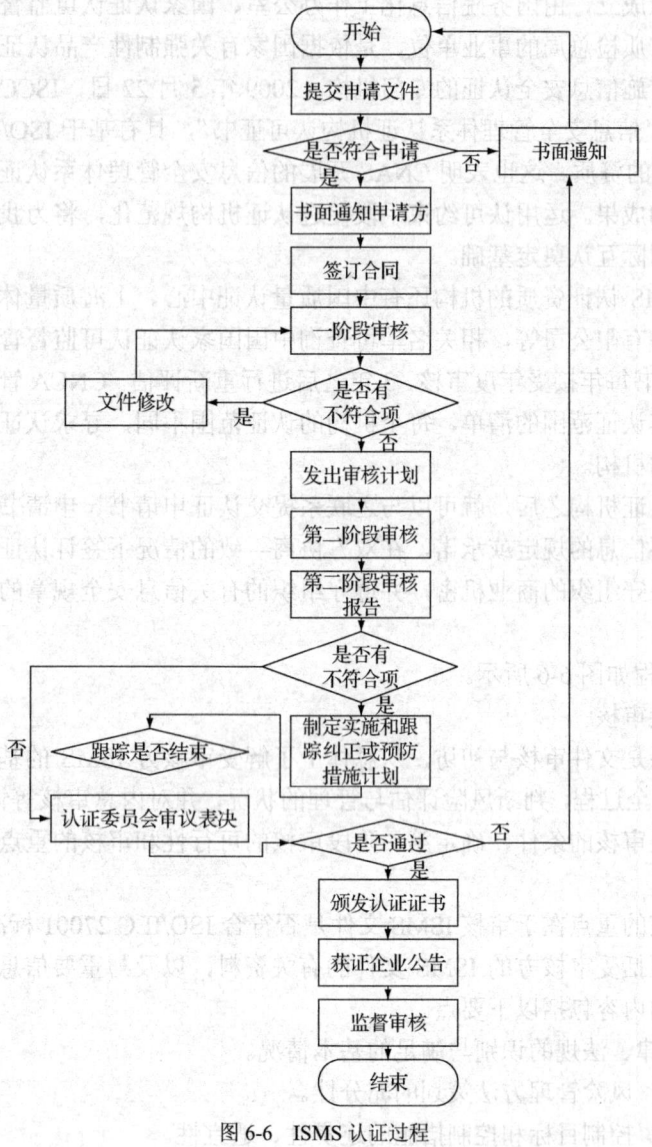

图 6-6　ISMS 认证过程

第二阶段审核的重点在于考察受审核方不符合项的纠正情况。

审核的范围包括所有的现场和有关资料，因此审核的内容包括受审核方的所有部门和涉及标准的全部要素。

第二阶段审核完成之后，审核组应编制审核报告，对体系的符合性、有效性和适应性进行全面的评价，并给出审核结论。对于仍然存在不符合项的情况，要跟踪受审核方的纠正与预防措施的制定与实施计划，跟踪结束后，将审核报告提交给认证机构、申请方等。

第二阶段的审核结论有以下 3 种情况。

① 信息安全管理体系已建立，运行有效，无严重不符合项和轻微不符合项，同意推荐认

– 176 –

证通过。

② 信息安全管理体系已建立并正常运行,在审核过程中发现少量轻微不符合项或个别严重不符合项,要求组织在规定的时间内实施纠正措施,同意在验证纠正措施的实施后推荐认证通过。

③ 信息安全管理体系存在缺陷,在审核过程中发现较多的不符合项,需要在实施纠正措施后安排复审,本次不予推荐认证通过。

(3)认证证书及标志

在组织通过了认证机构的验证后,认证机构将为组织颁发 ISMS 认证证书,证书包括以下几个方面的内容。

① 信息安全管理体系认证证书名称。

② 证书注册号。

③ 获得证书的组织全称,以及其注册地址、审计地址和邮政编码。

④ 相关的业务功能、流程与活动。

⑤ 关于信息安全系统满足 ISO/IEC 27001 认证标准的声明。

⑥ 该证书覆盖的认证范围。

⑦ 适用性声明和特定版本的描述。

⑧ 证书的有效期限。

⑨ 接受年度审核的说明。

⑩ 认证机构的标志、印章及签名。

⑪ 其他认可机构的标志。

只有当认证机构认可了组织的认证范围和资质,才能在证书上显示认可标志,如 CNAS 标志。另外,某些认证机构颁发的认证证书同时提供中、英文两种版本。

(4)认证的维持

在组织通过审核并获得认证证书后,并不代表认证的结束。认证机构将通过执行至少每年一次的监督审核,继续监控 ISMS 符合标准的情况。在这个期间如果组织未能持续满足认证要求,根据《中华人民共和国认证认可条例》第二十七条"认证机构应当对其认证的产品、服务、管理体系实施有效的跟踪调查,认证的产品、服务、管理体系不能持续符合认证要求的,认证机构应当暂停其使用直至撤销认证证书,并予公布"规定,认证机构将公告撤销其认证证书。

认证证书的有效期一般为 3 年,到期之后,系统需要认证机构重新进行认证审核。

被审核方有义务通知认证机构发生的可能影响到系统或证书的变更情况,如组织变更、人员变更、核心业务变更、技术变更等,并且要定期进行自我评估活动,以监督和检查 ISMS 的实施情况,这些活动包括以下几个方面。

① 检查 ISMS 的范围是否充分。

② 审查各种 ISMS 的规程文档的规范性。

③ 评估 ISMS 运行的有效性,考虑审核的结果、时间、人员的反馈和建议等。

④ 审查可接受的风险水平,考虑组织变更、技术和业务目标的变化等。

⑤ 实施 ISMS 的改善及影响情况。

⑥ 采取适当的纠正或预防行动。

本章小结

信息安全管理是一个过程，而不是一个产品，其本质是风险管理。信息安全风险管理可以看成是一个不断降低安全风险的过程，最终目的是使安全风险降低到一个可接受的程度，使用户和决策者可以接受剩余的风险。信息安全风险管理贯穿信息系统生命周期的全部过程。信息系统生命周期包括规划、设计、实施、运维和废弃五个阶段。每个阶段都存在相应的风险，需要采用同样的信息安全风险管理的方法加以控制。

信息安全管理体系是组织在整体或特定范围内建立信息安全方针和目标，以及完成这些目标所采用方法的体系。它是直接管理活动的结果，表示成方针、原则、目标、方法、过程、核查表（Checklists）等要素的集合。

BS 7799-2 是建立和维持信息安全管理体系的标准，标准要求组织通过确定信息安全管理体系范围、制定信息安全方针、明确管理职责、以风险评估为基础选择控制目标与控制方式等活动建立信息安全管理体系；体系一旦建立，组织应按体系规定的要求进行运作，保持体系运作的有效性；信息安全管理体系应形成一定的文件，即组织应建立并保持一个文件化的信息安全管理体系，其中应阐述被保护的资产、组织风险管理的方法、控制目标及方式和需要的保证程度。

思考题

1. 什么是信息安全管理，为什么要实行信息安全管理？
2. 信息安全管理应遵循的原则有哪些？
3. 简要介绍信息安全管理模型的内容。
4. BS7799 准则的主要内容是什么？
5. 信息安全管理体系的过程包含哪些内容？
6. 简要概述 PDCA 的过程内容。
7. 如何确定 ISMS 的安全方针？
8. 如何修正 ISMS 内容中的不符合项？
9. 如何进行 ISMS 的内部审核与管理评审？
10. 为什么要进行信息安全管理体系的认证？

实验三　信息安全方针的建立

实验要求：为信息与软件工程学院网站制定合理的信息安全方针，并为其准备适应性声明。

实验四　ISMS 管理评审

实验要求：完成某公司信息安全管理体系审核报告。

第 7 章

信 息 安 全 策 略

信息安全策略（Information Security Policy，ISP）是一个组织机构解决信息安全问题重要的部分。在一个小型组织内部，信息安全策略的制定者一般应该是该组织的技术管理者；在一个大的组织内部，信息安全策略的制定者可能是由一个多方人员组成的小组。信息安全策略定义了一个框架，它基于风险评估结果以保护组织的信息资产。信息安全策略对访问组织的不同资产定义了访问限制、访问规则。它还是组织的管理人员在建立、使用和审计信息系统时的信息来源。

在本章中，将对安全策略在定义、格式、保护对象等方面进行研究与概述，结合安全策略的制定原则，提出安全策略的制定流程，同时对组织中的信息安全策略进行分析。通过从信息安全策略管理架构、信息安全管理规范、信息安全策略管理工具入手详细介绍信息安全策略的管理。

在本章中，7.1 节从信息安全策略的定义、格式、保护对象及其意义这几方面对信息安全策略进行全面的概述。7.2 节将信息安全策略的内容展开，分别介绍了物理和环境安全策略，计算机和网络运行管理策略，访问控制策略，风险管理及安全设计策略这四种安全策略。7.3 节重点叙述了信息安全策略的制定原则、制定过程及组织的安全策略，7.4 节主要展示了信息安全策略的实施与管理，让读者熟悉策略管理的方法、架构及规范，同时本节还介绍了一些主流的策略管理工具供读者参考。

【学习目标】
- 掌握信息安全策略的基本概念和制定原则。
- 掌握信息安全策略的规划和实施方法。
- 了解常见的信息安全策略。
- 了解备份与恢复策略。

7.1 信息安全策略概述

信息安全策略 ISP 是一个组织解决信息安全问题的重要步骤，也是这个组织整个信息安全体系的基础。信息安全不是自然产生的需求，而是经历了信息损失之后才有的需求，所以管理对于信息安全是必不可少的。一个组织最主要的管理文件就是信息安全策略，信息安全策略明确规定组织需要保护什么，为什么需要保护和由谁进行保护。没有合理的信息安全策略，再好的信息安全专家和安全工具也没有价值。一个组织的信息安全策略可以反映出这个组织对现实安全威胁和未来安全风险的预期，也可反映出组织内部业务人员和技术人员对安全风险的认识与应对。它是个有效的信息安全项目的管理基础。

7.1.1 信息安全策略的定义

信息安全策略从本质上来说是描述组织具有哪些重要信息资产，并说明这些信息资产如何被保护的一个计划。信息安全策略是进一步制定控制规则和安全程序的必要基础，其本质上是非形式化的，也可以是高度数学化的。

制定信息安全策略的目的如下。

（1）如何使用组织中的信息系统资源。

（2）如何处理敏感信息。

（3）如何采用安全技术产品。

安全策略涉及的问题如下。

（1）敏感信息如何被处理？

（2）如何正确地维护用户身份与口令及其他账号信息？

（3）如何对潜在的安全事件和入侵企图进行响应？

（4）如何以安全的方式实现内部网及互联网的连接？

（5）怎样正确使用电子邮件系统？

计算机安全研究组织 SANS 对安全策略的定义为："为了保护存储在计算机中的信息，安全策略要确定必须做什么，一个好的策略有足够多'做什么'的定义，以便于执行者确定'如何做'，并且能够进行度量和评估"。

（1）信息安全策略是一组规则，这组规则描述了一个组织要实现的信息安全目标和实现这些信息安全目标的途径。

（2）信息安全策略是一个组织关于信息安全的基本指导规则。

（3）信息安全策略提供：信息保护的内容和目标、信息保护的职责落实、实施信息保护的方法、事故的处理。

7.1.2 信息安全策略的格式

1. 目标

信息安全策略的总体目标是建立信息系统安全，定义信息安全的管理结构和提出对组织成员的安全要求。信息安全策略必须有一定的透明度并得到高层管理层的支持，这种透明度和高层支持必须在安全策略中有明确和积极的反映。信息安全策略要对所有员工强调"信息安全，人人有责"的原则，使员工了解自己的安全责任与义务。

2. 范围

信息安全策略应当有足够的范围广度，包括组织的所有信息资源、设施、硬件、软件、信息、人员。在某些场合下，安全可以定义特殊的资产，比如：组织的主站点、各种重要装置和大型系统。此外，还应包括组织所有信息资源类型的综述，例如工作站、局域网、单机等。

3. 策略内容

根据 ISO 17799 的定义，对信息安全策略的描述应该集中在三个方面：机密性、完整性和可用性，这三种特性是组织建立信息安全策略的出发点。机密性是指信息只能由授权用户访问，其他非授权用户或非授权方式不能访问。完整性就是保证信息必须是完整无缺的，信息不能被丢失、损坏，只能在授权方式下修改。可用性是指授权用户在任何时候都可以访问其需要的信息，信息系统在各种意外事故、有意破坏的安全事件中能保持正常运行。

根据给定的环境，应当给员工明确描述与这些特性相关的信息安全要求，组织的信息安全策略应当以员工熟悉的活动、信息、术语等方式来反映特定环境下的安全目标。例如，组织在维护大型但机密性要求并不高的数据库时，其安全目标主要是减少错误、数据丢失或数据破坏；当组织对数据的机密性要求增高时，安全目标的重点就会转移到防止数据的非授权泄露。

4. 角色责任

信息安全策略除了要建立安全程序及程序管理职责外，还需要在组织中定义各种角色并分配责任，明确要求，例如：部分业务管理人员、应用系统所有者、数据用户、计算机系统安全小组等。

在某些情况下，信息安全策略中要理顺组织中的各个个体与团体的关系，以避免在履行各自的责任与义务时发生冲突。

5. 执行纪律

没有一个正式的、文件化的安全策略，管理层不可能制定出惩戒执行标准与机制，信息安全策略是组织制定和执行纪律措施的基础。信息安全策略中应当描述与安全策略损害行为的类型与程度相对应的惩戒办法。

还要考虑到有时员工违反安全策略并非是有意的，有时也可能是对安全策略缺乏必要的了解造成的。对于这种情况，信息安全策略要预先采取措施，在合理的期限内，对员工进行相关安全策略介绍和安全意识教育培训。

6. 专业术语

对于信息安全策略中涉及的专业术语作必要的描述，使组织成员对策略的理解不会产生歧义。

7.1.3 信息安全策略的保护对象

信息安全策略的主要功能就是要建立一套安全需求、控制措施及执行程序，定义安全角色，赋予管理职责，陈述组织的安全目标，为安全措施在组织的强制执行建立相关舆论与规则的基础。信息安全策略的保护对象如表 7-1 所示。

表 7-1　　　　　　　　　　　　　　　信息安全策略的保护对象

硬件与软件	硬件和软件是支持商业运作进行的平台，它们应该受策略所保护。所以，拥有一份完整的系统软、硬件清单是非常重要的，并且包括网络结构图
数据	计算机和网络所做的每一件事情都造成了数据的流动和使用，所有的企业、组织和政府机构，不论从事什么工作，都在收集和使用数据
人员	首先，重点应该放在谁在什么情况下能够访问资源，接下来要考虑的就是强制执行制度和对未授权访问的惩罚制度
备份、文档存储和数据处理	把数据备份到外部站点或者其他介质上，有关这方面的策略和在线访问信息策略是同样重要的。备份数据可以包括财政信息、客户往来记录甚至当前业务过程的复制。备份策略需要考虑的情况包括：数据如何存档，在准备丢弃数据的时候应该做些什么

7.1.4　信息安全策略的意义

人是对网络信息安全有极大影响的重要因素之一，且往往比技术因素更为重要。对人的管理包括法律、法规与政策的约束，安全指南的帮助，安全意识的提高，安全技能的培训，人力资源的管理，企业文化的影响等。该功能的实现需要完备的安全策略的制定作为重要前提。安全管理的核心和指导即为安全策略，策略本身具有重要的意义。

信息安全策略的主要功能就是要建立一套安全需求、控制措施及执行程序，定义安全角色赋予管理职责，陈述组织的安全目标，为安全措施在组织的强制执行建立相关舆论与规则的基础。

（1）信息安全策略是一个有效的信息安全项目制定的必要基础。

从信息安全领域中实际发生的各种事件来看，信息安全策略的核心地位越来越明显，对于保证组织信息安全的途径具有很强的指导作用。例如，除非有一套条款清晰的信息安全策略，否则系统管理员将不能安全地安装防火墙、入侵检测设备等。这些策略规定了所允许的信息传输的服务类型、如何阻止某些连接、如何侦测和处理系统的异常事件等。如果没有制定信息安全策略，就不能有效地开展信息安全技能培训和安全意识提升等工作，因为安全策略也提供了技能和意识培训中所使用的基本内容。

（2）信息安全策略的制定和实施决定了任何一个信息安全项目的成功。

对信息资产保护的成功依赖于所采用的安全策略，也依赖于管理层对系统中信息的保护态度。作为策略的制定者，应当明确信息保护的基调，强调信息安全在组织中发挥的重要作用。安全策略制定者的主要责任就是为组织制定信息资产安全策略以达到减少风险、遵从法律法规、确保组织业务的持续性、信息的保密性和完整性等目标。正确地制定和贯彻实施安全策略，不但能促进全体员工参与到保障信息安全的活动中来，而且还能有效地降低由于人为因素造成的信息安全项目的损害。

（3）改善了信息安全管理的可扩展性和灵活性是应用信息安全策略的主要优势。

信息安全管理的复杂性取决于信息资产的数量和种类。传统的管理模式一般是应对式、以技术为中心的信息安全对策，是静态的、局部的、突击和事后纠正式的方法。在应对不同的威胁和不断变化的环境，这种过程大多盲目、效率低、难以控制。作为分布式系统安全管理领域新的方向，基于策略的信息安全管理从以设备为中心的管理解放出来，通过定义高层次的安全规则来控制和调整低层次的系统行为，将系统中的安全管理和执行职能分开，扩充和调整过程灵活，能实现自动化、分布式以及动态自适应的安全管理。

7.2　信息安全策略的内容

S. Garfinkel 和 G. Spaford 在"Practical Unix and Internet Security"一书中，定义了一个策略应该完成如下的 3 个任务。

（1）阐明保护什么和为什么保护它。

（2）规定谁负责提供这种保护。

（3）为解释和解决任何后来可能出现的冲突打下基础。

第 1 点是资产确定和风险评估的一个分支。资产评估在本质上可以概述对需要保护的信息资源进行提取的客观方法。

第 2 点指明了安全责任人。他们可以是信息的使用者、信息系统管理员、审计信息系统使用的审计员、拥有信息资源全部所有权的经营者等。

第 3 点是非常重要的，因为对于策略中不包括的问题，它把职责指定到某些特定个人，而不是让他们任意解释。为了使安全策略切实可行，必须通过实践使用那些给定的可用技术去实现它。

如果构建了一个非常全面的策略，但它包含的要素在技术上不可行，那也毫无用处。安全策略还需要平衡易用性、组织的性能及其在规则或规章中定义的安全问题，这一点是重要的。因为过度限制的安全策略与有些不严格，但与获得性能作为补偿的安全策略相比，会更加消耗成本。当然，风险评估所确定的最小安全需求在安全策略实施时必须满足。组织要制定一组最优的信息安全策略必须明确以下需求，即信息安全策略的组成要素。信息安全策略的设计范围如表 7-2 所示。

表 7-2	信息安全策略的设计范围
物理安全策略	物理安全策略包括环境安全、设备安全、媒体安全、信息资产的物理分布、人员的访问控制、审计记录、异常情况的追查等
网络安全策略	网络安全策略包括网络拓扑结构、网络设备的管理、网络安全访问措施（防火墙、入侵检测系统、VPN 等）、安全扫描、远程访问、不同级别网络的访问控制方式、识别/认证机制等
数据加密策略	数据加密策略包括加密算法、适用范围、密钥交换和管理等
数据备份策略	数据备份策略包括适用范围、备份方式、备份数据的安全存储、备份周期、负责人等
病毒防护策略	病毒防护策略包括防病毒软件的安装、配置、对软盘使用、网络下载等作出的规定等
系统安全策略	系统安全策略包括 WWW 访问策略、数据库系统安全策略、邮件系统安全策略、应用服务器系统安全策略、个人桌面系统安全策略、其他业务相关系统安全策略等
身份认证及授权策略	身份认证及授权策略包括认证及授权机制、方式、审计记录等
灾难恢复策略	灾难恢复策略包括负责人员、恢复机制、方式、归档管理、硬件、软件等
事故处理、紧急响应策略	事故处理、紧急响应策略包括响应小组、联系方式、事故处理计划、控制过程等
口令管理策略	口令管理策略包括口令管理方式、口令设置规则、口令适应规则等
访问控制策略	系统变更控制策略包括设备、软件配置、控制措施、数据变更管理、一致性管理等
复查审计策略	复查审计策略包括对安全策略的定期复查、对安全控制及过程的重新评估、对系统日志记录的审计、对安全技术发展的跟踪等

7.2.1 物理和环境安全策略

计算机信息和其他用于存储、处理或传输信息的物理设施，例如硬件、磁介质、电缆等，对于物理破坏来说是易受攻击的，同时也不可能完全消除这些风险。因此，应该将这些信息及物理设施放置于适当的环境中，并在物理上给予保护使之免受安全威胁和环境危害。

1. 安全区域

根据信息安全的分层管理，应将支持涉密信息或关键业务活动的信息技术设备放置在安全区域中。安全区域应当考虑物理安全边界控制，即有适当的进出控制措施保护，安全区域防护等级应当与安全区域内的信息安全等级一致，安全区域的访问权限应该被严格控制。

2．设备安全

对支持涉密信息或关键业务过程（包括备份设备和存储过程）的设备应该适当地在物理上进行保护以避免安全威胁和环境危险，包括以下内容。

（1）设备应该放置在合适的位置并加强保护，将被如水或火破坏、干扰或非授权访问的风险降低到可接受的程度。

（2）对涉及涉密信息或关键业务过程的设备应该进行保护，以免受电源故障或其他电力异常的损害。

（3）对计算机和设备环境应该进行监控，必要的话要检查环境的影响因素，如温度和湿度是否超过正常界限。

（4）对设备应该按照生产商的说明进行有序地维护。

（5）安全规程和控制措施应该覆盖该设备的安全性要求。

（6）设备（包括存储介质）在废弃使用之前，应该删除其上面的数据。

3．物理访问控制

信息安全管理部门应建立访问控制程序，控制并限制所有对计算机及信息系统计算、存储和通信系统设施的物理访问。应有合适的出入控制来保护安全场所，确保只允许授权的人员进入。必须仅限公司工作人员和技术维护人员访问公司办公场所、布线室、机房和计算基础设施。

4．建筑和环境的安全管理

为确保计算机处理设施能正确的、连续的运行，应至少考虑及防范以下威胁：偷窃、火灾、温度、湿度、水、电力供应中断、爆炸物、吸烟、灰尘、振动、化学影响等。

必须在安全区域内建立环境状况监控机制，以监控厂商建议范围外的可能影响信息处理设施的环境状况。应在运营范围内安装自动灭火系统。定期测试、检查并维护环境监控警告机制，并至少每年操作一次灭火设备。

5．保密室、计算机房访问记录管理

保密室、计算机房应设立物理访问记录，信息安全管理部门应定期检查物理访问记录本，以确保正确使用了这项控制。物理访问记录应至少保留 12 个月，以便协助事件调查。应经信息安全管理部门批准后才可以处置记录，并应用碎纸机处理。

7.2.2　计算机和网络运行管理策略

计算机和信息系统所拥有的和使用的大多数信息都在计算机上进行处理和存储。为了保护这些信息，需要使用安全且受控的方式管理和操作这些计算机，使它们拥有充分的安全保证。

由于学校计算机和信息系统采用三层管理模式，不排除连接到外部网络，计算机和信息系统的运行必须使用安全的方式进行管理，网络软件、数据和服务的完整性和可用性必须受到保护。

1．操作规程和职责

应该制定管理和操作所有计算机和网络所必需的职责和规程，来指导正确和安全的操作。这些规程包括以下内容。

（1）数据文件处理规程，包括验证网络传输的数据。

（2）对所有计划好的系统开发、维护和测试工作的变更管理规程和为意外事件准备的错误处理和意外事件处理规程。

（3）问题管理规程，包括记录所有网络问题和解决办法（包括怎样处理和谁处理）。

（4）为所有新的或变更的硬件或软件，制定包括性能、可用性、可靠性、可控性、可恢复性和错误处理能力等方面的测试/评估规程。

（5）日常管理活动，例如启动和关闭规程、数据备份、设备维护、计算机和网络管理、安全方法或需求。

（6）当出现意外操作或技术难题时的技术支持合同。

2. 操作变更控制

对信息处理设施和系统控制不力是导致系统或安全故障的常见原因，所以应当控制对信息处理设施和系统的变动。应落实正式的管理责任和措施，确保对设备、软件或程序的所有变更得到满意的控制。

3. 介质的处理和安全性

应当对计算机介质进行控制，如果有必要，需要进行物理保护。

（1）可移动的计算机介质应该受控。

（2）应该制定并遵守处理包含机密或关键数据的介质的规程。

（3）与计算相关的介质应该在不再需要时被妥善废弃。

4. 鉴别和网络安全

鉴别和网络安全包括以下方面。

（1）网络访问控制应包括对人员的识别和鉴定。

（2）用户连接到网络的能力应受控，以支持业务应用的访问策略需求。

（3）专门的测试和监控设备应被安全保存，使用时要进行严格控制。

（4）通过网络监控设备访问网络应受到限制并进行适当授权。

（5）应配备专门设备自动检查所有网络数据传输是否完整和正确。

（6）应评估和说明使用外部网络服务所带来的安全风险。

（7）根据不同的用户和不同的网络服务进行网络访问控制。

（8）对 IP 地址进行合理的分配。

（9）关闭或屏蔽所有不需要的网络服务。

（10）隐藏真实的网络拓扑结构。

（11）采用有效的口令保护机制，包括：规定口令的长度、有效期、口令规则或采用动态口令等方式，保障用户登录和口令的安全。

（12）应该严格控制可以对重要服务器、网络设备进行访问的登录终端或登录节点，并且进行完整的访问审计。

（13）严格设置对重要服务器、网络设备的访问权限。

（14）严格控制可以对重要服务器、网络设备进行访问的人员。

（15）保证重要设备的物理安全性，严格控制可以物理接触重要设备的人员，并且进行登记。

（16）对重要的管理工作站、服务器必须设置自动锁屏或在操作完成后，必须手工锁屏。

（17）严格限制进行远程访问的方式、用户和可以使用的网络资源。

（18）接受远程访问的服务器应该划分在一个独立的网络安全区域。

个人终端用户（包括个人计算机）的鉴别，以及连接到所有办公自动化网络和服务的控制职责，由信息安全管理部门决定。

5. 操作人员日志

操作人员应保留日志记录。根据需要，日志记录应包括以下内容。

（1）系统及应用启动和结束时间。

（2）系统及应用错误和采取的纠正措施。

（3）所处理的数据文件和计算机输出。

（4）建立和维护操作日志的人员名单。

6. 错误日志记录

对错误及时报告并采取措施予以纠正。应记录报告的关于信息处理错误或通信系统故障的相关信息。应有一个明确的处理错误报告的规则，包括以下内容。

（1）审查错误日志，确保错误已经得到满意的解决。

（2）审查纠正措施，确保没有违反控制措施，并且采取的行动都得到充分的授权。

7. 网络安全管理策略

网络安全管理的目标是保证网络信息安全，确保网络基础设施的可用性。网络管理员应确保计算机信息系统的数据安全，保障连接的服务的有效性，避免非法访问。应该注意以下内容。

（1）应将网络的操作职责和计算机的操作职责分离。

（2）制定远程设备（包括用户区域的设备）的管理职责和程序。

（3）应采取特殊的技术手段保护通过公共网络传送的数据的机密性和完整性，并保护连接的系统，采取控制措施维护网络服务和所连接的计算机的可用性。

（4）信息安全管理活动应与技术控制措施协调一致，优化业务服务能力。

（5）使用远程维护协议时，要充分考虑安全性。

8. 电子邮件安全策略

计算机和信息系统应制定有关使用电子邮件的策略，包括以下内容。

（1）数字签名策略

数字签名是一种用于邮件数据的算法的应用程序，可向收件人证明邮件来自于发件人而非冒名，且此邮件没有被篡改。包括发件人的证书签署电子邮件可以防止模拟和篡改。为电子邮件添加数字签名会将发件人的证书以及公钥应用于该邮件。

（2）加密策略

发件人的邮件程序使用收件人的公钥对电子邮件和附件进行加密、加锁，只有拥有与用户用来加密邮件的公钥相匹配的私钥的收件人才能将邮件解密破译成可阅读的文本。对邮件进行加密与为邮件添加数字签名是相互独立的过程。

（3）生物识别策略

生物识别可以用来进行鉴别（Identification）。这种情况是指用户并未声称自己的身份。生物识别系统试图通过比对采集的个体特征和事先存储的特征进行比对来进行相似性匹配。通常称为是 $1:N$ 匹配。这种方式一般用于法律强制的环境中，例如刑事侦查和法院查证。这种方式一般返回的是一个最相似的集合结果。

9. 病毒防范策略

病毒防范包括预防和检查病毒（包括实时扫描/过滤和定期检查），主要包括以下内容。

（1）控制病毒入侵途径。

（2）安装可靠的防病毒软件；病毒保护软件必须不能被禁用或被绕过；病毒保护软件的更改不能降低软件的有效性；不能为了降低病毒保护软件的自动更新频率而对其进行更改。

（3）对系统进行实时监测和过滤。

（4）定期杀毒。

（5）及时更新病毒库。

（6）及时上报。

（7）详细记录。

防病毒软件的安装和使用由信息安全管理部门专门的病毒防范管理员执行。严格控制盗版软件及其他第三方软件的使用，必要时，在运行前先对其进行病毒检查。

内部工作人员因为上不安全的网站下载文件或其他方式导致中毒，造成的后果由其本人负责。

10. 备份与恢复策略

备份策略是指确定需要备份的内容、备份时间以及备份方式。备份的数据往往根据企业或组织的需要来确定，其策略主要有以下形式。恢复策略是指将信息系统从灾难造成的故障或瘫痪状态恢复到可正常运行状态，并将其支持的业务功能从灾难造成的不正常状态恢复到可接受状态而设计的活动和流程，其目的是减轻灾难的不良影响，保证信息系统所支持的关键业务在灾难发生后能及时恢复和继续运作。定义计算机及信息系统备份与恢复应该采用的基本措施如下：

（1）建立有效的备份机制

① 对需要备份的数据内容，可以采用全备份、增量备份或差分备份。

a. 全备份。全备份可以全天候捕获每一段数据，包括所有硬盘上的文件。每个文件都被做上已被备份的标记，即归档属性被清除或重置。这种备份方式很直观，容易被人理解。当发生数据丢失的灾难时，只要用一份最新的完整磁带备份，就可以将服务器完全恢复到一特定时间点的状态。

b. 增量备份。增量备份可以捕获最近一次全备份或增量备份后发生了变化的每一段数据。要恢复服务器，必须使用全备份磁带（无论多旧）和以后的所有增量备份。增量备份将为文件做上已被备份的标记，即归档属性被清除或重置。例如，若系统在周五早晨发生故障，那么就需要将系统恢复到周四晚上的状态，管理员需要找出周一的全备份磁带进行系统恢复，再找出周二的磁带来恢复周二的数据，然后再找出周三的磁带来恢复周三的数据，最后再找出周四的磁带来恢复周四的数据。

c. 差分备份。差分备份捕获自最近一次全备份后发生变化的数据。要执行完整的系统恢复，需要全备份磁带和发生灾难前一天的差分备份磁带即可。这种备份方式并不将文件做上已被备份的标记（即不清除归档属性）。

② 根据备份模式，可采用两种途径，即热备份和冷备份。

a. 热备份（联机备份）。执行备份时，用户仍然可以访问数据。联机备份在系统处于联机状态下进行，因此带来了一种中断时间最少的策略。

b．冷备份（脱机备份）。执行数据备份时，首先让用户无法访问数据。执行冷备份是通过让系统和服务脱机而完成的。在需要获取系统的时间点或应用程序不支持热备份时，使用冷备份。

③ 根据备份介质存放的位置可将数据备份分为本地备份和异地备份。

本地备份是在本硬盘的特定区域备份文件。异地备份是指备份的数据保存在异地，即将数据备份到计算机的存储介质（如硬盘、光盘以及存储卡等介质）上，再转移到异地，也可以通过网络直接在异地备份。异地备份的信息至少不能存放在同一建筑内。业务数据由于系统或人为误操作造成损坏或丢失后，可及时利用本地备份实现数据恢复；当发生地域性灾难，如地震、火灾、机器毁坏等，可使用异地备份实现数据及整个系统的再恢复。

用户在制定备份策略时，可采用多种方式的组合。例如根据数据量及备份时间的长短，在周末进行全备份，在每天晚上进行差分备份或者增量备份。在方案中应该注意异地备份，在备份数据生成之后，需要将数据离开服务器所在的房间、建筑甚至是城市。

（2）设置有效的恢复机制

在数据损坏后，需要进行数据的恢复，数据的恢复通常有 3 种。

① 全部恢复。

全部恢复一般在服务器发生意外灾难导致数据全部丢失、系统崩溃或是有计划的系统升级、系统重组等，也称为系统恢复。这种恢复需要在平时进行模拟练习，保证备份和恢复能够进行。

② 个别文件恢复。

由于操作人员的失误，个别文件损坏的可能性很大，需要恢复指定文件。

③ 重定向恢复。

重定向恢复是将备份的文件恢复到另一个不同的位置或系统上去，而不是进行备份操作时它们当时所在的位置。重定向恢复可以是整个系统恢复，也可以是个别文件恢复。重定向恢复前需要慎重考虑，要确保系统或文件恢复后的可用性。

a．明确备份的操作人员职责、工作流程和工作审批制度。

b．建立完善的备份工作操作技术文档。

c．明确恢复的操作人员职责、工作流程和工作审批制度。

d．建立完善的恢复工作操作技术文档。

e．针对建立的备份与恢复机制进行演习。

f．对备份的类型和恢复的方式进行明确的定义。

g．妥善保管备份介质。

7.2.3 访问控制策略

为了保护计算机系统中信息不被非授权的访问、操作或破坏，必须对信息系统和数据实行控制访问。计算机系统控制访问包括建立和使用正式的规程来分配权限，并培训工作人员安全地使用系统。对系统进行监控，检查是否遵守所制定的规程。

目前传统的访问控制模型主要可分为 3 种。

（1）自主性的访问控制（DAC），其基本思想是：允许用户自主地将访问权限授予其他用户，但只能控制直接访问而无法控制间接访问。

（2）强制性的访问控制（MAC），其基本思想是：由授权机构为主体和客体分别定义固定的访问属性，用户无权进行修改。主体权限反映了信任程度，客体权限则与其所含信息的敏感度一致，通过二者的比较来判断访问的合法性。

（3）基于角色的访问控制（RBAC）提出了"角色"概念，它采用与企业组织结构一致的方式进行安全管理。其基本思想是：在用户与角色之间建立多对多关联，为每个用户分配一个或多个角色；在角色与权限之间建立多对多关联，为每个角色分配一种或多种操作权限；同时，通过角色将用户与权限相关联。

对于（1）、（2）类型，虽然能够达到访问控制的目的，但是它们的管理非常困难。另外，DAC 以降低资源安全性为代价提供了较大的灵活性，适用于一般的商业机构和民间组织。MAC 适用于军方的多级安全机制，灵活性较差。基于角色的访问控制由于使用角色来连接主体和客体，简化了客体本身的管理复杂性。但是，基于角色的传统访问控制模型还存在以下缺陷。

（1）把用户认证和权限检查分开处理，容易形成效率低下的数据访问。

（2）隐含了无条件所有权，忽略了运行时语境对权力的制约。

（3）没有考虑到分布式环境下运行其用户权限的动态变化，给安全管理带来困难。

（4）访问控制策略不是相互排斥的，不同的策略可以组合到一起实现更有效的系统保护。

如图 7-1 所示，三个内圆环分别代表了一种策略，每一种策略保证了所有可能访问的一个子集。目前对于访问控制策略的研究大多集中在现有策略模型的融合和约束集大小的变换上，比如目前的一些具有时间约束的基于角色的访问控制策略模型，以及基于任务的访问控制策略模型。对于策略外延的研究重要集中在下一代网络的研究方面。

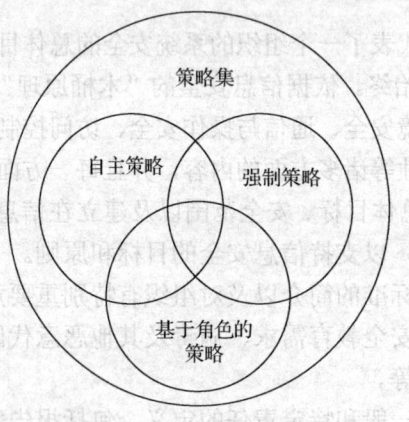

图 7-1 访问控制策略模型

（1）应使用有效的访问系统来鉴别用户。

（2）应通过安全登录进程访问多用户计算机系统。

（3）特殊权限的分配应被安全地控制。

（4）用户选择和使用密码时应慎重参考良好的安全惯例。

（5）用户应确保无人看管的设备受到了适当的安全保护。

（6）应根据系统的重要性制定监控系统的使用规程。

（7）必须维护监控系统安全事件的审计跟踪记录。

（8）为准确记录安全事件，计算机时钟应被同步。

7.2.4 风险管理及安全审计策略

信息安全审计及风险管理对于帮助公司识别和理解信息被攻击、更改和不可用所带来的（直接和间接的）潜在业务影响来说至关重要。所有信息内容和信息技术过程应通过信息安全审计活动及风险评估活动来识别与它们相关的安全风险，并执行适当的安全对策。

计算机及信息系统的信息安全审计活动和风险评估应当定期执行。特别是系统建设前或系统进行重大变更前，必须进行风险评估工作。

信息安全审计应当3个月进行一次，并形成文档化的信息安全审计报告。信息安全风险评估应当至少每年一次，可由公司自己组织进行或委托有信息系统风险评估资质的第三方机构进行。信息安全风险评估必须形成文档化的风险评估报告。

7.3 信息安全策略的制定过程

制定信息安全策略的原则包括：先进的网络安全技术是网络安全的根本保证；严格的安全管理是确保信息安全策略落实的基础；严格的法律、法规是网络安全保障的坚强后盾；策略的制定需要达成的目标是减少风险，遵从法律和规则，确保组织运作的连续性、信息完整性和机密性。

7.3.1 信息安全策略的制定原则

1. 完整性原则

一套安全策略文档系统代表了一个组织的系统安全的总体目标，它建立在风险分析的基础上，贯穿于整个安全管理的始终。依据信息安全的"木桶原理"，它应该包括组织安全、人员安全、资产安全、物理与环境安全、通信与操作安全、访问控制安全、系统开发与维护安全，以及业务持续性和法律相容性等诸多方面的内容，并且每一方面都至少应该明确以下几点。

（1）信息安全的定义、总体目标、安全范围以及建立在信息共享机制下的安全的重要性。

（2）管理层意图的阐述，以支持信息安全的目标和原则。

（3）安全策略、原则及标准的简介以及对组织有特别重要意义的其他相容性的要求，例如符合法律及合同的要求、安全教育需求、病毒及其他恶意代码的预防和检测业务持续性管理以及违反安全策略的后果等。

（4）对信息安全管理的一般和特定责任的定义，包括报告安全事件。

（5）支持安全策略文档的参考说明。例如特殊的信息系统或安全规则所要求的，用户应遵守的更详尽的安全策略及程序。

最后，所有这些安全策略都要以恰当的形式在全机构公布，让有关人员能够访问并理解透彻。

2. 一致性原则

安全策略的制定首先要获得高级管理层的支持，然后由专门的部门（如信息安全主管部门）负责制定和传达。防止"政出多门，责权不清"现象的出现并最终传达到相关人员的手中，以做到上下一致。虽然安全策略可以采取多种不同的形式来表达。例如只有一篇统一的安全策略文档、针对不同安全需求的多篇策略文档组合或融合在各种安全标准框架内的策略文档陈述等。但无论如何，其目标只有一个，就是体现对高级管理层所制定的信息安全定义和目标的支持。

3. 动态性原则

安全是动态的，安全策略也不能是一成不变的。随着技术的发展和组织内外环境的变化，例如发生重要的安全事件、出现新漏洞、机构或技术架构的改变等。对安全策略要进行定期的或临时的评审与评价，主要包括以下内容。

（1）策略的有效性由记录在案的安全事故的性质、数量和造成的影响来证明。

（2）费用及控制对业务效率的影响。

（3）技术更新的影响。根据评审和评价的结果决定是否对安全策略进行调整或保持原策略。

7.3.2 信息安全策略的制定流程

当进行一项安全策略的制定工程时，可以用 SDLC 过程对其进行指导。SDLC（系统生命周期，系统生存周期）是软件产生直到报废的生命周期，是软件工程中的一种思想原则，即按部就班、逐步推进，每个阶段都要有定义、工作、审查、形成文档以供交流或备查，以提高软件的质量。

1. 调查与分析阶段

（1）安全策略制定小组的组件

首先组建安全策略制定小组，明确成员、小组的权限和落实责任，如策略的起草、检查、测试、发布、实施与管理等。安全策略制定小组应由以下人员组成。

① 高级管理人员。

② 信息安全管理人员。

③ 负责信息安全策略执行的管理人员。

④ 熟悉相关法律事务的相关人员。

⑤ 用户部门的相关负责人。

⑥ 工程监理人员。

（2）理解组织的企业文化和业务特征

对于任何一个组织来说，由于都有自己特殊的环境条件和历史传统，从而也形成了自己独特的哲学信仰、意识形态、价值取向和行为方式，于是每个组织也都有自己特定的企业文化。对企业文化及员工状况的了解有助于了解员工的安全意识、心理状况和行为状况，并有利于制定合理的信息安全策略。

组织的业务特征包括业务的内容、性质、目标及其价值等。只有了解这些业务特征，才能发现和分析组织业务的风险环境，从而提出合理的、与业务目标一致的、有效的信息安全保障策略。在信息安全中，业务一般表现为资产的形式。风险管理理论认为，对业务资产的适当保护对业务的成功至关重要。而对资产进行有效的保护，必须要先对资产有清晰地了解。

（3）获得管理层的支持与承诺

一项好的具体的安全策略，只有得到高层管理人员的支持，才能引起中层管理人员对策略实施的重视，以及用户对策略执行的遵守。获得策略层的支持和承诺，能促使制定的安全策略与组织的业务目标保持一致，能让安全策略得到有效地贯彻实施，并能保证安全策略在制定和实施过程中所需的必要的资金和人力资源等得到支持。

（4）确定信息安全策略的目标和范围

组织应该根据自己的实际安全需求和业务需要，明确阐述信息安全策略的预期目标和要涉及的范围。结合组织的 ISMS 范围情况，安全策略可以是面向整个组织范围内，也可是在某些部门或领域内。

（5）相关资料的收集与分析

收集与现有安全策略相关的信息资料，包括需要增加或修改的策略、所面临的威胁和存在的脆弱性等情况资料等。这些安全策略资料一般存于人力资源部门、财务部门或组织的安全部门等地方。

进行组织的信息安全管理状况调查、风险评估和信息安全审计等工作。这些工作的成果资料是制定信息安全策略的基础与关键。根据风险评估或审计结果，选择合适的控制目标和控制措施，这些是制定信息安全策略的直接依据。

2. 设计阶段

（1）起草拟定安全策略

根据风险评估和所选择的控制目标和控制措施等情况，起草拟定安全策略，包括总体安全策略、问题安全策略和功能安全策略。这些安全策略应当覆盖所有的风险与控制，对于没有涉及的方面，则应该说明原因。

（2）测试与评审安全策略

初步制定出安全策略后，需要进行充分的用户测试与专家评估，以评审安全策略的完备性、正确性、易用性等，并确定安全策略是否能达到信息安全方针规定的信息安全目标，可以提出以下问题来帮助评审安全策略。

① 安全策略是否符合相关的法律、法规、技术标准及合同的要求。

② 安全策略是否得到了管理层的批准和支持承诺。

③ 安全策略是否损害了组织、员工及第三方的利益。

④ 安全策略是否覆盖全面，满足各方面的安全要求。

⑤ 安全策略是否实用、可操作并可以在组织中全面实施。

⑥ 安全策略是否已传达给相关各方，并得到了他们的同意。

在安全策略的设计过程中，容易忽视的是应当确保策略的可实施性和可读性。例如规定禁止员工之间讨论私人事务，这实际上是不可行的，是无效的策略，而如果策略的描述使用了太多的专业技术和管理术语，其可读性就会变得很差，容易造成理解困难或出现模棱两可的策略理解，这些显然都是不合适的安全策略。

在安全策略的评审过程中，或许会对策略带来许多修改，通常这么做也是必要的。我们应该将这看成是模块化的过程，而不应当认为是个人行为。如果使用的是多重评审的机制，那么这只会让安全策略变得更加清晰、简洁并能对主流形势做出反映，所以评审的结果或观点会让策略受到更大程度地接受。

3. 实施阶段

安全策略通过测试与评审之后，需要由管理层正式批准实施。在实施阶段，应当确保安全策略能顺利地发布到每个员工与相关利益方，并得到正确的理解，使员工明确各自的安全责任与义务。安全策略的发布工作，并非是想象中进行公告那样简单。这需要在组织中开展各种各样的宣传、安全意识教育，并形成一个良好的企业安全文化氛围。安全策略在最终用户获知之前，不能强制执行。与刑法和民法不同的是，对策略的忽视，在其宣传不力时，是可以接受的。所以，在某些情况下，为了保证安全策略的顺利、正确地实施，必须极力宣传安全策略，或用其他多种语言和形式向广大员工和相关利益方提供安全策略知识。

管理层常常会以为广大员工的行为当然会以组织的最佳利益为重，实际上这是欠考虑的危险假设。所以在宣传策略的实施过程中，管理层应当善于引导员工接受并实施策略，认识到这些安全策略的实施能提供工作与个人发展的机会，并认识到他们的利益与组织的利益是一致的。只有建立这样适当而有效的服从机制，安全策略才会被认真贯彻实施。

4．维护阶段

在维护阶段，组织应当实时监控、定期评审、调整和持续改进安全策略，以确保其始终是对付威胁变化的有效工具。因为组织所处的内外环境在不断变化，信息资产所面临的威胁和风险也不是固定的，组织中人的思想和观念也是不断变化的。在这个不断变化的世界中，要想将风险控制在一个可接受的范围内，就必须对安全策略和相应的安全控制措施进行持续的改进，使之在理论上、标准上和方法上与时俱进。

7.3.3　组织的安全策略

信息对组织的运作和发展所起到的作用越来越大，信息安全问题备受关注。信息安全是指信息的保密性、完整性和可用性的保持，其终极目标是降低组织的业务风险，保持可持续发展。另外，信息安全问题不单纯是技术问题，它是涉及很多方面（历史、文化、道德、法律、管理、技术等）的一个综合性问题，单纯从技术角度考虑是不可能得到很好解决的。

我们在这里讨论的组织是指在既定法律环境下的营利组织和非营利组织，其规模和性质不足以直接改变所在国家或地区的信息安全法律法规。

1．完整的信息安全策略组织应该有一个完整的信息安全策略

完整的信息安全策略我们可以通过下面一个例子来解释这种情况。

某设计院有工作人员 25 人，每人一台计算机，Windows 7 对等网络通过一台集线器连接起来，公司没有专门的 IT 管理员。公司办公室都在二楼，同一楼房内还有多家公司，在一楼入口处赵大爷负责外来人员的登记，但是他经常分辨不清楚是不是外来人员。设计院由市内一家保洁公司负责楼道和办公室的清洁工作。总经理陈博士是位老设计师，他经常通过 Internet 访问一些设计方面的信息。他的计算机上还安装了代理软件，其他人员可以通过这个代理软件访问 Internet。如果该设计院的信息安全管理停留在一种放任的状态，会发生什么问题呢？下列情况都是有可能发生的。

（1）小偷凭借一楼的防护栏潜入办公室偷走了计算机。

（2）保洁公司人员不小心弄脏了准备发给客户的设计方案，错把掉在地上的合同稿当废纸收走了，不小心碰掉了墙角的电源插销。

（3）某设计师张先生是公司的骨干，他嫌公司提供的设计软件版本太旧，自己安装了盗版的新版本设计程序。尽管这个盗版程序使用一段时间就会发生莫名其妙的错误导致程序关闭，可是张先生还是喜欢新版本的设计程序，并找到一些办法避免错误发生时丢失文件。

（4）后来张先生离开设计院，新员工小李使用原来张先生的计算机。小李抱怨了多次计

算机不正常，没有人理会，最后决定自己重新安装操作系统和应用程序。

（5）小李把自己感觉重要的文件备份到陈博士的计算机上，听朋友介绍 Windows 10 比较稳定，他决定安装 Windows 10，于是他就重新给硬盘分区，成功完成了安装。

（6）陈博士对张先生的不辞而别没有思想准备，甚至还没来得及交接一下张先生离开时正负责的几个设计项目。这几天他一闲下来就整理张先生的设计方案，可是突然一天提示登录原来张先生的那台计算机需要密码了。小李并不熟悉 Windows 10，只是说自己并没有设置密码。

（7）尽管小李告诉陈博士已经把文件备份在陈博士的计算机上，可是陈博士没有找到自己需要的文件。

（8）大家通过陈博士的计算机访问 Internet，收集了很多有用的资料。可是最近好几台计算机在启动的时候就自动连接上 Internet，陈博士收到几封主题不同的电子邮件，内容竟然包括几个还没有提交的设计稿，可是员工都说没有发过这样的信。

一个正式的信息安全策略应该包括下列信息。

（1）适用范围：包括人员和时间上的范围。

（2）目标。例如防病毒策略的目标可以是"为了正确执行对计算机病毒、蠕虫、特洛伊木马的预防、侦测和清除过程，特制定本策略"。

（3）策略主体。

（4）策略签署。

（5）策略的生效时间和有效期（或者重新评审时间）

（6）重新评审策略的时机。策略除了常规的评审时机，在下列情况下也需要重新评审：管理体系发生很大变化、相关法律法规发生了变化、信息系统或者信息技术发生大的变化、组织发生了重大的安全事故。

（7）与其他相关策略的引用关系。

（8）策略解释、疑问响应的人员或者部门。

（9）策略的格式可以根据组织的惯例自行选择，所列举的项目也可以做适当的增删。

2. 信息安全策略的主体内容

信息安全策略通常不是一篇文档，根据组织的复杂程度还可能分成几个层次，其主题内容各不相同。但是每个主题的策略都应该简洁、清晰地阐明什么行为是组织所希望的，提供足够的信息，保证相关人员仅通过策略自身就可以判断哪些策略内容是和自己的工作环境相关。

通常一个组织会考虑开发下列主题相关的信息安全策略。

（1）环境和设备的安全。

（2）信息资产的分级和人员责任。

（3）安全事故的报告与响应。

（4）第三方访问的安全性。

（5）委外处理系统的安全。

（6）人员的任用、培训和职责。

（7）系统策划、验收、使用和维护的安全要求。

（8）信息与软件交换的安全。

（9）计算级和网络的访问控制和审核。

（10）远程工作的安全。

（11）加密技术控制。

（12）备份、灾难恢复和可持续发展的要求。

（13）符合法律法规和技术指标的要求。

7.4 安全策略实施与管理

完整的策略管理框架包括 4 个组成部分：为管理员提供的策略系统管理方法、具体实施策略规则的策略管理架构、定义策略描述语言的策略规范以及为协助用户进行管理的策略管理工具，如图 7-2 所示。本节将按照这 4 个部分介绍策略框架的研究背景和现状。

图 7-2　策略管理框架

7.4.1 策略管理方法

安全策略的管理方法分为集中式管理和分布式管理。

1. 集中式管理

集中式管理就是在整个网络系统中，由统一、专门的安全策略管理部门和人员对信息资源和信息系统使用权限进行计划和分配。整体安全策略框架，包括安全标准体系、安全技术体系、安全组织体系、安全运维体系，从组织、标准、技术、运维 4 个层面确保安全战略目标的实现，以适应多业务、多流程、多系统安全管理的需要。安全策略集中化管理体系框架如图 7-3 所示。

以体系架构为基础，以面向风险的安全评估为起点，通过信息资产调查、网络拓扑结构绘制、弱点和风险分析、安全区域等级评估，结合网络及系统弱点和等级化保护要求，对影响安全的风险点从安全域、弱点、威胁等方面进行评估，完成多平台、多系统、多业务管理的安全策略梳理，构建和设计整体安全管理策略和流程。安全策略实施的工作范围包括业务支撑系统（BOSS、客服系统、经营分析系统）、网络支撑系统（话务网网管、IP 网网管、信令监控、电子运维系统）、管理信息系统（ERP、电子采购、计划管理和 OA）和数据业务系统（短信系统、WAP 系统、CMNet、GPRS、数据增值业务系统等）。

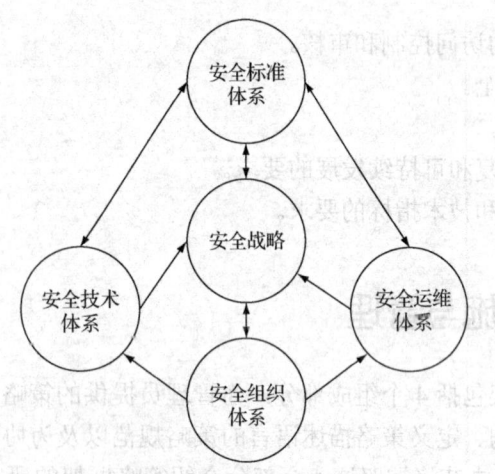

图 7-3　安全策略集中化管理体系框架

2. 分布式管理

分布式管理就是将信息系统资源按照不同的类别进行划分，然后根据资源类型的不同，由负责此类资源管理的部门或人员负责安全策略的制定和实施。支持策略对象的分发、启用、禁用、卸载以及删除，能够根据域内成员关系的变化对策略实施做出相应调整。在引入基于目录和策略的分布式访问控制模型时，为了保证其实际意义，要遵循下面的设计原则。

（1）通用性：策略与机制分离，可以方便地选择使用不同的安全策略，而模型的框架不变。

（2）尽量遵循标准：系统的功能部件型的互换性，降低部件间的耦合度。

（3）与现存系统的兼容性：模型的设计中降低实现模块的复杂度并增强实现部件接口的统一性，保证现有系统可以经过简单地调整或修改就可以使用该模型提供的管理的方便性和安全性。

（4）最小信任域原则：模型的活动对象的组织采用域的概念进行组织，为策略对象提供一个尽量小的信任活动空间，并尽量减小策略对象的生存时间。

（5）系统组件之间的所有交互都通过远程对象调用（Remote Object Invocations）和异步的事件通知（Event Notifications）实现。

（6）策略部署模型中的域和策略都映射为系统中的对象，这就为针对域对象和策略对象制定策略提供了支持，使得部署模型从根本上支持策略自管理。

7.4.2　策略管理架构

1. IETF 策略管理架构

根据互联网工程任务组（Internet Engineering Task Force，IETF）中策略框架工作组（Policy Framework Working Group）制定的协议，策略管理架构中包括 4 个组件：策略服务器（也称策略决定点，PDP），策略管理员、目录服务器（也称策略信息库）和策略实施者（PEP）。

PDP 负责根据策略实施者提交的策略请求，从目录服务器获取策略，并将策略解释为策略实施者能够理解的形式后返回给 PEP。

策略管理员通过策略管理工具（PMT）维护目录服务器中存储策略的数据库，配置策及相关信息，监视整个策略控制系统的运行；目录服务器是实现策略统一管理的基础，存储策略及其相关的各种信息。

PEP 就是网络中的策略受控节点，例如路由器和交换机等，通过分组过滤、带宽预留、业务分类和多转发队列等具体实施策略。需要注意的是，IETF 策略管理架构主要面向计算机网络服务质量的管理和控制。

IETF 策略管理架构没有明确定义触发策略的事件（Event），因此实际中触发 PEP 查找适用策略的是隐含的事件，例如路由器收到了一个符合某种特征的分组等。IETF 策略管理架构中支持两种模式的策略散发：一种是 push-model，PDP 主动向 PEP 发送初始化策略或是更新策略；另一种是 pull-model，在隐含事件的触发下，PEP 向 PDP 请求策略。

由图 7-4 中可知策略管理架构中还包括两个关键协议：轻量级目录访问协议（Lightweight Directory Access Protocol，LDAP）和公共开放策略服务（Common Open Policy Service，COPS）。

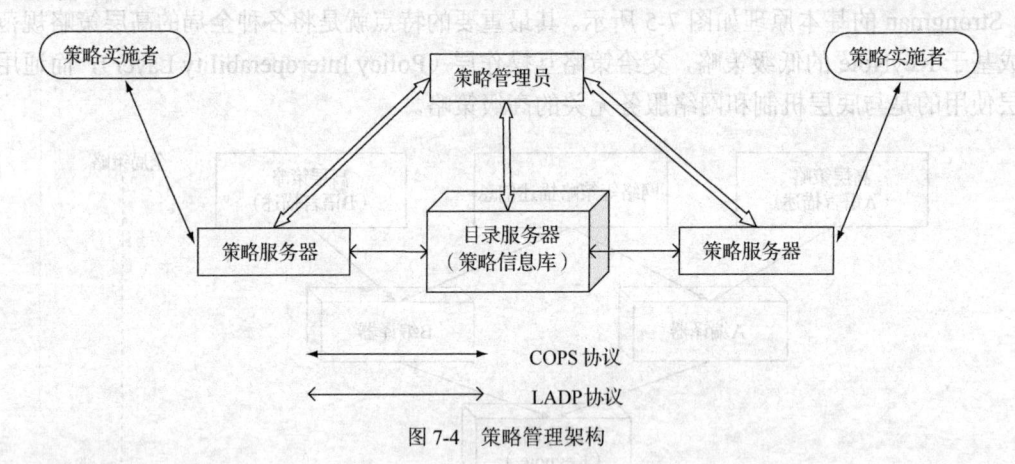

图 7-4　策略管理架构

（1）LDAP 协议：LDAP 协议遵循 X.500 协议数据模式，实现 PDP 对目录服务器中策略信息的存取操作；LDAP 协议中的数据是面向对象的，LDAP 协议的模式规定了数据库的结构，而条目则是模式的实现，可以说，LDAP 数据库就是由条目构成的。模式有两个重要的元素，属性类型和对象类，与对象类相关的还有内容规则、命名规则和结构规则等。可以认为对象类相当于 C++中的类，而属性类型相当于类中的数据类型，条目就相当于类实例。

（2）COPS 协议：COPS 协议描述了一个基于信令协议的 QOS 策略控制客户/服务器模型。COPS 协议在 PDP 及其客户（PEP）之间交换策略请求和决定信息。COPS 协议具有可扩展性，可以支持其他类型的策略用户。在协议中没有对 PDP 的工作机制提出其他约束，只是要求在每个策略受控的管理域中，至少应该有一个 PDP，而且 PDP 能够对策略请求做出决定并将其返回。

COPS 协议是简单而又可扩展的，采用了客户/服务器模型。在这个模型中，PEP 发出策略请求、策略更新、策略删除的信息给远端 PDP，PDP 进行相应的决策，并将其决定返回给 PEP。COPS 协议使用 TCP 作为传输层协议，可以提供可靠的报文交换。COPS 提供了报文级的安全，可以进行确认、保护和维持报文的完整。

COPS 也能使用 IPSEC 等已有协议来保证 PDP 和 PEP 间的认证和加密。COPS 协议的一个重要特点就是策略请求/策略决定的当前状态为 PEP 与 PDP 所共享，PEP 发出的策略请求被 PDP 登记在案直到被 PEP 删除。

同时，对于已经被 PUP 所登记的策略请求，PDP 可以在任何时候异步的产生策略决定并将其下达给相关的 PEP。

2. 安全策略架构

在对基于角色的管理和信任管理进行研究的过程中出现了一些安全策略的部署架构，这些安全策略架构都采用了认证技术来支持基于证书的授权。英国剑桥大学提出的安全互联开放架构（Open Architecture for Secure Interworking）是这一类安全策略架构中的主要代表。安全互联开放架构实施的是基于角色的访问控制策略，访问权限按照特定原则聚合成角色，而用户提供的证书与特定的角色相关联。另外还有一些在现有中间件平台上实现 RBAC 模型的研究，例如在 CORBA 安全服务上实现 RBAC 模型。

宾夕法尼亚大学在对 KeyNote 管理系统研究的过程中定义了一个 Strongman 安全策略架构。Strongman 的基本原理如图 7-5 所示。其最重要的特点就是将各种全局的高层策略规范编译成基于 KeyNote 的低级策略，交给策略互操作层（Policy Interoperability Layer），而通用策略层使用的是与底层机制和网络服务无关的高级策略。

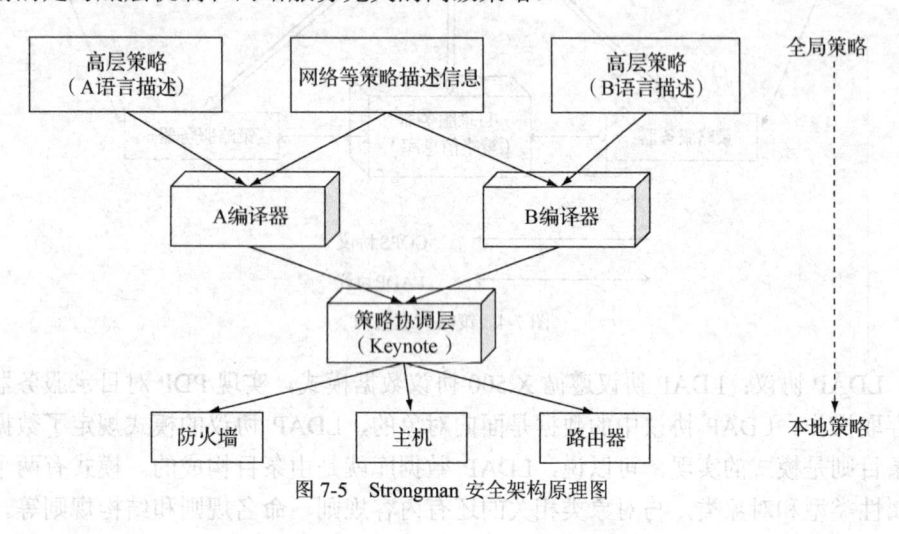

图 7-5 Strongman 安全架构原理图

7.4.3 策略规范

策略规范定义了策略描述语言的语义和语法。诸多的文献从各个级别上制定了策略规范，不同级别的策略规范组成了策略的分层结构，策略的分层结构不仅体现了策略规范的不同视角以及不同级策略之间的相互关系，还展示了从实现高层次管理目标的高层策略到能够自动实施的底层策略的、从抽象到具体的过程。

本章将策略规范划分为以下三层。

（1）高层抽象策略（也称管理目标），可以是比较抽象的商务目标，或者是服务等级约定（Service Level Agreements）、信任关系 （Trust Relationships），甚至可以是自然语言的陈述。高层抽象策略无法直接执行，为了实现其管理目标，必须将其转换为其他两级更为具体的策略，本书不涉及这一部分内容。

（2）规范层策略，指的是网络级或是商务级的策略，通常是由管理员人为制定的，这些策略与特定的服务有关，是对底层策略的抽象。

（3）底层策略，也就是配置策略，通常是对特定的设备或是安全机制进行配置（例如访问控制列表、防火墙规则等）。对于大规模网络来说，无以计数的大量底层策略成为网络可伸缩性和互操作性的瓶颈。在本章所提出的策略部署模型中，大量的底层策略可以通过策略服务自动的从已编译规范层策略类实例化而来。从功能上来划分，策略可以分为安全策略和管理策略。安全策略通常是指访问控制策略，而管理策略负责分配管理和实施的具体职责给特定组件。对于大规模分布式网络而言，管理和安全是紧密相关的，每一方都需要另一方提供支撑服务。

7.4.4 策略管理工具

策略管理工具一般分为通用管理工具和商用管理工具。在通用管理工具中，QoS 管理工具能够制定服务等级约定 SLA（Service Level Agreement）并以列表的形式生成 SLA 相关信息，此工具可以将高层策略信息转换为设备配置，并将其存储在 LDAP 目录数据库中。

分类是指具有 QoS 的网络能够识别哪种应用产生哪种数据包。没有分类，网络就不能确定对特殊数据包要进行的处理。所有应用都会在数据包上留下可以用来识别源应用的标识。分类就是检查这些标识，识别数据包是由哪个应用产生的。以下是 4 种常见的分类方法。

（1）协议

有些协议非常“健谈”，只要它们存在就会导致业务延迟，因此根据协议对数据包进行识别和优先级处理可以降低延迟。应用可以通过它们的 EtherType 进行识别。例如，AppleTalk 协议采用 0x809B，IPX 使用 0x8137。根据协议进行优先级处理，是控制或阻止少数较老设备所使用的“健谈”协议的一种强有力方法。

（2）TCP 和 UDP 端口号码

许多应用都采用一些 TCP 或 UDP 端口进行通信，如 HTTP 采用 TCP 端口 80。通过检查 IP 数据包的端口号码，智能网络可以确定数据包是由哪类应用产生的，这种方法也称为第四层交换，因为 TCP 和 UDP 都位于 OSI 模型的第四层。

（3）源 IP 地址

许多应用都是通过其源 IP 地址进行识别的。由于服务器有时是专门针对单一应用而配置的，例如电子邮件服务器，所以分析数据包的源 IP 地址可以识别该数据包是由什么应用产生的。当识别交换机与应用服务器不直接相连，而且许多不同服务器的数据流都到达该交换机时，这种方法就非常有用。

（4）物理端口号码

与源 IP 地址类似，物理端口号码可以指示哪个服务器正在发送数据。这种方法取决于交换机物理端口和应用服务器的映射关系。虽然这是最简单的分类形式，但是它依赖于直接与该交换机连接的服务器。

1. 标注

在识别数据包之后，要对它进行标注，这样其他网络设备才能方便地识别这种数据。由于分类可能非常复杂，因此最好只进行一次。识别应用之后就必须对其数据包进行标记处理，以便确保网络上的交换机或路由器可以对该应用进行优先级处理。通过采纳标注数据的两种行业标准，即 IEEE 802.1p 或差异化服务编码点（DSCP），就可以确保多厂商网络设备能够对该业务进行优先级处理。

在选择交换机或路由器等产品时，一定要确保它可以识别两种标记方案。虽然 DSCP 可以替换在局域网环境下主导的标注方案 IEEE 802.1p，但是与 IEEE 802.1p 相比，实施 DSCP 有一定的局限性。在一定时期内，与 IEEE 802.1p 设备的兼容性将十分重要。作为一种过渡机制，应选择可以从一种方案向另一种方案转换的交换机。

2. 优先级设置

一旦网络可以区分电话通话和网上浏览，优先级处理就可以确保进行 Internet 上大型下载的同时不中断电话通话。为了确保准确的优先级处理，所有业务量都必须在网络骨干内进行识别。在工作站终端进行的数据优先级处理可能会因人为的差错或恶意的破坏而出现问题。黑客可以有意地将普通数据标注为高优先级，窃取重要商业应用的带宽，导致商业应用的失效。这种情况称为拒绝服务攻击。通过分析进入网络的所有业务量，可以检查安全攻击，并且在它们导致任何危害之前及时阻止。

在局域网交换机中，多种业务队列允许数据包优先级存在。较高优先级的业务可以在不受较低优先级业务的影响下通过交换机，减少对诸如话音或视频等对时间敏感业务的延迟事故。

为了提供优先级，交换机的每个端口必须有至少 2 个队列。虽然每个端口有更多队列可以提供更为精细的优先级选择，但是在局域网环境中，每个端口需要 4 个以上队列的可能性不大。当每个数据包到达交换机时，都要根据其优先级别分配到适当的队列，然后该交换机再从每个队列转发数据包。该交换机通过其排队机制确定下一步要服务的队列。有以下 2 种排队方式。

（1）严格优先队列（SPQ）这是一种最简单的排队方式，它首先为最高优先级的队列进行服务，直到该队列为空，然后为下一个次高优先级队列服务，依此类推。这种方法的优势是高优先级业务总是在低优先级业务之前处理。但是，低优先级业务有可能被高优先级业务完全阻塞。

（2）加权循环（WRR）这种方法为所有业务队列服务，并且将优先权分配给较高优先级队列。在大多数情况下，相对低优先级，WRR 将首先处理高优先级，但是当高优先级业务很多时，较低优先级的业务并没有被完全阻塞。

此外，还有可以集中管理员工、系统或应用程序，以及控制用户可以访问哪些资源的权限的工具，称为 RAM。它有如下功能。

（1）集中控制 RAM 用户及其密钥——可以管理每个用户及其访问密钥，为用户绑定/解绑多因素认证设备。

（2）集中控制 RAM 用户的访问权限——可以控制每个用户可以访问名下哪些资源的操作权限。

（3）集中控制 RAM 用户的资源访问方式——可以确保用户必须使用安全信道（如 SSL）、在指定时间、在指定的网络环境下请求访问特定的云服务。

（4）集中控制云资源——可以对用户创建的实例或数据进行集中控制。当用户离开组织时，这些实例或数据不会丢失。

（5）统一账单——账户将收到包括所有用户的资源操作所发生的费用的单一账单。

RAM 需求场景包括以下几个方面。

（1）企业子账号管理与分权

企业 A 购买了多种云资源（如 ECS 实例/RDS 实例/负载均衡实例/OSS 存储桶），A 的员工需要操作这些云资源，比如有的负责购买，有的负责运维，还有的负责线上应用。由于每个员工的工作职责不一样，需要的权限也不一样。出于安全或信任的考虑，A 不希望将云账号密钥直接透露给员工，而希望能给员工创建相应的用户账号。用户账号只能在授权的前提下操作资源，不需要对用户账号进行独立的计量计费，所有开销都算在 A 的头上。当然，A 随时可以撤销用户账号身上的权限，也可以随时删除其创建的用户账号。

（2）不同企业之间的资源操作与授权管理

A 和 B 代表不同的企业。A 购买了多种云资源（如 ECS 实例/RDS 实例/负载均衡实例/OSS 存储桶）来开展业务。A 希望能专注于业务系统，而将云资源运维监控管理等任务委托或授权给企业 B。当然，企业 B 可以进一步将代运维任务分配给 B 的员工。B 可以精细控制其员工对 A 的云资源操作权限。如果 A 和 B 的这种代运维合同终止，A 随时可以撤销对 B 的授权。

（3）针对不可信客户端 App 的临时授权管理

企业 A 开发了一款移动 App，并购买了 OSS 服务。移动 App 需要上传数据到 OSS（或从 OSS 下载数据），A 不希望所有 App 都通过 AppServer 来进行数据中转，而希望让 App 能直连 OSS 上传/下载数据。由于移动 App 运行在用户自己的终端设备上，这些设备并不受 A 的控制。出于安全考虑，A 不能将访问密钥保存到移动 App 中。A 希望将安全风险控制到最小。例如，每个移动 App 直连 OSS 时都必须使用最小权限的访问令牌，而且访问时效也要很短（比如 30 分钟）。

本章小结

信息安全策略是一个组织解决信息安全问题最重要的步骤，也是这个组织整个信息安全体系的基础。信息安全不是天然的需求，而是经历了信息损失之后才有的需求，所以管理对于信息安全是必不可少的。

本章首先讲述了信息安全策略的基本概念，并对信息安全策略的规划和实施有关的问题进行一些讨论，接着具体阐述了环境安全策略、系统安全策略、病毒防护安全策略等相关内容。在本章的第三节讲述了安全策略的制定过程，以及最后介绍了安全策略实施与管理的相关内容。

思考题

1. 信息安全策略的制定过程是怎样的？
2. 信息安全策略管理有哪些相关技术？这些技术的功能和作用分别是什么？
3. 信息安全策略是什么？它有何特点？
4. 如何进行信息安全策略的规划与实施？
5. 信息安全策略使用了哪些主要技术？
6. 什么是环境安全策略？环境安全策略包括哪些方面的内容？

7．系统安全策略的目标是什么？包括哪些内容？

8．病毒防护策略的功能有哪些？有什么要求？

9．什么是安全教育策略？

10．信息安全策略在实际网络管理中有哪些体现？

实验五　基于信息安全策略的网络防火墙报文解析

实验要求：模拟网络防火墙，主要实现对网络层中的 IP 报文进行截获，并简单分析其中可能存在的安全隐患。

实验六　基于信息安全策略的网络防火墙流量统计

实验要求：模拟网络防火墙，主要实现对交换式以太网报文进行流量统计。

实验七　网络安全扫描工具 Nessus 的使用

实验要求：掌握 Nessus 的基本扫描原理及功能，能利用 Nessus 对特定主机和指定的网段进行服务和端口开放等情况的探测、分析和判断。

实验八　简单网络扫描器的设计与实现

实验要求：理解网络扫描技术概念和基本原理，能自主设计和实现一个简单的网络扫描器。

第 8 章

信息系统安全工程案例

信息技术的迅猛发展和信息化的全面推进，在推动人类社会迈向信息社会、人类活动转向现代化、使人类社会的政治、经济、军事、科技、文化等各方面发生深刻变革的同时，也给人类社会带来了严峻的信息安全问题。

信息安全技术水平是信息安全的基础和保障，没有先进的安全技术水平，信息安全便无从谈起。信息安全一个很重要的方面就是数据安全，为了保证数据安全，很多相应的信息安全技术也应运而生。本章主要对两种信息安全技术以案例的方式做了详细的阐述。

在案例一中，我们针对生物认证技术进行详细说明。8.1.1 节主要对生物认证技术进行初步介绍，包括它与密码技术的比较和自身的发展。8.1.2 节则对具体的掌纹识别技术进行深入的说明，包括它的原理、实现步骤、整个系统建造的要求和过程以及最后的性能测试和评估。

在案例二中，我们针对区块链技术进行详细说明。8.2.1 节主要对区块链技术进行一个初步介绍，包括它的引入、发展和特点。8.2.2 节主要针对基于区块链的论文版权保护系统进行各方面的说明，包括整个系统的功能需求和功能模块、系统的体系架构、执行流程和性能测评。

8.1 案例一 基于掌纹识别技术的私密信息保险箱

8.1.1 生物认证技术简介

传统密码技术局限在数字领域解决安全问题，而生物技术则提供了一种在模拟领域解决安全问题的思想。生物认证技术由来已久，随着通信与计算机科学技术的不断发展，特别是计算机图像处理和模式识别等学科，生物认证技术已逐渐发展为一门前沿学科，并成为国内外热门的研究方向。

1. 生物认证的引入

如今人类社会已经进入信息时代。信息技术的飞速发展推动了整个社会进步的同时，现代社会又对信息技术提出了更新、更高的要求。计算机使整个社会实现了信息化和网络化，而信息化和网络化的社会又对各种信息系统的安全性提出了更高的要求。身份认证成为人们加强信息系统安全性的基本方法之一，于是系统、科学的生物认证技术由此诞生，并逐步发展起来。

（1）生物认证技术的必要性

人们生活在社会中，身份认证必不可少。传统的身份认证有以下两种方式。

① 通过对用户所拥有的各种物品（标识物，如钥匙、证件等）来进行认证，这种方式称

为基于标识物的身份认证。例如，进门开锁，进入图书馆时工作人员检查证件等。

② 对用户所拥有的某种知识（如密码、卡号等）进行认证，这种方式称为基于知识的身份认证。例如，进入计算机操作系统时要求输入密码，在互联网上进入自己的电子邮箱时要求输入密码等，只有通过这一步的身份认证，才能够进行下一步的操作。

除此之外，有的系统为了进一步加强其安全性能，将这两种认证方式结合起来，即同时对标识物和知识进行认证，如银行 ATM 机系统要求用户同时提供银行卡和密码，缺一不可。

显然，这些传统的认证方法具有很多缺陷，主要有以下几点。

① 不方便。在基于标识物的身份识别系统中，证件、钥匙等携带不方便，容易丢失和伪造。另外，证件等标识物随着使用次数的增多会造成不同程度的磨损，例如身份证具有有效期，于是会造成整个认证系统的安全性能下降。

② 不安全。在基于知识的身份认证系统中，由于密码等知识难以记忆，因此很可能被遗忘或者造成记忆混淆。同时，网络黑客可能蓄意盗取用户账号、密码等信息，从而影响整个系统的安全性。据统计，每年因密码被盗、证件丢失或伪造等给银行、通信公司、政府部门等造成的损失达几十亿美元。

③ 不可靠。传统的身份识别系统所认证的大都是"身外之物"，而不是对本人进行识别，所以很难区分是经过授权的本人还是通过欺诈等恶意手段得到的授权标识或指示的冒充者，所以具有"天生的缺陷"。

正是基于传统身份识别的种种缺陷，人们必须寻找一种能对人体本身进行认证的身份识别技术，于是生物认证技术走上历史舞台，开始发挥其巨大的优越性。

（2）生物认证技术的可行性

生物认证技术是为了进行身份认证而采用自动技术测量其身体的特征或者个人的行为特点，并将这些特征或特点与数据库的模板数据进行比较，完成认证的一种解决方案。

生物认证技术是一项十分安全与方便的技术，它不需要记住账号和密码，也不必随身携带各种卡片，生物测定就是人体本身，没有什么比这个更安全或者更方便的了。人本身的生物特征具有终生不变的特性，并且不会被盗、丢失或者遗忘，也很难伪造或者模仿，所以在加强系统和信息的安全性方面，生物识别技术能有效地克服传统身份识别的缺陷。由于生物识别技术以人的现场作为验证的前提和特点，且基本不受人为的验证干扰，因此较之传统的钥匙、磁卡、门卫等安全验证模式具有不可比拟的优势。更由于其软件、硬件设施的普及率上升、价格下降等因素，应用范围越来越广泛，其作用也越来越重要。

另外，生物认证技术除了能够实现身份验证，即判断是否是某人之外，还能实现身份的辨别，即从多个人中辨认出某个人。这个特点使得生物认证技术的应用范围得到了极大地扩展，使之能应用于传统身份识别方法不能应用的场合。

2. 生物认证技术的发展和特点

（1）生物认证技术的发展历史、现状和趋势

生物认证技术在近几个世纪以来发展迅速，其里程碑式的事件如下。

1686 年，意大利 Bologna 大学的学者 Marcello Malpighi 用显微镜发现了指纹的涡型。

1880 年，科学家发现每个人的指纹独一无二，意识到指纹作为身份识别的可行性。

20 世纪，指纹技术在司法方面得到了世界范围的广泛应用。

1978 年，第一台生物识别设备进入市场。

1986 年，从事掌纹识别的 Recognition System Inc 成立。

1987 年，研究发现没有两个人的虹膜是相似的，这一理论申请了专利。

1990 年，从事掌纹识别的 PenOp Inc 在英国成立，从事指纹识期的 SAC Technologies Inc 成立。

1994 年，Dr. Daugman 获得第二项基础科技的专利权——IriScan 许可证。

由于能用计算机辨识复杂模式的算法的发展，Drs.Atick 和 Griffin 成立了从事面部识别的 Visionics Corp。

1996 年，从事签字识别的 Cyber Sign 在美国加利福尼亚州成立，从事指纹识别的 Biometric Identification Inc 成立。

1999 年，Biometrics 宣布参与 FBI 的 AFIS（北美犯罪用自动指纹辨识系统）项目，其活体指纹采集系统已经应用于 FBI 总部。

近年来，生物认证技术发展势头迅猛，市场份额大幅度持续增长。据国际生物识别集团（IBG）最新权威报告显示，目前生物识别产业中，北美占据份额最高，达到 33.5%；亚太地区为 23.8%；欧洲、中东和印度、中南美洲、非洲依次为 16.5%、11.0%、9.1% 和 6.1%。

① 美国

美国是全球最主要的生物识别市场，规模达到 10 亿美元左右，除了商业用途比较普及之外，政府也是生物识别技术最大的用户，全美 115 座机场和 14 个主要港口设立了美国访客和移民身份显示技术系统，可以进行指纹识别，虹膜识别、面部图像扫描以及掌形识别等。27 个免签证国公民前往美国，必须持生物识别护照。为了加强安保防范，美国国土安全部投入 100 亿美元实施了大规模美国访问（US-VISIT）计划，开展生物识别系统的研究。该计划具有生物识别数据的收集和储存功能，并为决策者提供数据。目前，每天约有 3 万名联邦、州和地方政府的授权用户查询 US-VISIT 的数据。

② 欧洲

欧洲各国政府通过严格的安全标准和特殊规范，使得欧洲地区的生物识别技术市场在近年内取得了快速成长，2010 年市场规模超过 6 亿欧元。除了推行国际民航组织（ICAO）和生物识别应用程序接口联盟（BioAPI）等行业组织制定的一系列标准外，欧洲各国在普及生物识别护照、国民身份证计划和第二代申根信息系统的同时，积极推动生物识别技术产业的发展。Frost&Sullivan 公司的研究显示，目前欧洲市场关键的增长领域包括非指纹自动识别系统（Non-AFIS）、指纹自动识别系统（AFIS）、面部识别、扫描眼（虹膜和视网膜）、掌形、声音验证和签名验证等。

③ 印度

目前，印度生物识别技术市场仍处于萌芽期。国内主要的生物识别解决方案提供商有 Bartronics、BioenableTech、Jaypeetex 和融合（Fusion）生物识别公司等，主要生物识别技术系统集成商有 Zicom、Datamatics、Johnson 控制等公司。印度政府和私营企业对生物识别技术的高度认可，推动了市场的快速发展。印度生物识别市场现在仍集中在指纹技术，未来有望在虹膜识别技术上有所突破。此外，为解决身份被冒用而阻碍国家发展的问题，印度政府从 2010 年 9 月起开始为全国 12 亿人口建立国民身份数据库，在全球首开用生物识别系统的先例。

④ 中国

我国生物识别产业，尤其是指纹识别技术领域，已进入成熟发展期，2010 至 2016 年，国内生物识别市场平均增长率保持在 70%以上，2016 年生物识别市场规模为 180 多亿元人民币，预计到 2017 年中国生物识别市场规模可突破 200 亿元，2020 年生物识别市场规模将突破 300-400 亿元。相较国外大部分应用都在政府和公共服务领域的重大项目，国内市场超过90%均是小型商业部门应用，未来仍有巨大发展空间。另外，目前国内市场相对单一，过于集中在指纹识别技术，今后在面部识别和虹膜识别等领域将大有可为。

随着技术的成熟与进步，生物识别技术将会得到深化与普及，并开始得到更大范围的采用，比如在边境安全方面。在今后几年中，应用将越来越多样化，随着技术的进步和成本的不断降低，生物识别将会出现长远的发展。政府对采用生物识别产品的热情引发了对该技术的巨大需求。生物识别最初的应用在于保护财产和生命的安全。不久的将来，生物识别将被用于大规模的设施上。生物识别护照的出现就是朝这一方向努力的一小步。可见，各种密码替代技术正在被越来越多的个人用户和组织机构接受，投资生物识别技术行业的热潮正在不断加强。

根据前瞻产业研究院的数据，全球生物识别行业的市场规模已经由 2007 年的 30.1 亿美元增长到 2015 年的 130 亿美元，年复合增长率 CAGR 为 20.07%。预计到 2020 年，全球生物识别市场将突破 250 亿美元（见图 8-1）。

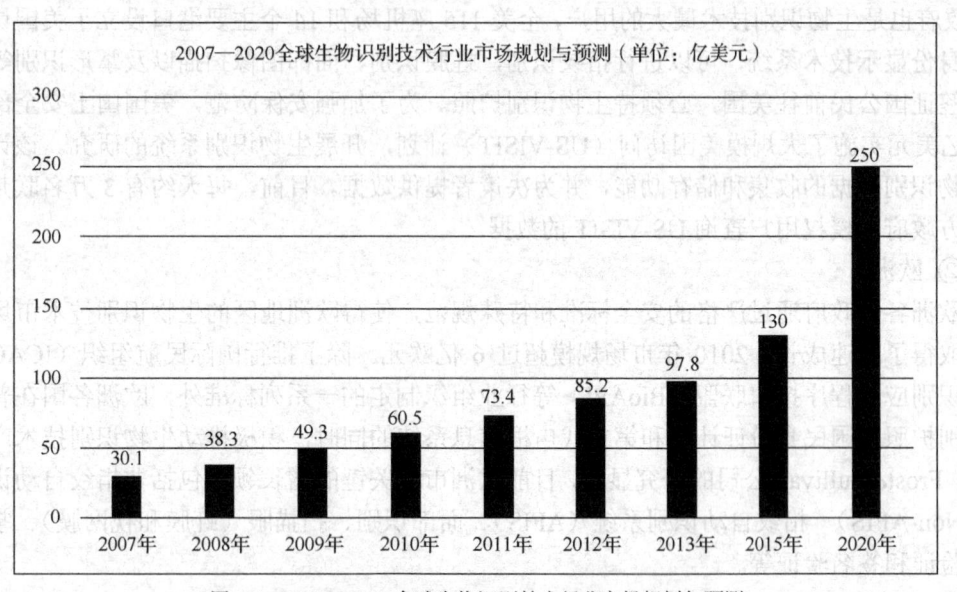

图 8-1　2007—2020 全球生物识别技术行业市场规划与预测

在国内市场方面，前瞻产业研究院的数据显示 2010—2014 年，国内生物识别市场平均增长率保持在 60%以上，2014 年生物识别市场规模为 80 多亿元人民币。在当前多种驱动力的推下，预计到 2020 年，国内生物识别市场规模将突破 300 亿元，如图 8-2 所示。

在市场结构方面，根据国际生物识别集团（IBG）的《生物识别市场与产业报告 2009—2014》里显示，在多种生物特征识别技术中自动指纹系统（AFIS）和实时扫描所占份额最大，为 38.3%；指纹识别占到 28.4%（自动指纹识别系统（AFIS）和实时扫描，是指在公安、刑侦、机场、安检等行业应用的指纹识别系统；指纹识别，是指其他指纹识别的民用市场）。人脸识别占到 11.4%；虹膜识别、语音识别、静脉识别和掌形识别各占 8.0%、3.0%、2.4%和1.8%，如图 8-3 所示。

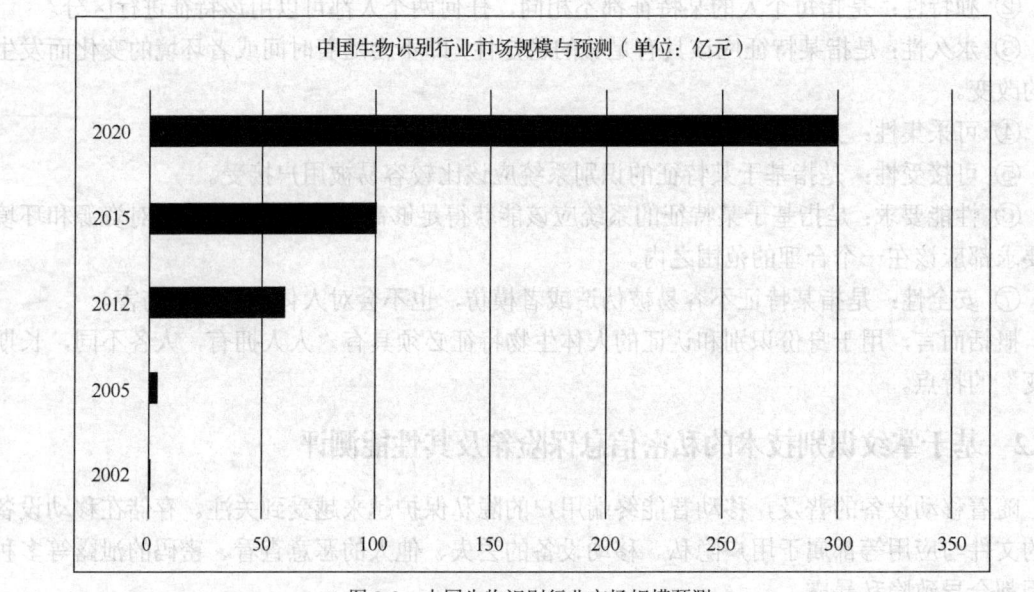

图 8-2　中国生物识别行业市场规模预测

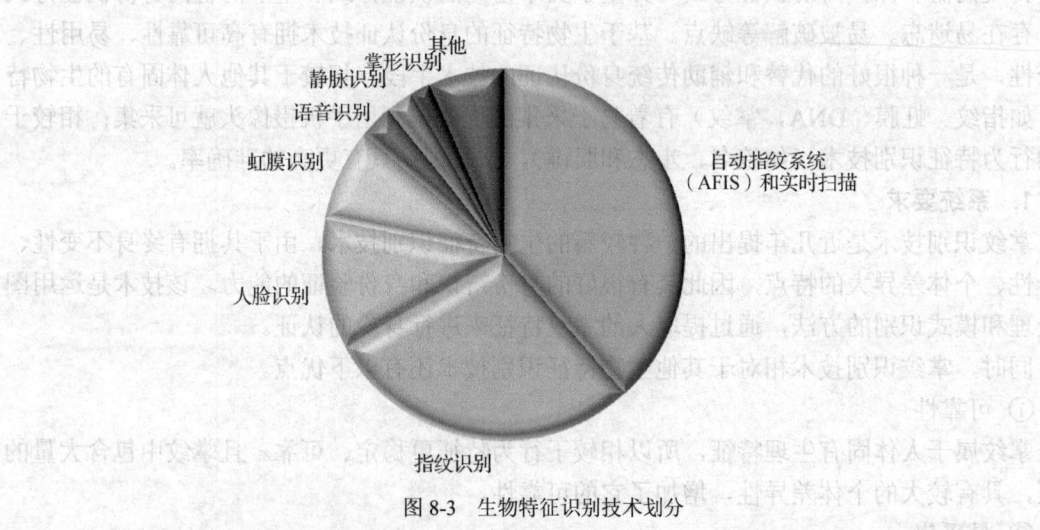

图 8-3　生物特征识别技术划分

在国内市场，2014 年国内人脸识别市场占比达 18%，而指纹识别占比由之前的 98%下降到 82%。人脸识别对指纹识别的替代趋势明显上升。此外，每一项生物技术独特的应用特点和应用场景、技术成熟度的提升以及多种相互融合的趋势，正在推动虹膜、声纹、静脉等生物识别技术快速成长。未来，国内生物识别领域将呈现多项技术同生共长的局面。

（2）生物认证技术的特点

生物认证技术是一门利用人生理上的特征来识别人的科学。与传统方法的不同之处在于，生物特征识别方法依据的是我们本身所拥有的东西，是我们的个体特性。理论上，任何生理特征都可以用来进行识别和认证，但事实上，人体有很多生物特征，并不是每一种都可以用来识别身份。可以用于身份识别和认证的人体生物特征必须满足以下几个基本条件。

① 普遍性：是指每个人都必须具有的特征。

② 独特性：是指每个人的某特征都不相同，任何两个人都可以用该特征进行区分。

③ 永久性：是指某特征应该具有足够的稳定性，即不会随着时间或者环境的变化而发生大的改变。

④ 可采集性：是指某特征可以较为方便地被采集和量化。

⑤ 可接受性：是指基于某特征的识别系统应该比较容易被用户接受。

⑥ 性能要求：是指基于某特征的系统应该能获得足够高的识别精度，并且对资源和环境的要求都应该在一个合理的范围之内。

⑦ 安全性：是指某特征不容易被伪造或者模仿，也不会对人体造成物理伤害。

概括而言，用于身份识别和认证的人体生物特征必须具有"人人拥有，人各不同，长期不变"的特点。

8.1.2　基于掌纹识别技术的私密信息保险箱及其性能测评

随着移动设备的普及，移动智能终端用户的隐私保护越来越受到关注。存储在移动设备上的文件与应用等都属于用户隐私。移动设备的丢失、他人的恶意查看、密码的泄露等多种原因都会导致隐私暴露。

传统的隐私保护身份认证方式（如基于文本密码的认证方式和基于问答的身份认证方式等）存在易遗忘、易被破解等缺点。基于生物特征的身份认证技术拥有高可靠性、易用性、安全性，是一种很好的代替和辅助传统身份认证的技术手段。相较于其他人体固有的生物特征（如指纹、虹膜、DNA，掌纹）有着易于采集的优势，利用手机摄像头就可采集；相较于人的行为特征识别技术（如签名、步态和肌键），掌纹识别具有更高的准确率。

1. 系统要求

掌纹识别技术是近几年提出的一种较新的生物特征识别技术，由于其拥有终身不变性、唯一性、个体差异大的特点，因此具有很好的身份辨识和身份验证的能力。该技术是运用图像处理和模式识别的方法，通过提取人的掌纹特征来进行身份的认证。

同时，掌纹识别技术相对于其他生物特征识别技术还有以下优点。

① 可靠性

掌纹属于人体固有生理特征，所以相较于行为特征更稳定、可靠。且掌纹中包含大量的特征，具有较大的个体差异性，增加了它的可靠性。

② 易采集

相较于指纹、虹膜等需要特殊硬件进行采集的特征，人们可以随时随地通过手机摄像头进行掌纹的采集。

③ 易处理

掌纹特征的提取不需要大量的计算，可以达到很好的实时性，满足在线验证的需求。

④ 不易仿造

相较于人脸、指纹易外泄的缺点，掌纹一般不容易泄露。所以可以防止被他人恶意仿造。

⑤ 接受度高

掌纹的采集为非接触式采集，不会传播病菌，且采用人们熟悉的摄像扫描方式，人们较易接受。

2. 系统模型

掌纹识别技术分为高分辨率和低分辨率两种。在高分辨率（≥400dpi）掌纹图像中可以提取到掌纹的全部特征：主线、皱褶、脊线和细节点等；而在低分辨（≤100dpi）掌纹图像中，只能提取到主线和皱褶特征。目前，高分辨率掌纹识别技术主要应用在刑事侦查等领域。由于高分辨率掌纹图像的获取比较困难且图像尺寸大等原因，相关研究并没有广泛开展。而低分辨率掌纹识别技术具有图像获取容易、处理速度快且识别精度高等优点，适合一般的民用和商用，是目前学术界研究的重点，本案例采用的即是低分辨率掌纹识别技术。低分辨率下，掌纹识别由以下 3 个步骤构成：掌纹图像采集，预处理，特征提取和匹配。掌纹验证与掌纹识别前 3 个步骤一样，仅最后一个步骤不同：即掌纹识别是一对多的辨识，而掌纹验证是一对一的验证。下面对这 3 个步骤分别进行介绍。

（1）掌纹图像的采集

对于掌纹图像的采集，可分成接触式采集和非接触式采集两种。接触式采集是指在进行掌纹图像采集时，手掌必须与采集设备进行接触并按一定要求放置在采集仪上，这样做的好处是手掌位置固定且背景单一，使得后继的手掌分割以及感兴趣区域（Region of Interest，ROI）切取都相对简单。接触式采集的掌纹图像一般只发生非常小的尺度和仿射变化，这对于提高识别精度是非常有利的。但是，接触式采集可能会造成细菌传播，从而引起用户在公共健康方面的忧虑。因此，非接触式掌纹识别技术逐渐成为发展趋势。但在非接触式掌纹的采集中，图像的背景可能会比较复杂。手掌图像会发生尺度、旋转、仿射、光照以及姿态变化，给后继的识别增加了难度。

（2）掌纹图像的预处理

对于掌纹图像的预处理，一般把从掌纹图像中获取感兴趣区域（ROI）的过程称为预处理过程。目前，对于掌纹图像的预处理主要有以下 3 种方法，可简述为：关键点定位法、椭圆形半环法和最大内切圆法。关键点定位法最早由张大鹏教授提出。该方法先在图像中定位食指和中指谷点、无名指和小指谷点。随后，作出两个谷点连线的中垂线，沿中垂线向下延伸一定比例距离，以中垂线为中线在原地做一个正方形作为掌纹图像的 ROI 区域。该方法具有很好的实时性，缺点是易受手指活动的影响。椭圆形半环法由 Poon 等人提出，它将手掌的中心区域划分为多个椭圆型半环，每个椭圆形半环再分为多个小块，然后对每个小块分别提取特征。这样划分的优点是对手掌旋转产生的影响有很好的鲁棒性。最大内切圆法为 Liambas 等人提出，该方法通过在手掌区域中放置互不重叠的最大内切圆来定位手掌中心区域，同时可以获得手掌的方向，对噪声以及断指、并指等情况具有很好的鲁棒性，但该方法的缺点是计算量较大，实时性不好。

（3）掌纹图像的特征提取和匹配

由于特征提取的方式决定了匹配的方式，所以我们将二者结合起来进行说明。根据掌纹中特征的表示以及匹配方法，可大致将它们分为四个类别，分别是基于结构的方法、基于统计的方法、基于子空间的方法和基于编码的方法。

① 基于结构的方法。该方法主要是指利用掌纹中主线和皱褶的方向、位置信息来实现掌纹识别的方法。使用各种线性检测算子以及边缘检测算子提取掌纹线，然后采用直线段或特

征点表示掌纹纹线。匹配时，大多采用特征点之间的欧氏距离或 Hausdorff 距离，以及用于线段匹配的 Hausdorff 距离等。基于结构的方法是早期用于掌纹识别的方法，且大部分基于结构的方法都是借鉴或移植自指纹识别中的方法，简单直观。但是这类方法用直线段或特征点近似地表示掌纹纹线，丢失了大量信息，导致识别率不高。大量的直线段和特征点也使匹配过程非常耗时。

② 基于统计的方法。该方法是指利用掌纹图像的重心、均值、方差等统计量作为特征的识别方法，可进一步分为基于局部统计量和全局统计量的方法。基于局部统计量的方法需要将图像分成若干小块后计算每块的统计信息；基于全局统计量的方法则直接计算整个图像的矩和重心等统计信息作为掌纹的特征。该类方法在匹配时，一般采用矢量比较时常用的相关系数、一阶范数或欧氏距离。例如，李文新等利用傅里叶变换提取掌纹图像的频域信息，以分块计算每块的幅值和相位的和作为特征。张磊等利用过完备小波变换的平移不变性和掌纹纹线方向的上下文相关性，计算小波分解后每块的四类统计特征。根据这四类特征可将掌纹分为若干个类别，识别时仅在待测掌纹所属的类别内搜索即可。总的来说，基于统计的方法比基于结构的方法具有更高的准确率，统计的本质也使得该类方法对噪声不敏感。此外，由于原始掌纹图像被有效地表示为若干个统计量，因此特征所占的空间很小，匹配速度也快。

③ 基于子空间的方法。该方法将掌纹图像看作高维向量或矩阵，通过投影或变换，将其转化为低维向量或矩阵，并在低维空间下对掌纹进行表示和匹配。根据投影或变换的性质，子空间方法可以分为线性子空间方法和非线性子空间方法。目前应用较为广泛的是线性子空间方法，主要包括独立成分分析（ICA）、主成分分析（PCA）、线性判别分析（LDA）等。与前两类方法不同，基于子空间的方法大都需要对每个类别的掌纹图像构造训练集，在该训练集上计算最优的投影向量或矩阵，并将投影后的向量或矩阵作为该类掌纹的特征。在识别阶段，首先对待测掌纹图像作相同投影或变换，之后采用最近邻特征线（Nearest feature line，NFL）分类器分类。基于子空间的方法已成功地应用于人脸识别，移植到掌纹识别后也同样取得了很好的效果。基于子空间的方法具有坚实的理论基础，并且已广泛地应用于人脸识别中。它相对于基于结构和统计的方法，具有更高的识别率。但是该类方法通常对每个类别都需要多个训练样本，且训练样本的选取对识别结果影响较大。所以，对于普通民用掌纹识别在注册时并不能提供大量训练样本的情况下，并不适用。

④ 基于编码的方法。基于编码的方法是指先用滤波器对掌纹图像滤波，之后根据某些规则将滤波后的结果进行编码的方法。通常特征都按照比特码的形式存储。在匹配时可以用逻辑与、或的方式衡量两幅掌纹图像之间的相似性，例如使用海明距离进行衡量。基于编码的方法最初借鉴了虹膜识别的方法，之后研究人员根据掌纹的特点提出了一些改进方案。从利用幅值和相位信息，到提取掌纹的方向信息；从单个滤波器，到使用不同方向的一组滤波器，实验结果表明这些改进是有效的。相比于前几类方法，这类方法具有识别率高、匹配速度快等优点，因此最具有竞争力。本案例采用的特征提取方法即属于这类方法。

本案例使用的特征提取方法属于最具竞争力的基于编码的类别，能准确地提取出掌纹图像的特征码，且匹配过程具有很好的实时性。

3. 系统的操作模式

一个生物认证系统通常包括如下 3 种操作模式：注册（Enrollment）、身份验证（Verification）

和身份辨识（Identification）。对于身份验证和身份辨识，很多系统仅仅包括其中之一。本案例的掌纹识别包含了掌纹注册和掌纹验证两部分。

① 掌纹注册

在用户初次进入系统或重置掌纹密码时，将进行掌纹的注册采集。掌纹注册成功后，用户还需进行安全问题和邮箱的注册，注册完成后，即可进入系统。

② 掌纹验证

在用户再次进入系统时，需要进行掌纹的验证。验证成功后方可进入系统。未成功时，用户可选择重试。当进行了三轮验证都未成功时，用户可选择采用安全问题和邮箱验证码同时验证的方式进行身份认证，成功后方可进入软件，并可以重置掌纹密码。

4. 系统的层次框架

本案例的架构可分为服务层、数据层、客户层。

（1）服务层：又分为控制层、业务逻辑层、后台处理层。控制层负责与用户和业务逻辑层进行交互，监听用户的操作，获取用户输入的内容；业务逻辑层负责系统各种功能的逻辑实现：即掌纹验证功能和 4 个隐私保护功能的逻辑；后台处理层由业务逻辑层进行调用，将数据处理后反馈给业务逻辑层或传递给数据层，例如，掌纹验证算法和 AES 加密算法的执行都是在本层进行。

（2）数据层：又可以分为数据访问层和数据存储层。

（3）客户层：也称表示层，将服务层返回来的信息用 APP 或者 Web 的方式展示给用户。

本案例的系统架构图如图 8-4 所示。

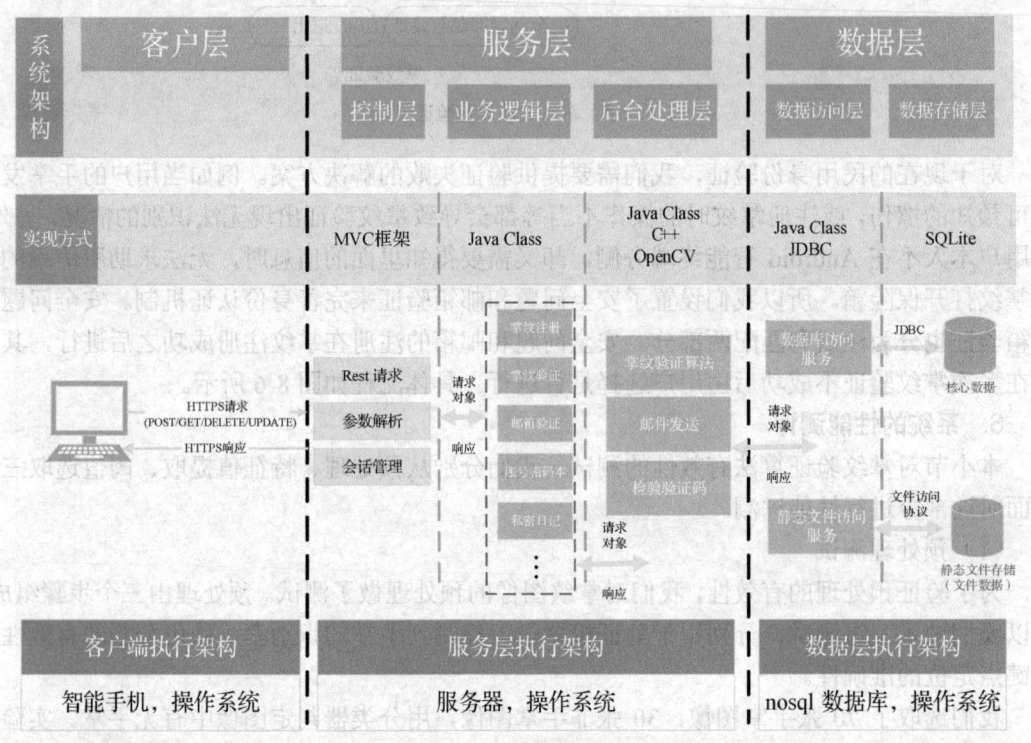

图 8-4　系统架构图

5. 系统的工作流程

对于用户身份的检验，我们运用了生物特征识别-掌纹验证。掌纹验证功能的使用过程分为掌纹信息的录入和掌纹信息的匹配两个模块，分别对应用户的注册和登录。

掌纹的注册与验证流程如图 8-5 所示。

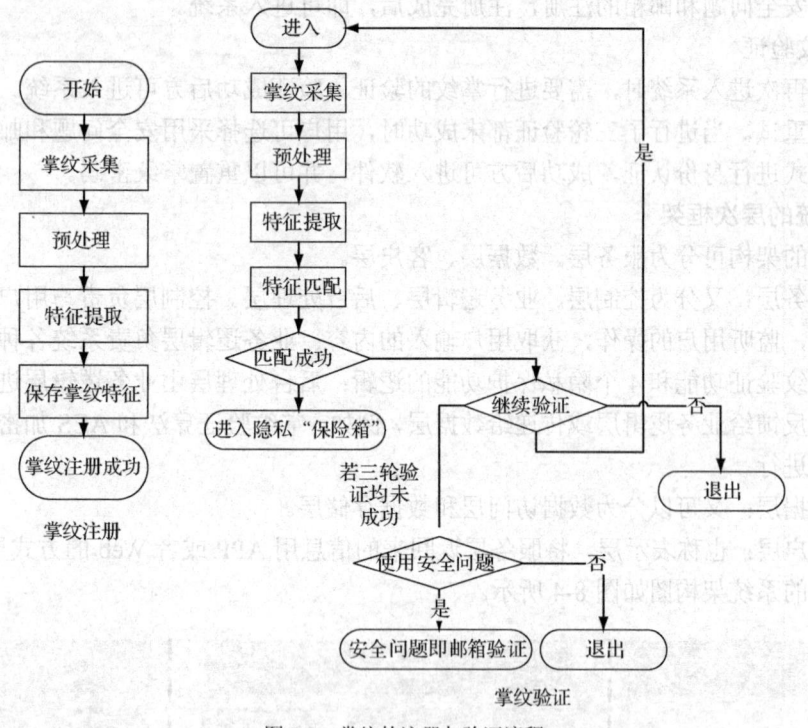

图 8-5　掌纹的注册与验证流程

对于现在的民用身份验证，我们需要提供验证失败的解决方案。例如当用户的手掌发生不可预知的擦伤，或注册掌纹时的操作不当等都会导致掌纹验证出现无法识别的情况。另外，若用户本人不在 Android 智能终端旁侧，却又需要得知里面的信息时，无法求助所信赖的人用掌纹打开保险箱。所以我们设置了安全问题和邮箱验证来完善身份认证机制。安全问题和邮箱验证也分为注册和匹配两部分。安全问题和邮箱的注册在掌纹注册成功之后进行，其匹配在多次掌纹验证不成功后由用户选择是否进行。具体流程如图 8-6 所示。

6. 系统的性能测评

本小节对掌纹验证算法有效性的测试，我们分别从预处理、特征值提取、阈值选取三个方面对这部分进行性能评测。

（1）预处理测试

为了验证预处理的有效性，我们对掌纹图像的预处理做了测试。预处理由三个步骤组成，所以我们做了三组测试，分别用于验证机器学习检测到手掌的识别率、肤色分割的有效性、关键点定位的准确性。

我们选取了 70 张手掌图像，30 张非手掌图像，用分类器判定图像中有无手掌。实验结果表明拒识率为 4.6%，误识率为 9%。识别测试部分示例结果如图 8-7 与图 8-8 所示（识别出的区域过小，则算作没有找到手掌）。

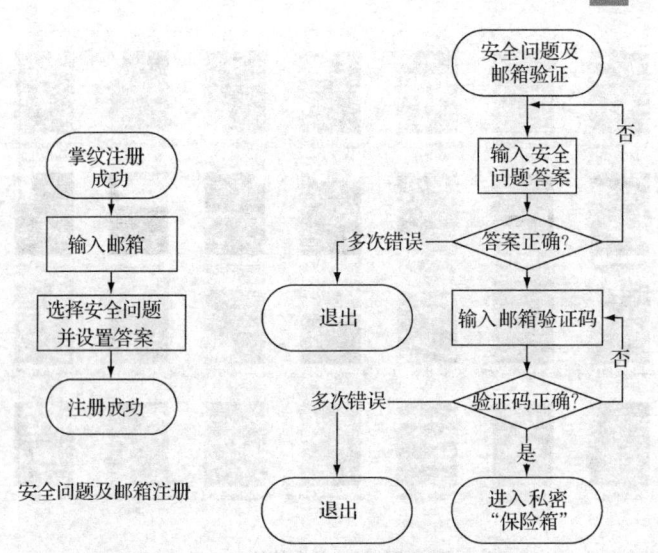

图 8-6 安全问题和邮箱的注册及验证流程

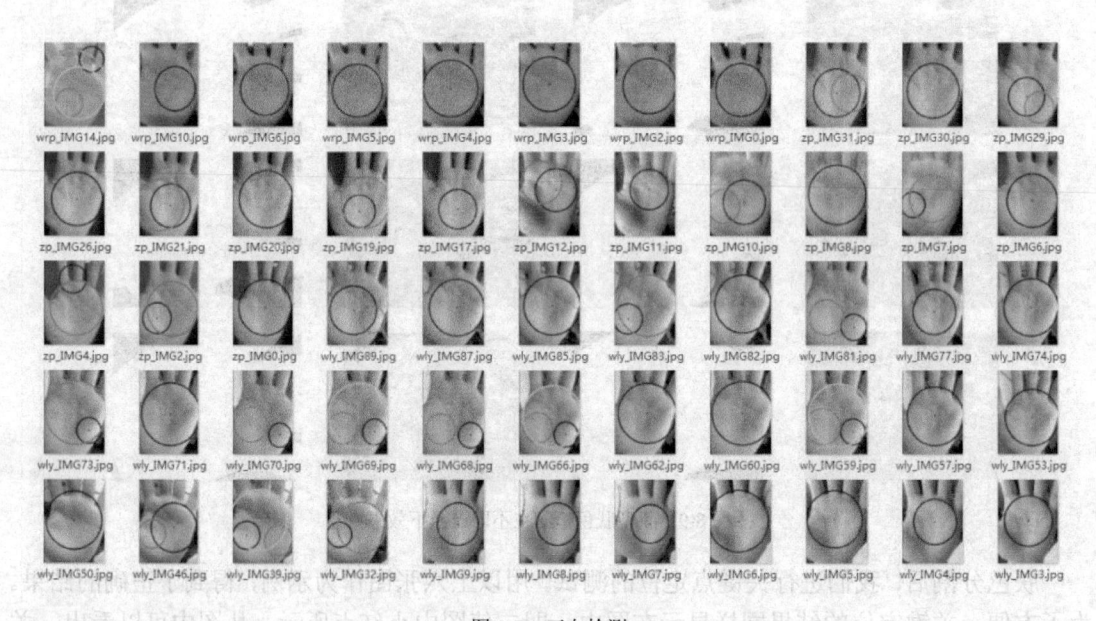

图 8-7 正向检测

如上文所述，我们识别出手掌后，选取识别区域中心，在原地画一个比识别区域小一半左右的矩形。用这个矩形 YCrCb 空间中 Cr 与 Cb 的平均值做为标准，计算图像中其他区域是手掌的概率。之后，采用大津法进行阈值分割，将图像二值化（若一张图像中识别出不止一个区域，取最大的识别区域）。图 8-9 所示是这种肤色分割方法的部分示例测试数据。

从图中可以看出，不同光照环境下，食指与中指、中指与无名指之间的谷点都被很好地显示了出来。并且通过闭运算后，填补了手掌中有时会出现的黑色斑点，使得我们寻找关键点的算法能得到正确的结果。

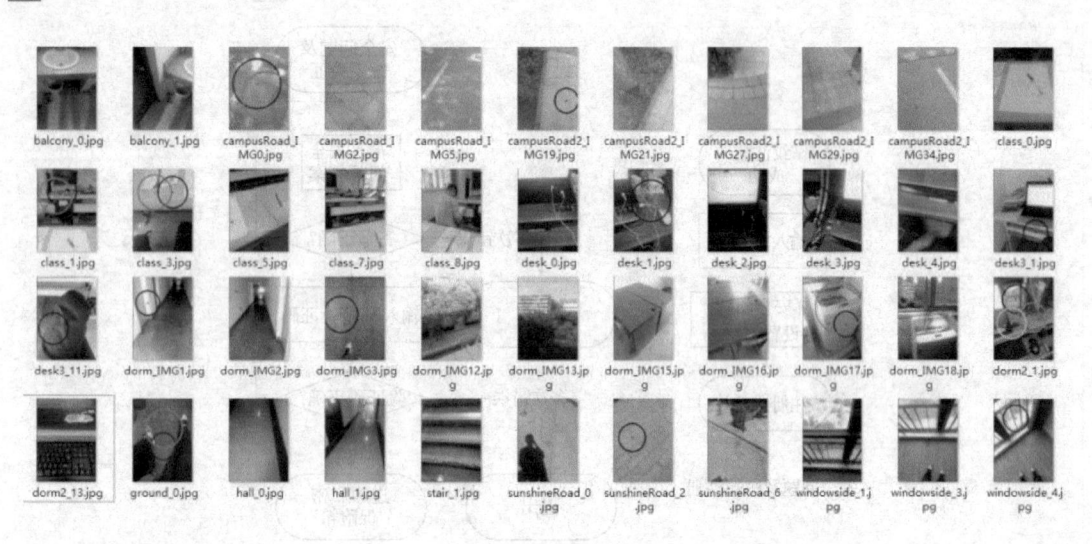

图 8-8　负向检测

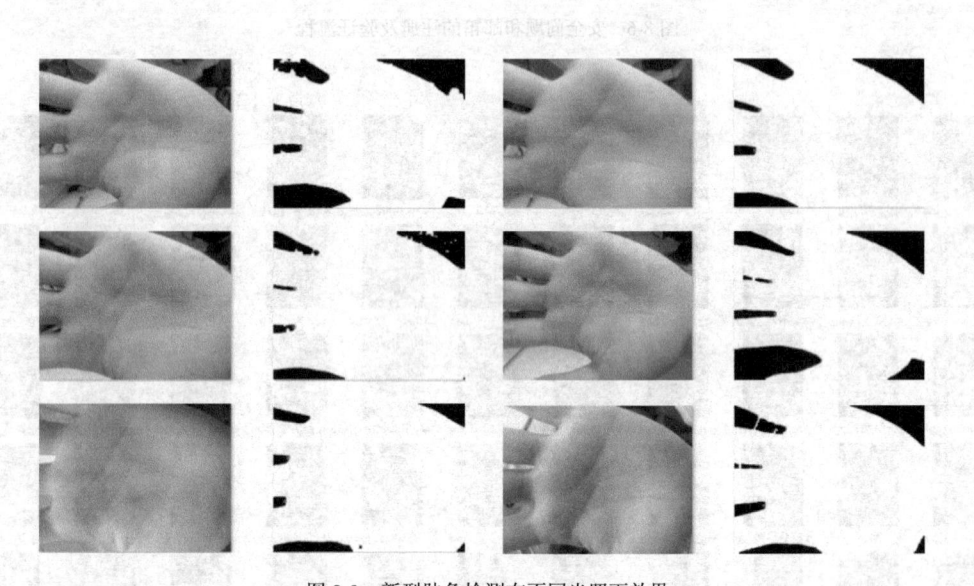

图 8-9　新型肤色检测在不同光照下效果

　　肤色分割后，我们进行关键点定位的测试。用以上六张图作为示例，得到了正确的结果。为了方便，关键定位的结果同样显示在图中，即二值图中小红点所示。从图中可以看出，关键点定位算法是正确的。另外，如上文所述，由于关键点的坐标是谷点旁边若干点坐标的平均值，并非一个点决定，所以使得这种算法规避了奇异值的影响。

　　得到关键点后，对上面的 6 张图利用关键点定位的 ROI 如图 8-10 所示。

　　对于上图中的 6 张子图，从左至右、从上至下依次编号为 1~6。已知 1~4 和 6 为同一人手掌，编号为 5 的为另一人的手掌。从编号为 1~4 和 6 的子图可以看出，得出的 ROI 克服了手掌在图像中位置不定、尺度不一的不利条件。对同一手掌的 ROI 定位基本在同一个位置、同一个尺度，只有编号为 2 的同其他 4 幅差别稍大。不过，我们得到 ROI 后，还会对 ROI 进行 7 次平移，分别计算特征码，这可以很大程度地消除 ROI 定位上出现的偏差。

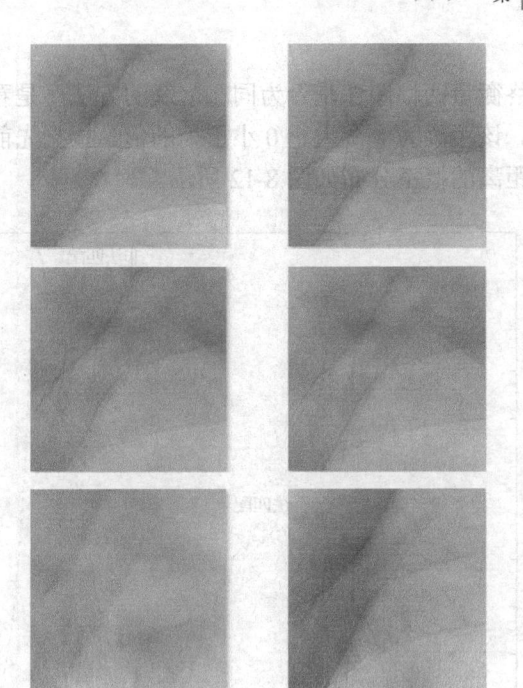

图 8-10　新型肤色检测在不同光照下效果

（2）特征值提取测试

经预处理得到 ROI 后，我们先对 ROI 进行多方向的 Gabor 滤波。之后，根据滤波后图像的幅度和实、虚部的正负性，提取出了方向码和相位码，将这些特征码作为描述掌纹的特征值。Gabor 滤波后的图像及方向码和相位码如图 8-11 所示。

0 度 Gabor 滤波后　　　　　45 度 Gabor 滤波后

Gabor 滤波后的实部图像

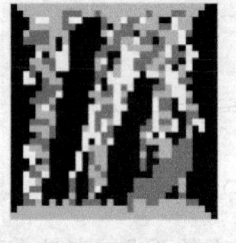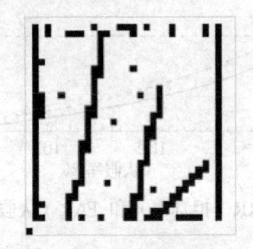

方向码　　　　　相位码（实部）　　　　　相位码（虚部）

图 8-11　特征值提取

（3）阀值选取测试

该掌纹验证算法最终衡量两幅图像是否为同一掌纹的方法，是看两幅图像编为特征码后改进的海明距离的大小。该距离为一个大于 0 小于 1 的值。根据先前研究人员的研究结论，相同掌纹和不同掌纹的距离的概率分布如图 8-12 所示。

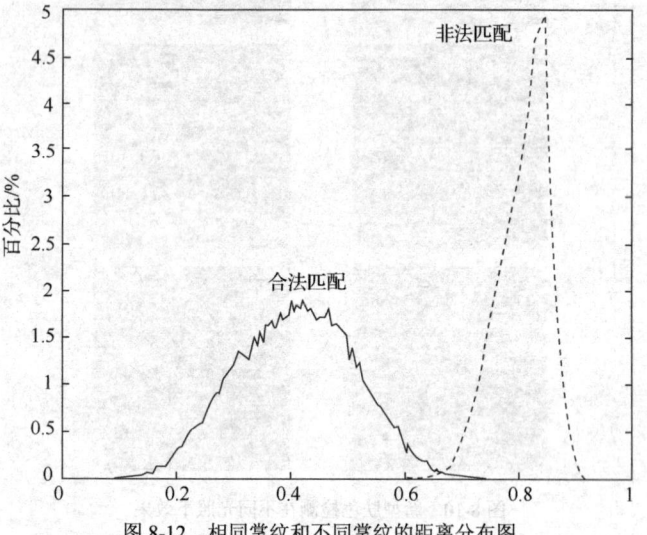

图 8-12　相同掌纹和不同掌纹的距离分布图

从图中可以看出，相同掌纹和不同掌纹的距离分布有明显不交叠的部分，所以可以很好地利用距离值大小进行掌纹的验证。

我们也可以从 FRR（拒真率）和 FAR（认假率）的关系上来确定阈值，如图 8-13 所示是该算法的 FRR 和 FAR 的关系。

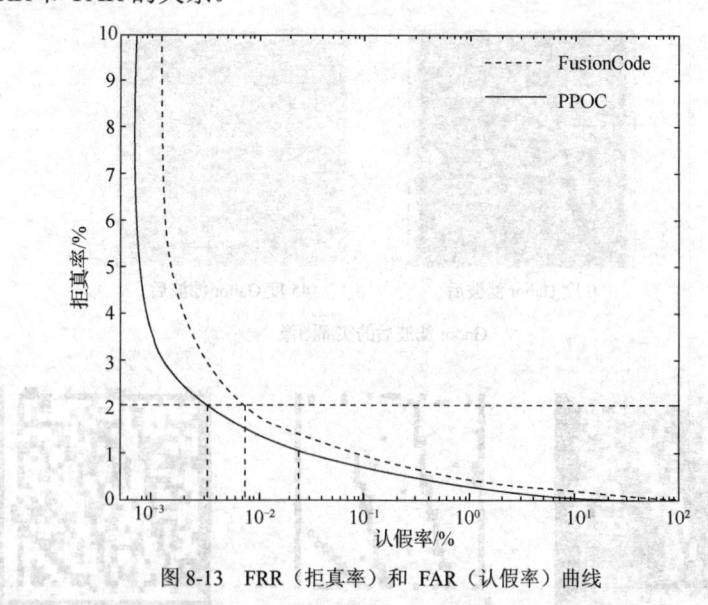

图 8-13　FRR（拒真率）和 FAR（认假率）曲线

可以看出，拒真率和认假率成负相关关系。当我们对安全的要求较高时，可以选取一个认假率低，相应的拒真率高些的阈值（当然拒真率也要在人们的接受范围内）。当我们对安全的要求不是那么高时，可以选取一个拒真率相对低些的阈值，来增加使用舒适度。

7. 性能评估的影响因素

在实际应用中，有许多因素影响生物认证系统性能的评估结果，归纳如下。

（1）测试数据库。数据库中的数据是具有代表性的，因此数据库越大，评估结果就越准确。

（2）数据质量的相关信息。测试数据库的图像质量越好，评估算法的准确性和稳定性就越高，因此测试数据库中的图像质量应该具有代表性，能真实反映实际应用中图像的普遍效果。

（3）评估指标的科学性。设计的评估方案不同，性能测试的结果也不一样。科学、严谨的统计评估方法能够反映识别算法真实的总体特征，会成为评估标准在实践中被人们接受。

（4）识别算法和算法的参数。如果在测试时使用的数据库在容量、质量方面各不相同，且测试方案差别较大。则不可避免地会造成系统性能评价混乱和无序，而且系统间也不存在可比性。

因此，如何避免以上系统性能评估的弊端是今后研究的任务和方向。

8.2 案例二 基于区块链的论文版权保护系统

8.2.1 区块链技术简介

区块链（Blockchain）的概念最早可以追溯到 2008 年年末，化名为"中本聪"的某位人士在比特币论坛中发表了一篇论文《比特币：一种点对点的电子现金系统》（Bitcoin：A Peer-to-Peer Electronic CashSystem），首次提出了这个概念。该文中提到为解决电子货币的安全性问题，可由时间戳（Timestamp）服务器为一组，以区块（Block）形式存在的数据实施。哈希（Hash）后加上时间戳，并且广播该哈希，每个时间戳将前一个时间戳纳入其哈希中，随后的时间戳会对之前的时间戳进行增强，由此形成了一个"区块链"。这项技术可以应用到金融服务、社会生活等众多领域，而比特币是区块链技术首次大规模应用的典型案例。

随着比特币的发展，其底层技术——区块链也受到了广泛的关注。经过多年发展，区块链技术比"中本聪"首次提出这个概念时已经有很大的进步。从技术角度来看，区块链是大规模的去中心化网络，无需依赖信任中心。其中包括了多种技术的集合，例如，点对点交易、分散式资料库、共识运算和容错机制等。从这项技术背后的意义来看，它实现了互联网从"传递信息"到"传递价值"的进化，并为此提供了新的信任创造机制。

区块链是一串按照时间顺序链接叠加数据块的数据结构，并通过密码学算法保证其不可能被篡改和伪造。区块是不可篡改的记录，并且由唯一时间戳为每一份记录加上水印。所以，区块链的本质是一个以去中心化、去信任的方式，由所有参与者集体维护的分布式数据库。区块链的"分布式"不仅体现在数据的分布式存储，还体现在数据的分布式记录。它不是一项单一的技术，而是多种技术的有机整合，形成一套全新的记录、存取和表达数据的技术方案。区块链的工作机制类似于复式记账，账目中的前后相邻的数据是相互关联的。如果要修改一个数据，就必须修改与之相邻的数据，进而修改后面所有的数据。和普通链表相比，区块链叠加了指向性，每个区块都有一个对之对应的、唯一不重复的哈希作为指纹标记，下一个区块会指向上一个区块的哈希，篡改其中一个区块的任何部分数据，都会导致哈希发生变化，从而导致链关系的错误。错误的交易无法通过其他节点的验证，会被其他所有的节点拒绝，这个验证被称为"共识机制"。以上这些机制，能够充分保障区块链中信息的安全性。在传统方式下，加密数据的共享往往通过某个信任中心完成；而在区块链中，数据传递是以点对点的去中心化方式实现的。

1. 区块链技术的引入

区块链技术在金融领域的成功，引起了业界的广泛关注，其他领域也开始创新性地使用这项技术构建各种去中心化的系统，或是改良原有的业务模式。这项技术应用在投票系统中，可以增强投票数据的安全性，避免选票被篡改和删除。基于区块链开发的智能合同系统，可以在无须人工干预的情况下自动实现契约功能。在物联网领域，区块链技术可以使设备自主沟通，并帮助其管理能源和更正错误。区块链在信息透明度、大数据管理和安全性方面能够有效改善现有的物联网结构，其去中心化的特性，可以使连接到物联网的设备，在运行时不需要中心管理系统的介入，实现自主沟通。

美国纽约市的布鲁克林微型智能电网（Brooklyn Microgrid）使用区块链网络，将当地绿色能源供应商和消费者连接起来，自动化地完成智能交易和电力服务。这就实现能源生产和消费的本地化，大大减少了生活成本。也有人将区块链用于健康领域，如同存储财务数据一样，将医疗信息存储到区块链中，由用户自己掌握健康区块链的可访问性，未被允许的人无法窥探涉及隐私的医疗数据。还有人提出利用区块链建立知识产权登记系统，在全网记录和广播知识产权的记录，随着区块链在国内影响的加大，在保险、社会保障、医疗健康、法律等领域都有一些创新者，基于这项技术提出新颖的构想和方案，颠覆原有的技术架构和业务模式。

2. 区块链技术的发展和特点

如果说以比特币为代表的货币区块链技术为1.0，以以太坊为代表的合同区块链技术为2.0，那么实现了完备的权限控制和安全保障的 Hyperledger 项目毫无疑问代表着3.0时代的到来。

（1）Ethereum

Ethereum（以太坊）是一个平台和一种编程语言，使开发人员能够建立和发布下一代分布式应用。其在2013年由 Vitalik Buterin 提出，它的目的是为建立去中心化的应用创建一种可替代的协议，给一大类的去中心化的应用程序提供一组不同的平衡机制，这对需要快速开发、安全性要求低、很少使用的应用程序以及在不同应用之间能有效互动很重要。以太坊是一个编程平台，它提供了各种模板，用户只需要把以太坊提供的各种模板链接到一起就能搭建自己的应用。因此，在以太坊上创建应用的成本大大减少、速度大大提高，这也造就了以太坊成为区块链中最好的项目之一。具体来说，以太坊通过一种图灵完备的脚本语言（Ethereum Virtual Machine Code，EVM 语言）来创建应用，类似于汇编语言，但编写以太坊应用并不需要直接使用 EVM，而是使用 Solidity、Serpent、U 上类编程语言，再通过编译器转换成 EVM 语言供以太坊平台使用。

开发者可以通过以太坊这一平台创建自己的区块链应用。一般来讲，以太坊上有 3 种应用。

① 金融应用，包括电子货币、金融衍生品、对冲交易合约、存储钱包、遗嘱，甚至是一

些最终的完善就业合同。

② 半金融应用，这类应用涉及金钱，但不是完全看重金钱，也有重要的非金钱的应用，一个典型的例子就是为解决计算问题的自实施奖励。

③ 非金融应用，例如在线投票和去中心化管理。

（2）Hyperledger

2015 年 12 月，开源世界的旗舰——Linux 基金会牵头，联合 30 家初始企业成员（包括 IBM、Accenture、Intel、J.P.Morgan、R3、DAH、DTCC、FUJITSU、HITACHI、SWIFT、Cisco 等），共同宣告了 Hyperledger 项目的成立。该项目试图打造一个透明、公开、去中心化的分布式账本项目，作为区块链技术的开源规范和标准，让更多的应用能更容易的建立在区块链技术之上。Hyperledger 框架发展如图 8-14 所示。

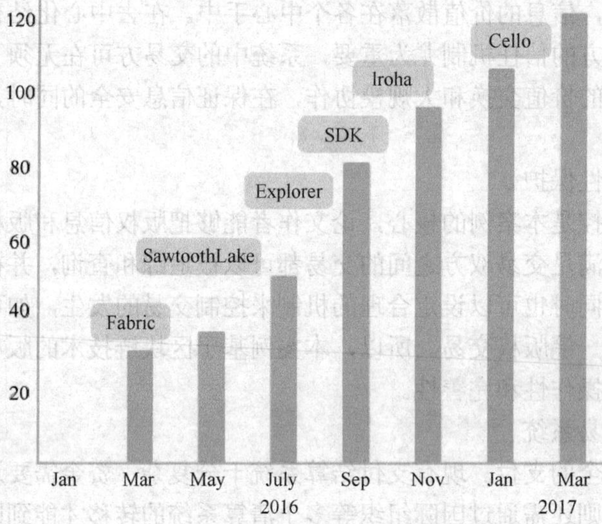

图 8-14　Hyperledger 框架发展

Fabric：包括 Fabric、Fabric CA、Fabric SDK（包括 Node.Js、Python 和 Java 等语言）和 fabric-api、fabric-sdk-node、fabric-sdk-py 等，目标是区块链的基础核心平台，支持 pbft 等新的 consensus 机制，支持权限管理，最早由 IBM 和 DAH 发起。SawToothLake：包括 arcade、core、dev-tools、validator、mktplace 等，是 Intel 主要发起和贡献的区块链平台，支持全新的基于硬件芯片的共识机制 Proof of Elapsed Time（PoET）。Iroha：账本平台项目，基于 C++实现，带有不少面向 Web 和 Mobile 的特性，主要由 Soramitsu 发起和贡献。Blockchain Explorer：提供 Web 操作界面，通过界面快速查看查询绑定区块链的状态（区块个数、交易历史）信息等。Cello：提供"Blockchain as a Service"功能，使用 Cello，管理员可以轻松获取和管理多条区块链；应用开发者可以无需关心如何搭建和维护区块链。目前，所有项目均处于孵化（Incubation）状态。

8.2.2　基于区块链的论文版权保护系统及其性能测评

在数字化、网络化时代，现行的版权管理机制受到很大挑战。数字化知识和信息传播的快捷性、易复制性等特点使盗版泛滥，很多数字出版商未经授权就传播，给著作权人带来了比传统盗版更严重的经济损失。论文版权贸易日益频繁，版权授权需求量激增，现行的版权交易方式具有过程复杂、交易成本高、交易效率低等特点，已明显无法适应互联网时代版权贸易的要求。目前的数字版权保护方法（DRM）都是集中登记式的，本质上是一种权威管理机构授权的中心化的版权管理机制。区块链技术为论文版权提供了一种不可更改的去中心化的版权登记形式。

1. 系统要求

从使用者的角度考虑，论文版权保护系统首先应该具有声明版权、查询版权和版权交易的功能。其次，系统应该是易于使用的。

从技术方面讲，这个系统至少包括如下组成部分。

（1）构建去中心化信任平台

交流以信息为基础，所以信息传递和保障的信任平台（即中介）随之应运而生。在现行的互联网中心化体系内，信息的价值散落在各个中心手中。在去中心化结构的论文版权保护系统中，构建无须第三方的信任机制尤为重要，系统中的交易方可在无须了解对方基本信息的情形下，实施可信任的价值交换和大规模协作，在保证信息安全的同时，省去了大量的中介成本。

（2）版权信息完整性保护

论文版权信息的管控是本案例的核心，论文作者能够把版权信息和版权交易信息记录在区块链上。本案例需要满足交易双方之间的交易都可以被追踪和查询，并被充分证明，任何记录都是无法篡改的。同时也可以设定合理的机制来控制交易的发生，如可以设定为需要两个人联合签名才能进行一笔版权交易。所以，本案例基于区块链技术的版权保护机制比现行版权保护方式更强的可操作性和完善性。

（3）安全的版权交易系统

版权的交易涉及安全的支付。现有支付结算系统十分复杂，资金需要通过商业银行、人民银行，涉及跨境支付则还需通过国际组织等多个清算系统的转移才能到账，而区块链技术可以做到点对点即时支付。去中心化的支付体系与传统支付体系相比，通过区块链技术实现的支付是在双方之间直接进行的，不涉及第三方机构；即使部分网络瘫痪也不影响整个系统运行，区块链技术降低了支付成本，提高了支付效率，本案例利用区块链技术转移电子货币，进行版权交易支付的同时需要保证支付的绝对安全性。

2. 系统的操作模式

基于区块链的论文版权保护系统主要包括五大模块：身份认证模块、版权声明模块、盗版检测模块、查询版权模块、版权交易模块，如图 8-15 所示。

（1）身份认证模块

本模块提供本案例的登录注册功能，用户在注册的时候需要验证手机号的有效性，登录的时候用注册的手机号接收短信验证码进行动态身份认证，只有验证通过才允许注册账户或者登录系统。若动态验证服务器遭受攻击导致瘫痪，客户端则采取随机图片验证码的形式进行静态验证注册登录，保证当前是人为操作。

（2）版权声明模块

本模块为用户提供声明论文版权，修改或删除论文版权的相关功能。用户登录本模块后，可以上传创作的论文进行版权声明，本模块将此次的论文版权写入论文区块链存储，同时生成该篇论文的电子证书，提供用户下载。此外，用户可以选择声明的论文是否公开。

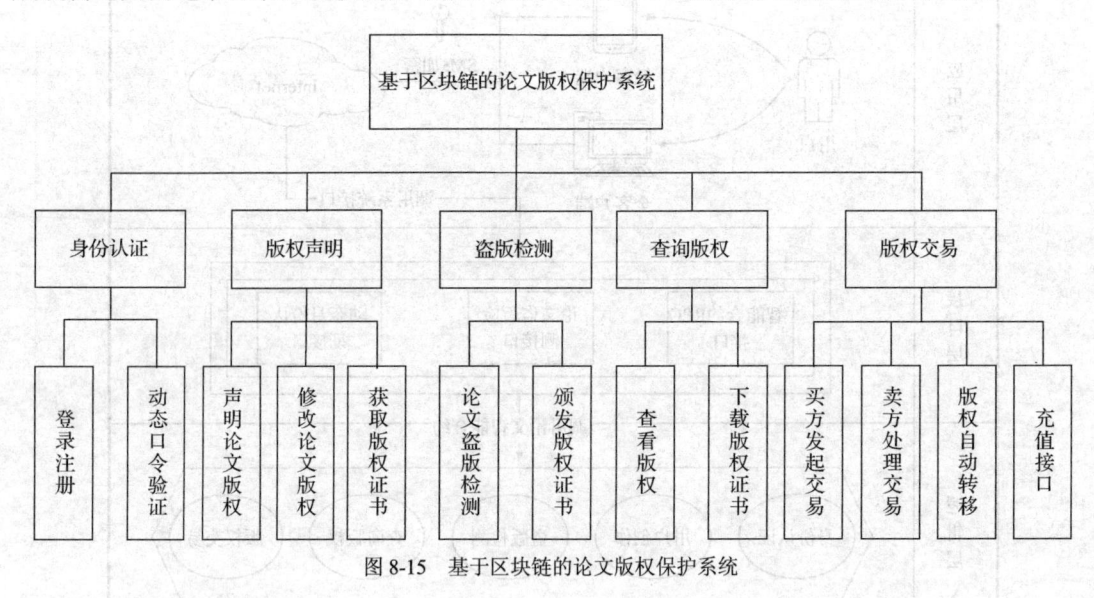

图 8-15　基于区块链的论文版权保护系统

（3）盗版检测模块

本模块提供论文的盗版检测和颁发版权证书的功能。该模块不直接对用户开放使用，作为用户声明论文版权时客户端调用的子模块。用户在声明论文版权的过程中，将会调用盗版检测模块。该模块使用基于向量模型与语义理解结合的机器学习算法对论文进行盗版检测，若通过盗版检测，本模块对该篇论文颁发对应的电子证书。

（4）查询版权模块

本模块为用户或游客提供查询他人论文版权的接口，并提供电子证书的下载和查看功能。为了保护作者的个人隐私，本模块对论文版权的查询功能做了限制，只能通过作者地址（Address）才能进入到作者的主页查看其公开的论文。

（5）版权交易模块

本模块的功能是在本案例中用户可以对自己的论文版权进行转移。购买方对想要购买的版权发起交易，若版权拥有者同意此次论文版权的交易，系统将自动进行版权转移以及支付动作。此外，版权交易模块也提供了充值接口，供版权交易支付使用。

3. 系统的层次框架

本案例软件架构设计分为 5 个层次：应用层、接口层、逻辑层、网络层和存储层。本案例的软件架构图如图 8-16 所示。

（1）应用层

应用层的客户端分成轻客户端和全客户端，通过调用接口层提供的接口与网络层进行通信，通信的关键数据采用国密 SM3 加密，防止用户的隐私被他人窃取。

轻客户端不运行论文区块链节点，即通过连接现有的论文区块链网络来访问本案例，它的优点是轻便快捷，主要为移动终端的用户服务；全客户端运行论文区块链节点，适合在用户 PC 机上使用，所以全客户端在架构层次上来讲，既提供了处于应用层的用户交互界面，同时也充当了论文区块链网络中的一个矿工节点。

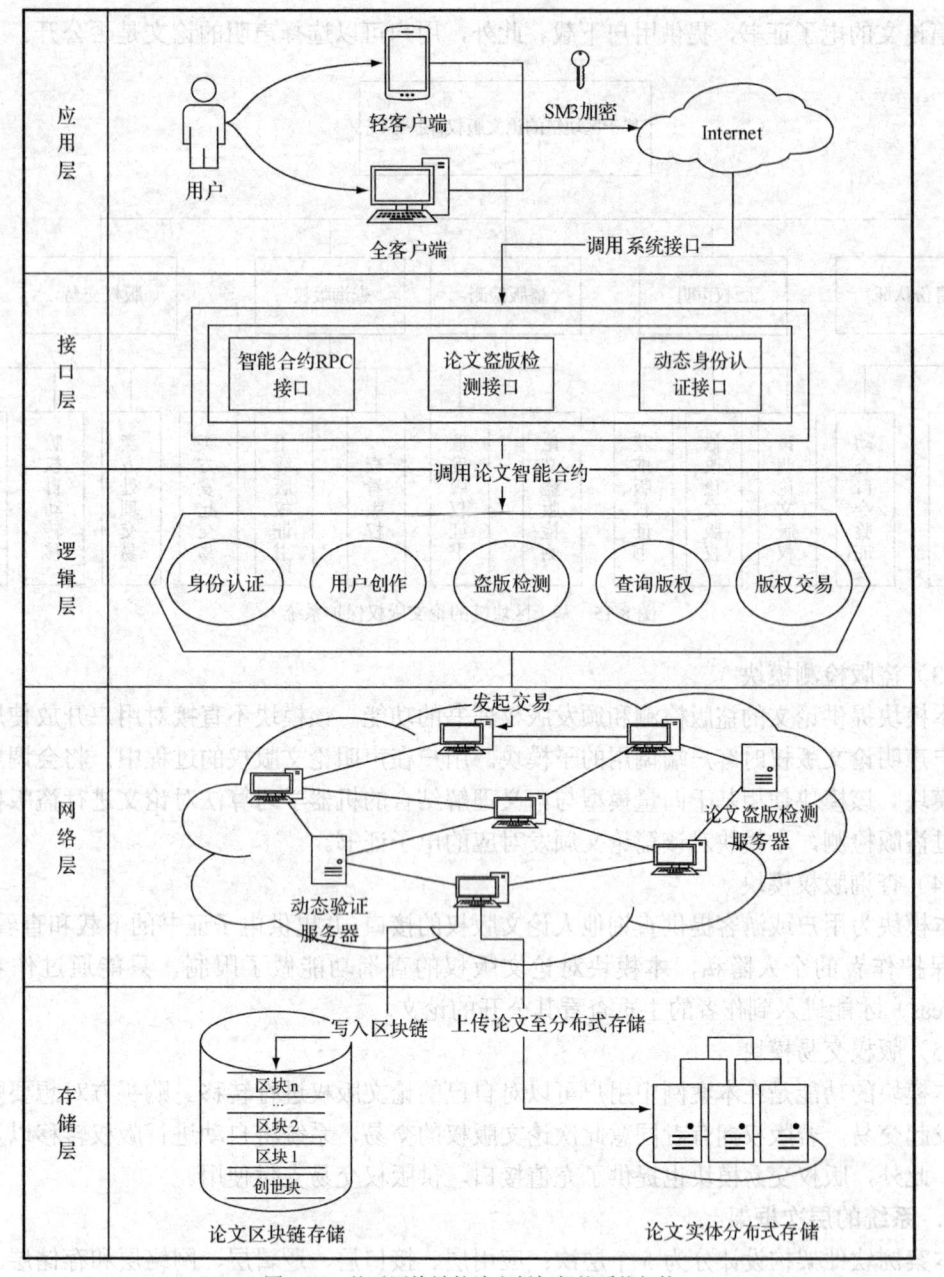

图 8-16 基于区块链的论文版权保护系统架构

（2）接口层

接口层包含了论文区块链网络提供的论文合约 RPC 接口，论文盗版检测服务器提供的盗版检测接口以及手机动态口令验证接口。上层的客户端通过调用接口层提供的接口使用本案例的功能。

（3）逻辑层

逻辑层在本案例中作为处理业务逻辑的模块，它是由部署在论文区块链网络上的论文智能合约所组成。论文智能合约为上层提供了可调用的函数，应用层通过论文区块链网络对外提供的 RPC 接口调用论文合约来发起版权声明、版权查询等操作。论文智能合约本质上是运行在论文区块链上的可执行代码段，在一定程度上代替了中心化服务器的逻辑处理模块，而且基于论文区块链的特性，业务处理的流程对用户是透明的，进一步增加了本案例的可靠性。

（4）网络层

本案例的网络层采用的是基于端到端的混合式体系架构，既有端到端为主的论文区块链网络，也有中心服务器为辅。

本案例构建的论文区块链网络中运行的是系统的全客户端节点，每个节点都是论文区块链的矿工，通过工作量证明机制（PoW）确认用户发起的交易，再写入到论文区块链中存储；论文盗版检测服务器和动态验证服务器则分别提供了接口层的论文盗版检测接口和动态身份认证接口。二者构成了本案例的混合模式的网络架构。

（5）存储层

存储层包括了论文区块链存储和分布式文件存储。

论文区块链中存放用户的基本信息以及每个用户所拥有的论文版权信息，基于论文区块链不可篡改和交易时间戳的特性，让用户能够很好地解决论文版权纠纷的问题。

分布式文件存储存放用户的论文实体，以及用户的头像实体，分布式文件存储会将这些数据分片存储在整个论文区块链网络中，获得比传统基于中心服务器的 B/S 架构更大的流量带宽，让用户在查看文件的时候能有更快的检索体验，而且基于文件特征值提取的哈希值能够保障用户从分布式文件存储中获取的文件未被篡改。

同时，本案例的客户端代码也将托管在分布式文件存储上，因为分布式文件存储是基于文件内容进行检索，所以不会存在端到端系统服务器地址未知的问题。这同时也意味着只要论文区块链网络中存在至少一个节点，本案例就可以正常运行，与传统的 B/S 架构系统相比，本案例无疑具有更好的稳定性、可靠性。

4. 系统的工作方案

我们设计的论文区块链 DCI 管控系统主要分为五个角色，分别是用户、系统客户端、身份认证平台、盗版检测平台、论文区块链网络。本案例的总体流程设计如图 8-17 所示。

（1）用户：论文版权的拥有者，用户通过请求上传论文声明版权，本案例进行盗版检测通过后向论文区块链网络写入版权信息。

（2）系统客户端：用户与论文区块链网络交互的工具，用户通过使用客户端发起一系列请求，完成身份认证、版权声明、版权交易等功能。

（3）身份认证平台：提供动态身份认证服务，用户在使用客户端发起登录请求时，客户端会向身份认证平台请求发送手机验证码，待用户输入手机验证码并确认无误之后，才允许用户接入论文区块链网络。

（4）盗版检测平台：对用户上传的论文进行检测，通过对论文词向量、句子向量、段落向量到论文向量的多层次计算，加入语义分析，与训练好的论文模型库比较计算相似度，如果超过所设定的阈值则不允许用户对此论文进行版权声明。

（5）论文区块链网络：本案例的核心部分，承担着执行和存储两大职能，由本案例的全客户端和各大论文出版平台共同构建。运行在论文区块链上的智能合约自动执行用户发起的交易请求，将论文版权信息写入到论文区块链存储，同时为了防止论文区块膨胀，将论文实体存储在本案例的分布式存储节点上。

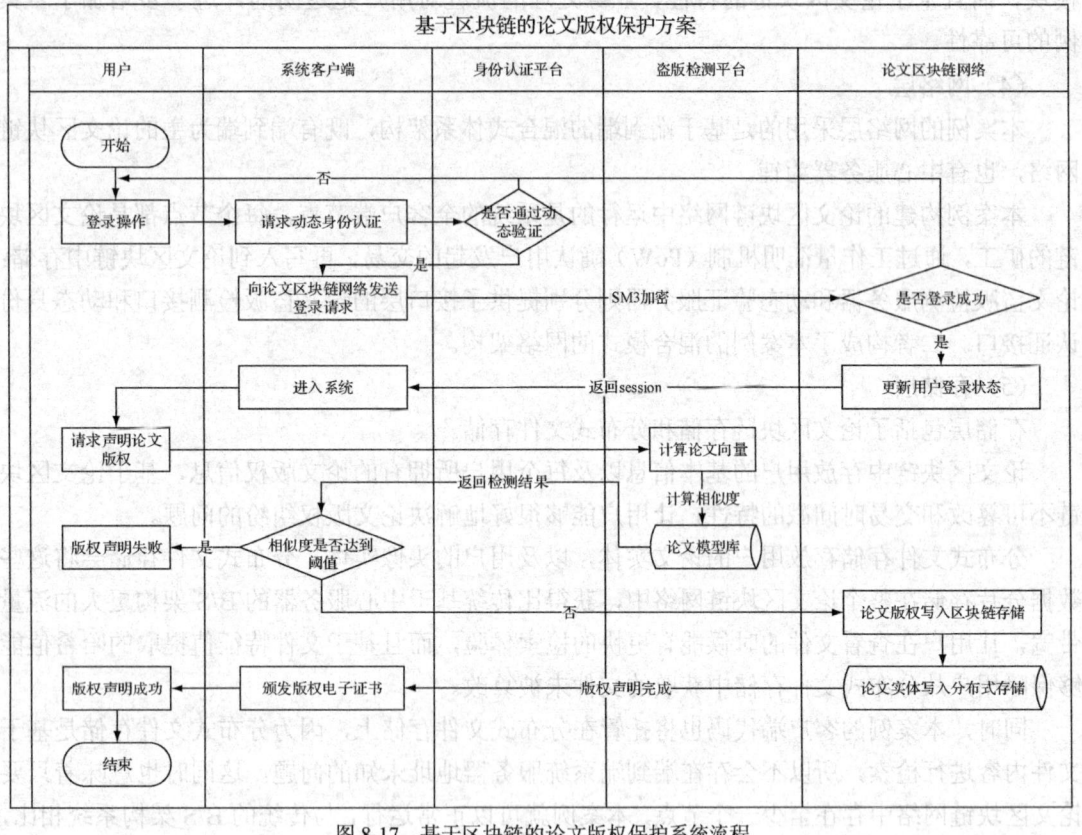

图 8-17　基于区块链的论文版权保护系统流程

5．系统的性能测评

系统的性能体现在系统的稳定性和承受恶意攻击的能力，性能测评是有关验证应用程序的服务和识别潜在缺陷的过程。

（1）伪造区块概率

论文区块链是本案例安全可信的核心，攻击者可能作为论文区块链网络的一个节点，伪造论文区块进行链接。论文区块链网络采用的是工作量证明机制且区块由所有的矿工节点一起维护，只有被超过半数以上的矿工节点确认并选择最大工作量的分支进行链接，论文区块才能真正被链接到现有的论文区块链上并在各个节点之间同步。

诚实链条和攻击者链条之间的竞赛，可以用二叉树随机漫步来描述。我们定义伪造论文区块攻击成功的概率计算如下：

$$q_z = \begin{cases} 1 & , \ if \ p \leq q \\ (\dfrac{p}{q}) & , \ if \ p > q \end{cases}$$

其中，p 为诚实节点制造出下一个区块的概率，q 为攻击者制造出下一个区块的概率，q_z 为攻击者最终消除了 z 个区块的落后差。

假设诚实区块将耗费平均预期时间以产生一个论文区块，那么攻击者的潜在进展就是一个泊松分布，我们得到分布的期望值为

$$\lambda = z\frac{q}{p}$$

为了计算攻击者追赶上的概率，我们将攻击者取得进展论文区块数量的泊松分布的概率密度，乘以在该数量下攻击者依然能够追赶上的概率：

$$\sum_{k=0}^{\infty} \frac{\lambda^k e^{-\lambda}}{k!} \times \begin{cases} \left(\dfrac{q}{p}\right)^{z-k}, & if\ k \leqslant z \\ 1, & if\ k > z \end{cases}$$

化为如下形式，避免对无限数列求和：

$$1 - \sum_{k=0}^{z} \frac{\lambda^k e^{-\lambda}}{k!} \times \left(1 - \left(\frac{q}{p}\right)^{z-k}\right)$$

我们通过计算所得的概率统计图如图 8-18 所示。

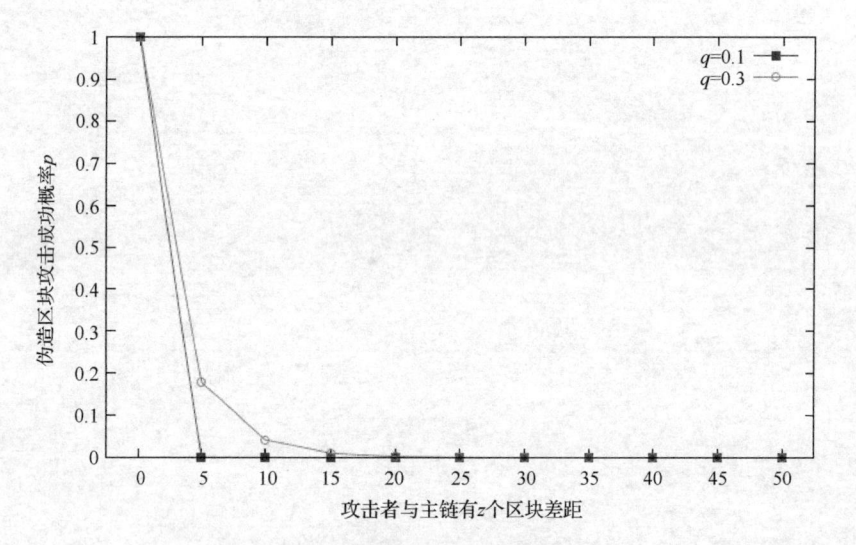

图 8-18　伪造区块攻击成功概率分析

从上图中我们可以发现概率对 z 值呈指数下降，当 z =5 时，p 无限接近于零。由于论文区块链网络中的拥有大量的节点和算力，这样攻击者伪造区块需要超过整个网络的算力才能成功制造出区块并修改所有网络中所有的节点记录，这种情况的概率几乎为零。

（2）处理交易的速度测评

本节采用的实验环境为 6 个节点，满足拜占庭一致性算法的要求。随着区块包含交易的数量增加，计算区块所花费的时间也越来越多。

对模型性能的要求，即对模型处理交易的速度的要求，定义计算处理交易速度的方式如下：

$$平均交易速度 = \frac{\sum\limits_{i=1}^{n} t_i}{\sum\limits_{i=1}^{n} s_i}$$

$$峰值交易速度 = \max\left(\frac{t_i}{s_i}\right)$$

其中，n 为已打包交易的区块数，t_i 为第 i 个区块计算所消耗的时间，s_i 为第 i 个区块所包含的交易数。根据实验得到的区块处理交易速度与包含交易数的关系可以算出该模型每秒平均交易数为 1536.8 条，峰值交易速度为每秒 2152.4 条，吞吐量已经足够支撑现有平台的运作。

实 验

　　本附录内容以信息安全实践为基准，旨在为读者展示紧贴于各章节内容的实验任务。实验一主要基于 ISSE 过程相关内容，围绕企业网站进行安全需求分析并制定相应的解决方案。实验二主要基于网络信息系统安全风险评估过程，结合相关风险评估算法，使用风险评估工具等手段对网络信息系统进行安全评估。实验三基于信息安全管理体系建立过程，制定信息安全方针是信息安全管理体系建立的重要过程，能够为信息安全提供管理指导和支持。实验四基于信息安全管理体系的监视与评审，对建立的 ISMS 信息安全管理体系进行评审。实验五基于信息安全策略相关内容，模拟了网络防火墙对 IP 报文格式的进行解析的过程。实验六是实验五的进一步延伸与扩展，主要模拟了网络防火墙对网络流量的统计过程。实验七以漏洞扫描为主题，围绕 Nessus 这一安全扫描工具的使用来进行实验。实验八旨在培养读者动手编程设计能力，在实验中完成简单网络扫描器的设计与实现。

实验一　基于 ISSE 过程的网络安全需求分析及解决方案

1. 实验原理
（1）基于 ISSE 过程的网络信息安全的需求分析

对网络的安全问题进行研究时，首先应对网络安全进行需求分析。在进行安全需求分析时应着重明确以下几个问题。

① 建网的目的是什么？

兴建网络是为了满足内部通信还是企业间的通信，即所建网络是 Intranet 还是 Extranet。要达到这样的建网目的，对网络的总体安全性有哪些要求？需要采取什么样的安全措施？

② 网络的用户是谁？

一个网络的用户越多，或网络用户的成分越复杂，则网络面临的安全威胁就越大。不同的用户群对网络的安全性有不同的要求。应按用户分类，针对不同的用户群采取不同的组网方式，并制定不同的安全策略。例如金融用户和一般的拨号用户对网络安全性的要求是不一样的，相应采取的安全措施也有明显区别。

③ 网络将要提供哪些服务？

这是需要回答的最为重要的问题，因为网络中运行的每一个服务都存在被攻击的可能。设想如果根本就不需要任何服务，则可以关闭包括基本的网络协议在内的所有网络服务。故仅仅启用绝对需要的基本协议和服务是这个问题的最佳答案。当确定启动的服务后，必须考虑每个服务带来的风险有多大。如某个服务因有太多的安全缺陷而不能使用时，就应找一个更安全的服务来代替它。可行的方案有：选择其他制造商的产品，选择资源开放式产品代替专用产品或选择能提供有与不安全产品同样安全特性的更安全的技术。例如，可用开放资源的 Apache Web 服务器替代 IIS，用具有安全外壳技术（SSH）的 SFTP 或 SCP 代替 FTP。

④ 网络的规模有多大？

网络中有多少台主机、服务器、路由器，线路的情况以及能同时为多少用户提供服务。网络的规模越大，它的安全隐患越多。

⑤ 网络使用哪些网络设施？

由于不同的网络设施，其安全性是不同的，应根据对网络的安全性要求来选择相应的网络设施。

⑥ 网络有哪些安全漏洞？安全威胁的类型有哪些？

在进行网络的安全需求分析时，这是必须回答的问题。由于网络的安全漏洞多种多样，使得攻击者可采用多种攻击手段。在进行安全设计时，应尽可能对各种安全漏洞做出仔细的分析，对各种攻击手段都要采取相应的防范措施。

（2）安全规划

安全规划需要为企业网络提供完整的安全解决方案。信息安全策略根据企业的复杂程度可能分成几个层次，其主题内容各不相同，具体如附图 1 所示。

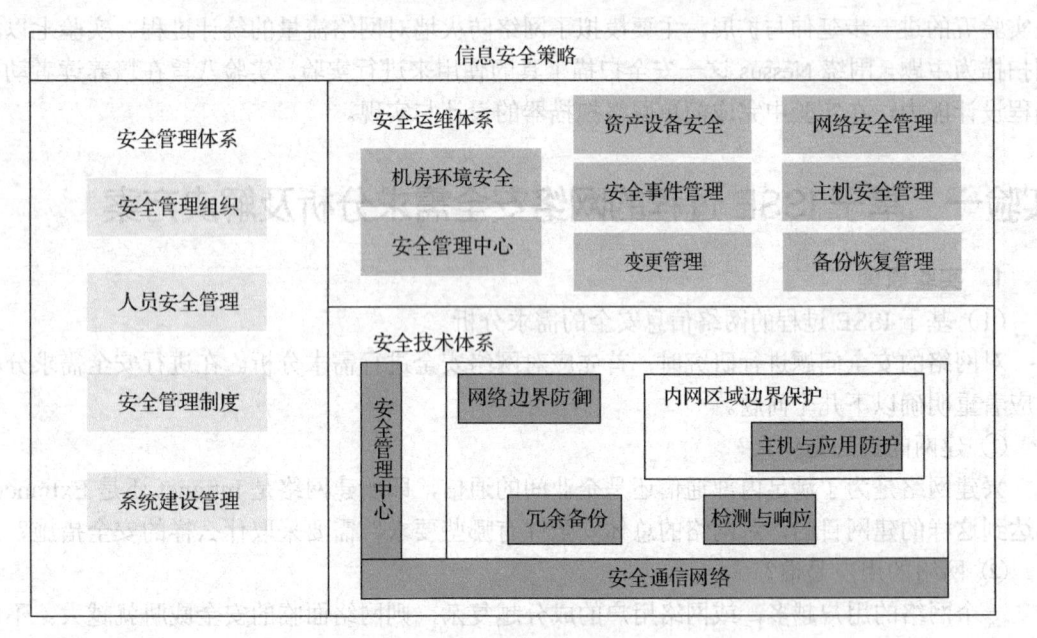

附图 1　安全规划层次划分

在本实验中，我们需要考虑的限于安全技术体系的解决方案。

2. 实验环境

Windows 系统主机。

3. 实验步骤

建设一个拓扑结构如附图 2 所示的企业网站，按照安全需求分析流程对其进行分析，写出分析报告。在分析报告中需要有分析流程图中的安全重要性分析、威胁类型分析、安全技术分析这三个步骤的各个方面的分析结果，并总结安全目标。

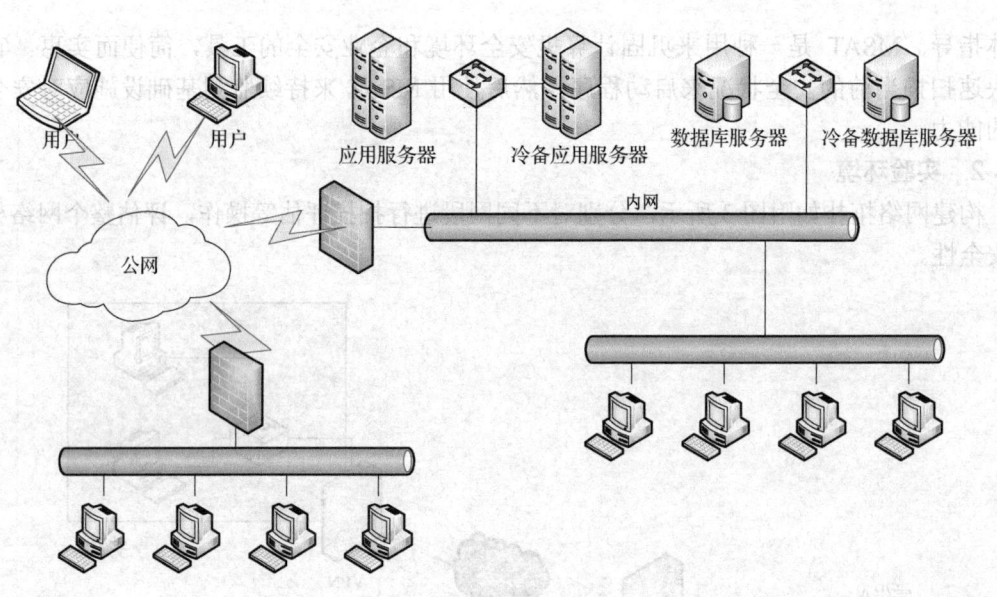

附图 2 安全需求分析

安全解决方案需要对安全需求提供支持保证，根据上面的安全需求分析制定内网构建、防火墙、服务器系统、备份系统、管理系统、检测与响应系统（如果需要）的具体解决方案，以及其他针对各种网络威胁的具体安全策略，提交一份安全策略报告。

实验二 网络信息系统风险评估

1. 实验原理

风险评估/安全评估是在防火墙、入侵检测、VPN 等专项安全技术之上必须考虑的一个问题，因为安全并不是点的概念，而是整体的立体概念。在各种专项技术的基础上，有必要对整个网络信息系统的安全性进行分析评估，以改进系统整体的安全。

（1）SecAnalyst 运行状态评估

通过 SecAnalyst 可以扫描出系统基于进程和文件的安全隐患。

（2）MBSA 综合评估

微软设计的基于 Windows 系统的综合扫描工具。

（3）X-scan 攻击扫描评估

X-Scan 是完全免费软件，无须注册，无须安装（解压缩即可运行，自动检查并安装 WinPCap 驱动程序）。采用多线程方式对指定 IP 地址段（或单机）进行安全漏洞检测，支持插件功能。扫描内容包括：远程服务类型、操作系统类型及版本，各种弱口令漏洞、后门、应用服务漏洞、网络设备漏洞、拒绝服务漏洞等 20 多个大类。对于多数已知漏洞，我们给出了相应的漏洞描述、解决方案及详细描述链接，其他漏洞资料正在进一步整理完善中。

（4）MSAT 安全评估

微软安全风险评估工具（MSAT）是一种免费工具，它的设计是为了帮助企业来评估当前的 IT 安全环境中所存在的弱点。它按优先等级列出问题，并提供如何将风险降到最低的具体指导。MSAT 是一种用来巩固计算机安全环境和企业安全的工具，简便而实惠。它通过快速扫描当前的安全状况来启动程序，然后使用 MSAT 来持续监测基础设施应对安全威胁的能力。

2. 实验环境

构建网络拓扑如附图 3 所示，分别对不同网段进行扫描评估等操作，评估整个网络架构的安全性。

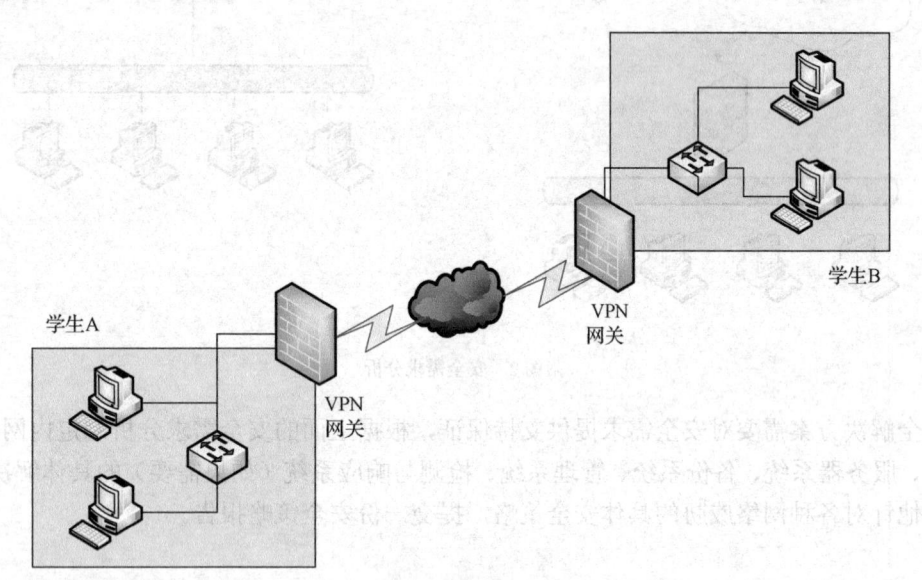

附图 3　网络拓扑图

3. 实验步骤

（1）本地主机运行状态评估（SecAnalyst）

① 查看扫描内容

点击"插件"标签，即可查看本地运行状态评估所要检测的项目，列表如附图 4 所示。其中主要包括服务扫描、进程扫描、IE 安全扫描、驱动文件扫描、启动文件扫描。

插件名称	描述
系统扫描插件	主要是对系统进行扫描，找到系统中一些被修改的信息
服务扫描插件	主要是对服务进行扫描，并且查看其完整性和危险程度
隐藏服务扫描插件一	主要是对隐藏服务用插件一进行扫描，并且查看其完整性和危…
隐藏服务扫描插件一	主要是对隐藏服务用插件一进行扫描，并且查看其完整性和危…
隐藏进程扫描插件	主要是对隐藏进程进行扫描，并且查看其完整性和危险程度
进程扫描插件	主要是对进程进行扫描，并且查看其完整性和危险程度
核心模块扫描插件	主要是对系统核心DLL进行扫描，并且查看其完整性和危险程度
IE设置扫描插件	主要是对IE设置进行扫描，并且查看其完整性和危险程度
IE扫描插件	主要是对IE的设置进行扫描，并且查看其正确性和危险程度
驱动扫描插件	主要是对驱动进行扫描，并且查看其完整性和危险程度
克隆帐号扫描插件	主要是对各个登录帐号进行扫描，并且检查其有没有克隆帐号…
自启动扫描插件	主要是对自启动项进行扫描，并且查看其完整性和危险程度

附图 4　查看扫描内容

② 扫描系统

运行安全分析专家，单击"扫描"标签，开始对系统进行运行状态评估；点击"开始分析"即开始对系统进行扫描；扫描过程中会把扫描结果显示在软件中，其中包括非系统自带的服务扫描、IE 被篡改的首页及其配置、非系统自带的驱动文件、自启动程序扫描，并会显示所属安全不同的危险等级，为管理员提供优先的解决方案的选择。具体如附图 5 所示。

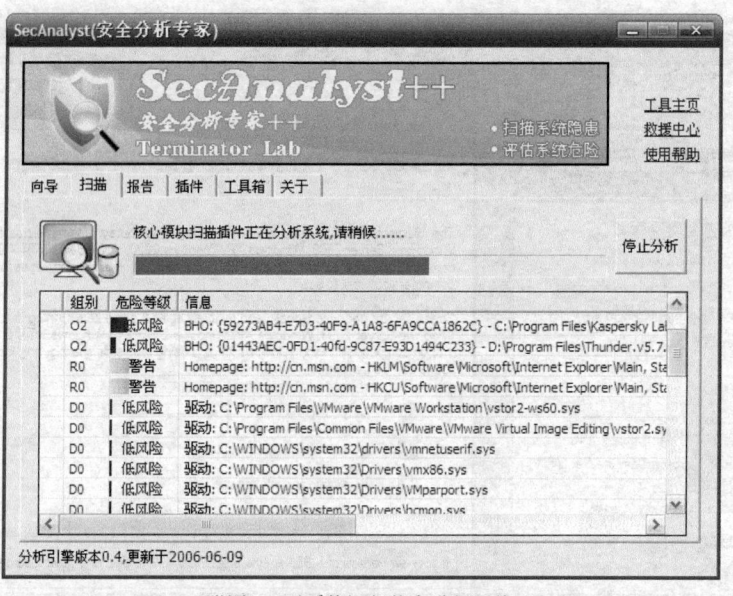

附图 5　对系统运行状态进行评估

（2）本地主机运行状态评估报告

扫描结果可以用 txt 报告的形式导出，也可以在软件界面中查看，单击"报告"标签，即可查看报告，如附图 6 所示。

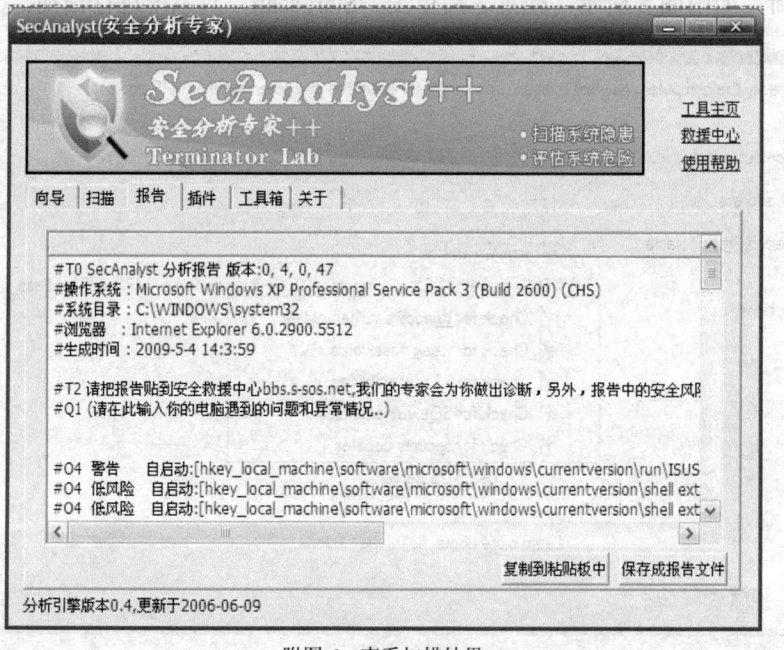

附图 6　查看扫描结果

（3）本地安全扫描（MBSA）

① 启动扫描

启动 MBSA，并对 1 台主机进行扫描，如附图 7 所示。

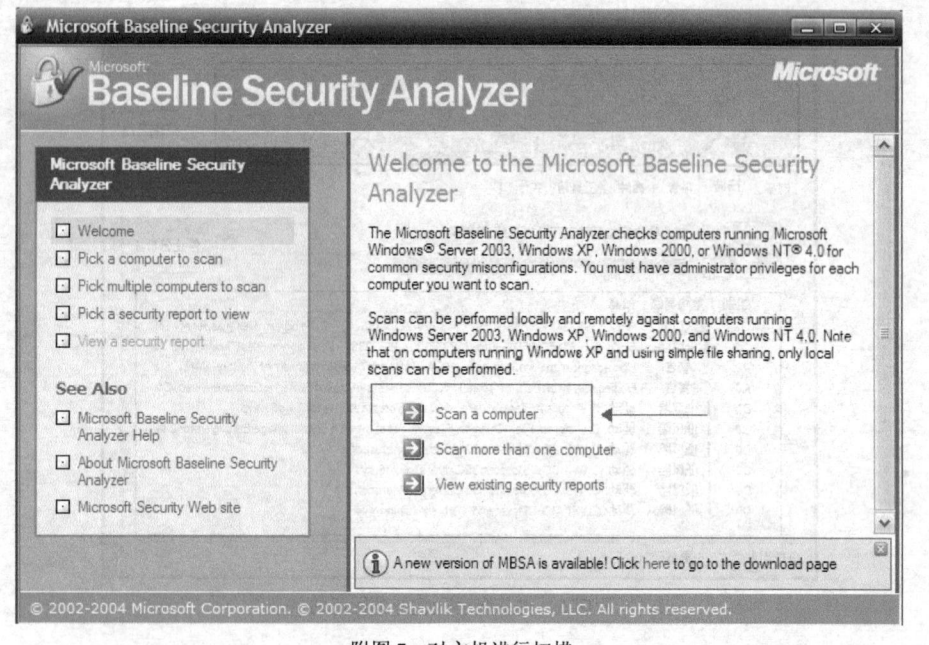

附图 7　对主机进行扫描

② 设置扫描选项，开始扫描

选择需要进行扫描的选项，其中包括 Windows 本身漏洞，弱口令，IIS、sql 漏洞以及系统的安全更新，如附图 8 所示。配置之后单击"Start scan"对系统进行扫描。

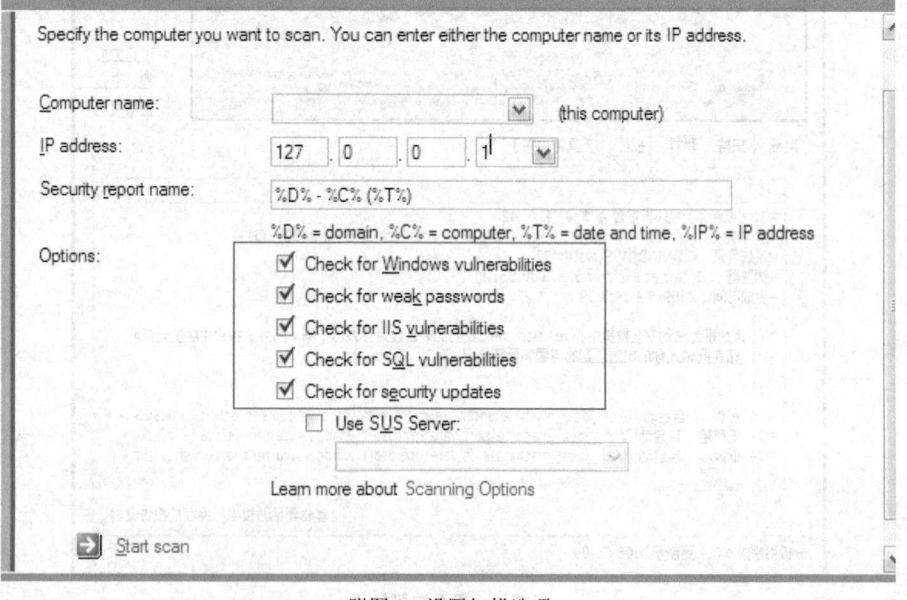

附图 8　设置扫描选项

（4）本地安全扫描报告

① 更新扫描

更新扫描会列举出系统是否安装的最新补丁，如附图 9 所示。最新补丁为微软针对网络攻击和漏洞发布的修补程序，通过及时安装补丁程序，可以降低主机的遭遇攻击的风险性。

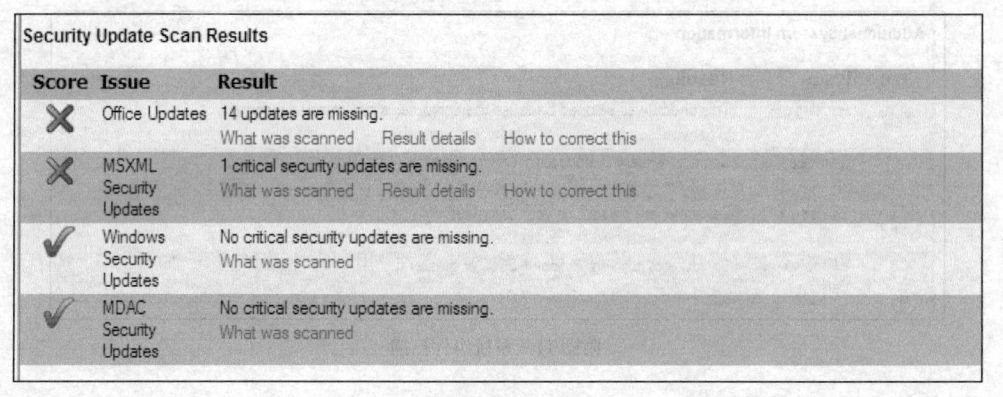

附图 9　更新扫描

② 系统扫描

系统扫描出系统常见的安全隐患，例如，文件系统是否为较为安全的 NTFS 格式、本地帐户口令是否存在弱口令和空口令、是否开启自动更新、是否开启防火墙等。

从附图 10 所示的报告中我们可以看到，目标系统（即本机）采用的并非 NTFS 格式，这是不安全的，容易让攻击者获得最大的文件读取权限。

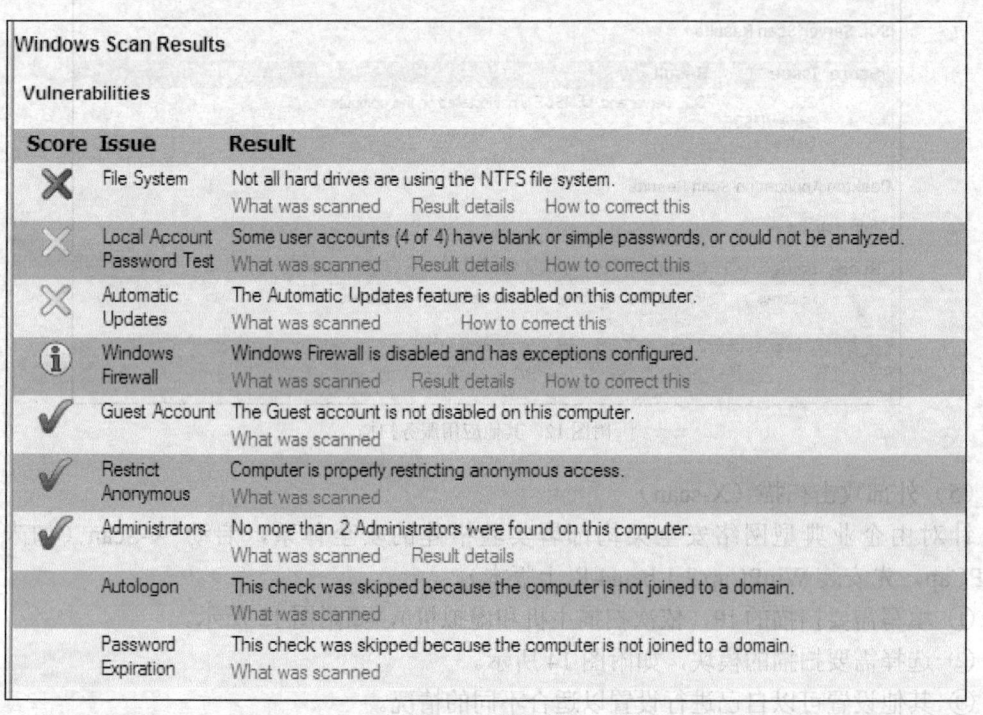

附图 10　系统扫描

③ 系统组件扫描

如附图 11 所示，扫描报告会提示，系统安装了一些其他应用服务，并开启了一些文件共享目录。这些警告提示，在网络攻击中，经常会被攻击者利用，从而可以进一步的控制系统。管理员尽可能减少这些安全隐患，可以使主机更好的避免攻击者的攻击。

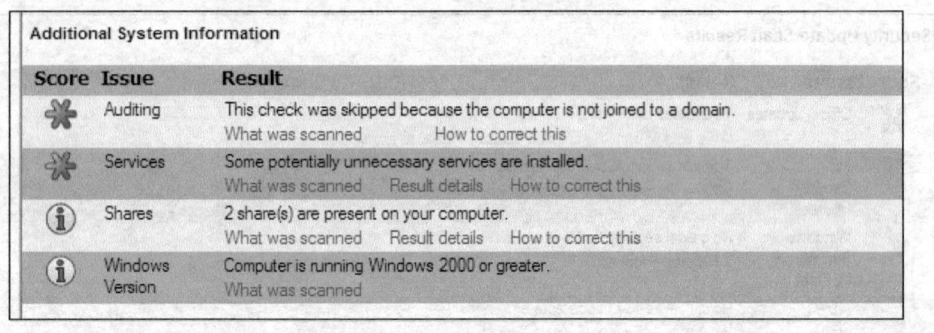

附图11　系统组件扫描

④ 其他应用服务扫描

当系统装有 IIS 和 SQL 的应用服务，MBSA 会扫描出针对这些服务的安全隐患和漏洞，如附图 12 所示。

Internet Information Services (IIS) Scan Results

Score	Issue	Result
	IIS Status	IIS is not running on this computer.

SQL Server Scan Results

Score	Issue	Result
	SQL Server/MSDE Status	SQL Server and/or MSDE is not installed on this computer.

Desktop Application Scan Results

Vulnerabilities

Score	Issue	Result
✓	IE Zones	Internet Explorer zones have secure settings for all users. What was scanned
✓	Macro Security	3 Microsoft Office product(s) are installed. No issues were found. What was scanned　　Result details

附图12　其他应用服务扫描

（5）外部攻击扫描（X-scan）

针对由企业典型网络安全架构部署实验搭建的安全体系，启动 X-Scan（如未安装 WinPCap，先安装 WinPCap 3.1 beta4 以上版本）。

① 填写需要扫描的 IP（依次扫描主机和虚拟机），如附图 13 所示。

② 选择需要扫描的模块，如附图 14 所示。

③ 其他设置可以自己进行设置以适合不同的情况。

④ 设置完成后点击开始扫描。

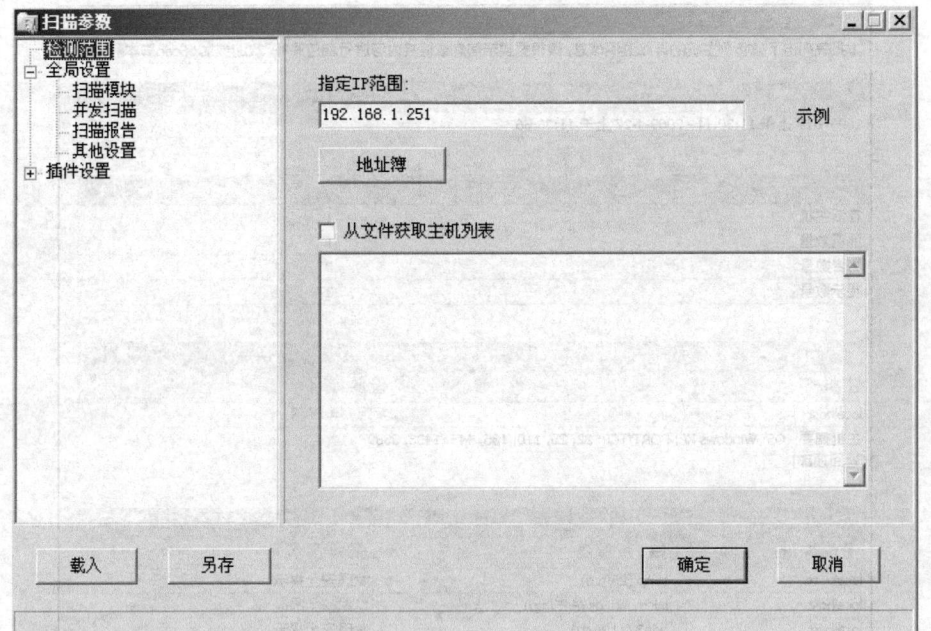

附图 13　填写需要扫描的主机 IP

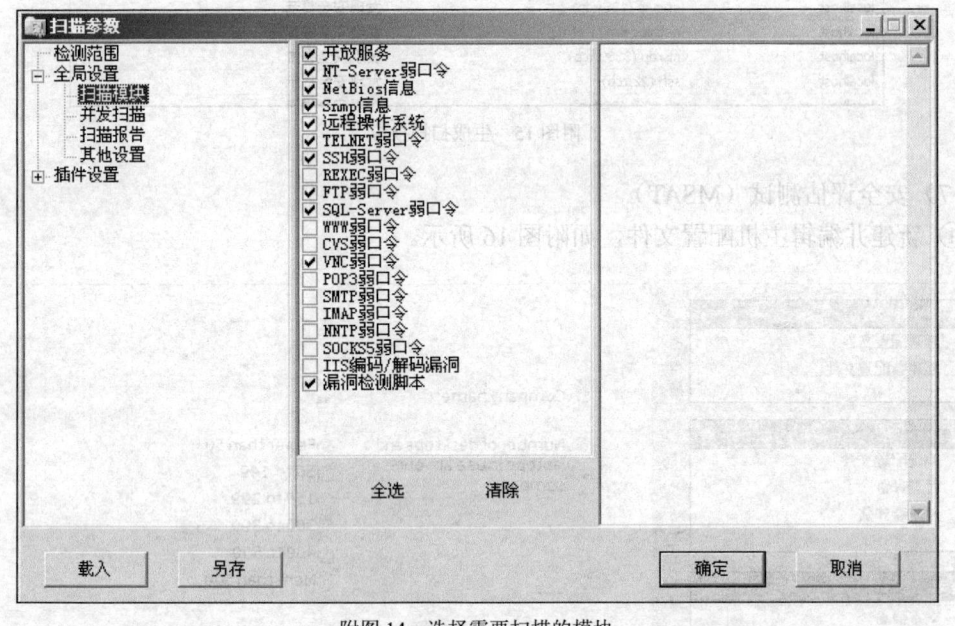

附图 14　选择需要扫描的模块

（6）外部攻击测试报告

扫描完毕后，X-Scan 会自动生成扫描报告（可以设置文件类型）；扫描报告会列举所有端口/服务以及对应的安全漏洞和解决方案，如附图 15 所示；每一种安全漏洞都有具体描述、风险等级并给出了解决方案。常见的安全漏洞有各种开放的服务/端口安全设置不妥带来的安全漏洞等（例如 FTP 弱口令）。

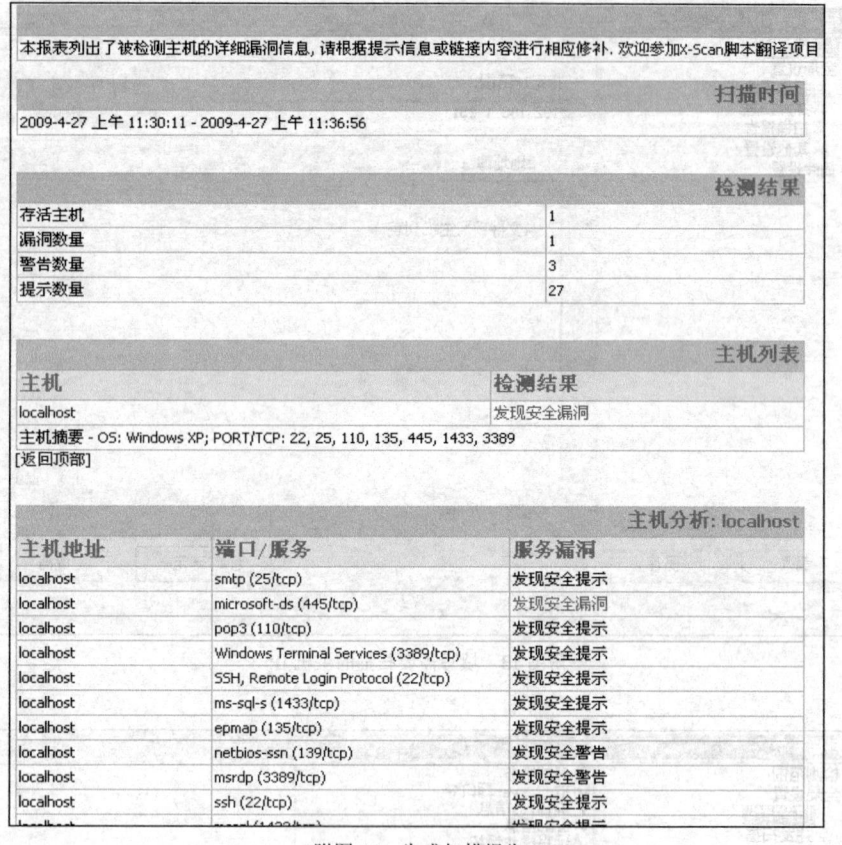

附图15　生成扫描报告

（7）安全评估测试（MSAT）

① 新建并编辑主机配置文件，如附图16所示。

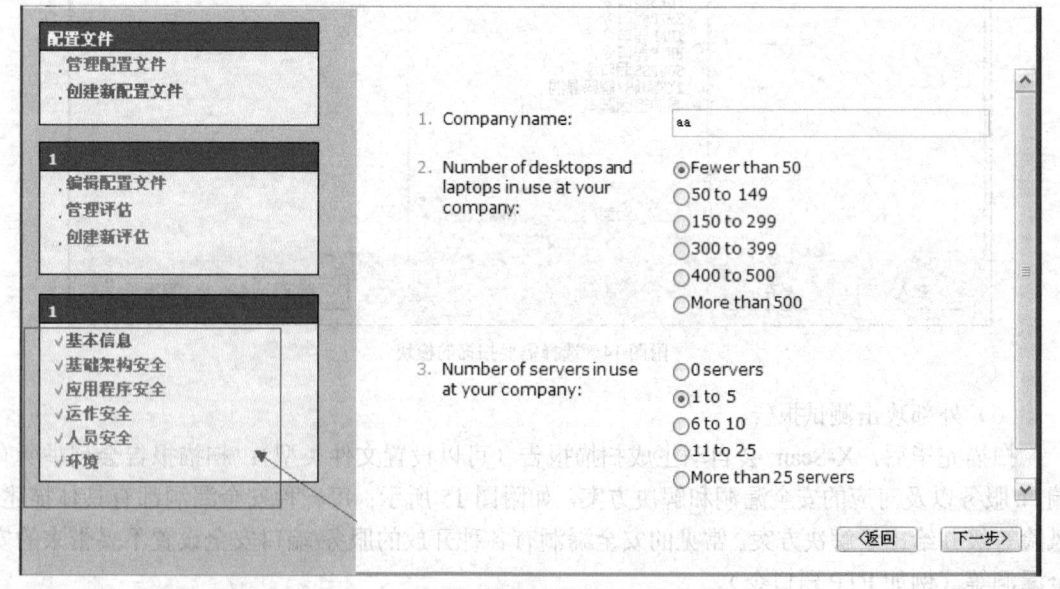

附图16　编辑主机配置文件

② 新建配置文件，并根据向导配置主机信息。主要分为基本信息、基础架构安全、应用程序安全、运作安全、人员安全、环境配置。

③ 通过勾选的方式，配置主机。每一部分的配置会有 10 个不等的选项，需要完成这些选项，才能进行下一步的评估工作。

④ 新建针对主机的评估，如附图 17 所示。

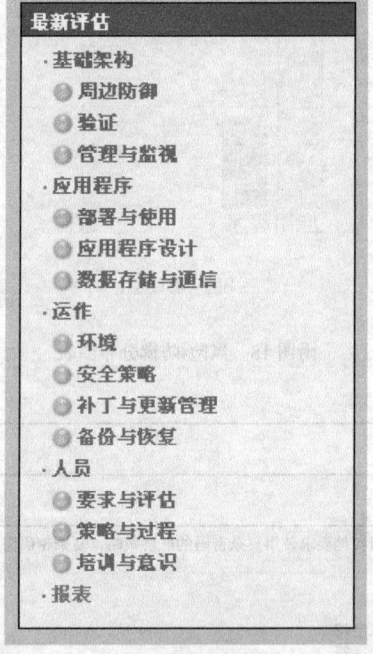

附图 17　主机评估

⑤ 评估会根据以上几个部分进行安全评估，并最终生成报表文件。

⑥ 填写评估配置。

评估主要针对以下几部分进行评估测试。

基础架构：此部分的重点是网络应该如何工作，它必须支持哪些（内部或外部）业务流程，如何构建和部署计算机主机，以及如何有效管理和维护网络。通过建立员工能够理解并遵循的健全的基础架构设计，组织可以轻松找出存在风险的区域并设计出缓解威胁的方法。

应用程序：此部分着眼于环境中对业务起关键作用的应用程序，并从安全和可用性角度对它们进行评估。此部分将对环境中所采用的增强纵深防御的技术进行检查。

运作：此部分不仅仅包括对技术防御的运作经验、实施过程和准则进行评估，还将检查环境中的安全策略、补丁和更新管理以及备份和恢复的区域。

人员：此部分会复查企业中用于管理公司安全策略、HR 流程、员工安全意识及培训的那些流程。它还会关注如何对待安全的事宜，因为安全与日常运作相关。此部分帮助评估如何缓解"人员"区域的风险。

（8）安全测试评估报告

① 查看图表如附图 18 所示。

② 完整评估报告。

评估报告从基础架构、应用程序、运作、人员四个领域的各个方面生成安全报告，有利于安全隐患评估结果与防御建议；其中验证部分的报告举例如附图 19 所示。

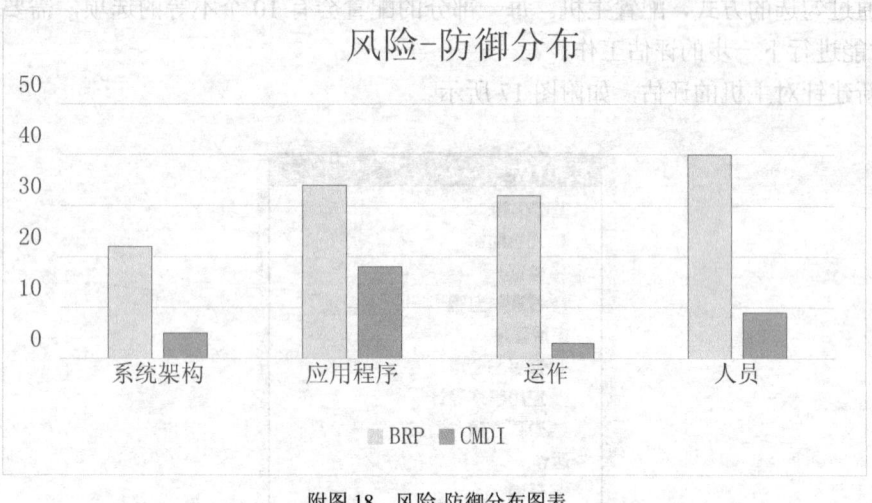

附图 18　风险-防御分布图表

验证		
子类别	最佳经验	
管理用户	对于管理账户，请实施要求使用复杂密码的严格策略，复杂密码需要符合下列标准： • 字母数字 • 大小写混用 • 至少有一个特殊字符 • 最小长度为16个字符 为进一步降低密码攻击风险，请实施以下控制： • 密码过期 • 账户在7-10次登录失败后被锁定 • 系统日志 除实施复杂密码外，请考虑实施多因素验证。对账户管理（不允许账号共享）和账户访问日志实施高级控制。	
	评估结果	建议
管理用户	您已表示使用单独登录对环境中的系统和设备进行安全管理。	请继续要求对管理活动使用独立的账户，并确保经常更换管理凭据
	评估结果	建议
管理用户	您已表示没有为用户授予对工作站的管理访问权限	请继续禁止最终用户在他们的工作站上进行管理访问，并确保经常更换这些工作站的管理凭据

附图 19　查看评估报告

实验三　信息安全方针的建立

实验结果

信软学院网站信息安全方针如附表 1 所示。

附表 1　　　　　　　　　　　　　信软学院网站信息安全方针

文件名称：	信软学院网站信息安全方针	
编号：	XXX-001	
版本：	Version 1.0	
密级：	中密	
文件审定：	唐甜甜	XX 部
复核计划：	xxxx-xx-xx	通过
目标：	以满足业务运行要求，遵守行业规程，实施等级保护及风险管理，确保信息安全以及实现持续改进的目的等内容作为本单位信息安全工作的体方针。以信息网络的硬件、软件及其系统中的数据受到保护，不受偶然的或者恶意的原因而遭到破坏、更改、泄露，系统连续可靠正常地运行，信息服务不中断为总体目标	
适用范围：	本方案适用于信软学院网站信息安全整体工作。在全单位范围内给予执行，由 xxx 部门对该项工作的落实和执行进行监督，由 xxx 部门配合 xxx 部门对本案的有效性进行持续改进	
相关内容：	建立一套关于物理、主机、网络、应用、数据、建设和管理等七个方面的安全需求、控制措施及执行程序，并在关联制度文档中定义出相关的安全角色，并对其赋予管理职责。"以人为本"，通过对信息安全工作人员的安全意识培训等方法不断加强系统分布的合理性和有效性。 从技术角度实现网络的合理分布、网络设备的实施监控、网络访问策略的统一规划、网络安全扫描以及对网络配置文件等必要信息进行定期备份。从管理角度明确网络各个区域的安全责任人，建立网络维护方面相关操作办法并由某人或某部门监督执行，确保各信息系统网络运行情况稳定、可靠、正常的运行。 要求各类主机操作系统和数据库系统在满足各类业务系统的正常运行条件下，建立系统访问控制办法、划分系统使用权限、安装恶意代码防范软件并对恶意代码的检查过程进行记录。明确各类主机的责任人，对主机关键信息进行定期备份。 从技术角度实现应用系统的操作可控、访问可控、通信可控。从管理角度实现各类控制办法的有效执行，建立完善的维护操作规程以及明确定期备份内容。 对本单位或本部门的各类业务数据、设备配置信息、总体规划信息等关键数据建立维护办法，并由某部门或某人监督、执行。通过汇报或存储方式实现关键数据的安全传输、存储和使用。 对人员的录用、离岗、考核、培训、安全意识教育等方面应通过制度和操作程序进行明确。 定期对已备案的信息系统进行等级保护测评，以保证信息系统运行风险维持在较低水平，不断增强系统的稳定性和安全性。 对突发安全事件建立应急预案管理制度和相关操作办法，并定期组织人员进行演练，以保证信息系统在面临突发事件时能够在较短时间内恢复正常的使用。 建立惩处办法，对违反信息安全总体方针、安全策略的、程序流程和管理措施的人员，依照问题的严重性进行惩罚	
实施时间：	本方针自签发之日起，正式实施	

签署人：XXX
职务：网站负责人
日期：xxxx 年 xx 月 xx 日

适应性声明如附表 2 所示。

附表 2　　　　　　　　　　　　　信软学院网站适应性声明

控制（ISO/IEC 27001 附录 A）	是否选择	说明
A.5.1.1 信息安全方针文件	是	参见《信软学院网站信息安全方针》，编号：XXX-001

续表

控制（ISO/IEC 27001 附录 A）	是否选择	说明
A.6.1.1 信息安全管理承诺	是	确定评审安全承诺及处理重大安全事故，确定与安全有关重大事项所必需的职责分配及确认、沟通机制
A.6.1.5 信息安全保密性协议	是	为更好掌握信息安全的技术及听取安全方面的有益建议，需与内外部经常访问我网站信息处理设施的人员订立保密性协议
A.7.1.1 资产清单	是	网站需建立重要资产清单并实施保护
A.8.2.2 信息安全教育和培训	是	安全意识及必要的信息系统操作技能培训是信息安全管理工作的前提

实验四　ISMS 管理评审

实验结果

XX 公司信息安全管理体系审核报告如下所示：

XXX 公司信息安全管理体系审核报告

1. 审核目的

对本公司现有的信息安全管理体系做全面审核，了解其信息安全管理体系运行的有效性和符合性，评价其是否具备申请 ISO/IEC 27001 认证的条件。

2. 审核范围

ISO/IEC 27001 所要求的相关活动及所有相关职能部门。

3. 审核准则

（1）ISO/IEC27001 标准。

（2）ISMS 信息安全手册、程序文件及其他相关文件。

（3）组织适用的 ISMS 法律法规及其他要求。

4. 审核组成员

审核组长：刘健智

审核员：唐龙海、向麟、周伟男、向建宇

5. 审核时间

6. 审核概况

审核内容如下。

（1）安全方针和目标是否正在实现，过去一定时间段中所取得的业绩是否达到、完成或超过安全方针和目标的要求。

（2）管理人员和监督人员过去一定时间段中管理与监督的状况，是否达到预期要求。

（3）管理体系运行是否受控、是否有效（近期内审结果）。

（4）纠正措施和预防措施执行情况如何。

（5）听取资源充分性报告。

（6）风险评估中提出的薄弱点或威胁。

（7）客户反馈意见的汇总分析。

（8）员工培训教育情况分析报告。

（9）客户投诉及其处理情况汇总。

（10）改进的建议。

（11）其他日常管理议题。

7. 审核结论

（1）本公司按照 ISO/IEC 27001 的要求建立的管理体系全面覆盖了应用软件的开发、系统集成活动和电子验印、票据防伪系统的生产活动；从运行以来，管理体系得到了不断地改进与完善，总体运行情况良好。

（2）《ISMS 手册》规定的本公司的安全方针、目标，符合准则要求和本公司实际情况，通过努力正在逐步实现。

（3）《ISMS 手册》中所列的控制项（133 项参数或指标）是真实的。与之相关联的机构和岗位设置是合理的，机构及岗位的职责分工明确，切实可行；与之相关联的人力资源和设备资源配置是充分的、合理的；与之相关联的物理环境条件是符合要求的；各个要素、各个程序和各个环节之间的衔接循环是封闭的。

（4）管理体系运行以来，管理及监督人员开展了有效的工作，监督管理工作有明显成效。上半年共进行了 1 次内审，内审覆盖了本公司所有管理活动和技术活动，内审共发现 9 个不符合项，这些问题均已得到了纠正。纠正措施执行情况良好。

（5）采用附录 A 中的 11 类控制方式，其中删减了 8 处，其余 125 个控制点得到了满意的结果，存在少量的一些问题（详见内审报告），也已提交了整改报告。

（6）我公司 2016 年度工作类型不会发生重大变化，工作量将会进一步增加。计算机系统的点检监督监测频次可以再次增加；为了进一步加强为客户的服务，提高自己的竞争能力，委托监测软件的测量也可进一步增加。

（7）客户反馈的意见和客户投诉是否及时、妥善地进行了处理。

（8）内部控制活动正常，但信息沟通还需进一步通畅，员工自觉学习的氛围还没有形成，培训的方式要不断改进。

（9）现场记录填写的质量存在问题较多，需进一步加强；内审员的监督作用需要加强并充分发挥。

综上所述，本公司的信息安全管理体系文件是一套文件化的、完整的、受控的体系文件，并建立了相应的组织机构、设置了相应的岗位、配备了相应的人员，其机构、岗位和人员的职责明确，配置了相应的检测设备、软件、采用符合要求的标准、方法标准、测试软件、程序和有效服务。由此，建立了一个为达到信息安全方针和目标而相互关联的系统优化整合管理体系，对本公司开展数据存储、培训等活动是适宜的、充分的和有效的。

8. 本报告分发范围

（1）正、副总经理、信息安全管理经理、信息中心。

（2）受审核部门成员。

（3）审核组成员。

9. 附件

（略）

实验五　基于信息安全策略的网络防火墙报文解析

1．实验原理

IP 报文头部格式如附表 3 所示。

附表 3　　　　　　　　　　　　　　　　**IP 报文格式**

版本	报文长度	服务类型	总长度	
标示符			标志	片偏移
生存时间		协议	报头校验和	
源 IP 地址				
目的 IP 地址				

本程序只考虑普通的 IP 头部，其长度为 20 个字节，且不包含 IP 选项字段。下面对各字段进行解释。

（1）版本号字段标明了 IP 协议的版本号，其值为 4 或 6。

（2）报文长度指 IP 包头部长度，占 4 位。

（3）服务类型字段共占 8 位，包括一个 3 位的优先权字段和 1 位未用位，4 位 TOS 分别代表了最小时延、最大吞吐量、最高可靠性和最小费用。

（4）总长度是整个 IP 数据包长度，包括数据部分。

（5）标示符字段唯一地标识主机发送的每一份数据报，通常每发送一份报文它的值就加 1．

（6）生存时间字段设置了数据包可以经过的路由器数目。一旦经过一个路由器，TTL 值就会减 1，当该字段值为 0 时，数据包将被丢弃。

（7）协议字段确定在数据包内传送的上层协议，和端口号类似，IP 协议用协议号区分上层协议。TCP 协议的协议号为 6，UDP 协议的协议号为 17。

（8）报头校验和（Head checksum）字段计算 IP 头部的校验和，检查报文头部的完整性。源 IP 地址和目的 IP 地址字段标识数据包的源端设备和目的端设备。

2．实验环境

Linux 系统主机。

3．实验步骤

关键代码示例。

（1）使用 iphdr 结构，iphdr 是 Linux 下 IP 数据包的描述结构体，所在头文件为 netinet/ip.h。其结构体信息如下。

```
struct iphdr {
......//小端模式
__u8 ihl:4,//首部长度(4 位)
version:4;//ip 协议版本 IPv4
......//大端模式
```

```
    __u8 tos;//服务类型字段(8 位)
    __be16 tot_len;//16 位 IP 数据报总长度
    __be16 id;//16 位标识字段(唯一表示主机发送的每一分数据报)
    __be16 frag_off;//(3 位分段标志+13 位分段偏移数)
    __u8 ttl;//8 位数据报生存时间
    __u8 protocol;//协议字段(8 位)
    __be16 check;//16 位首部校验和
    __be32 saddr; //源 IP 地址
    __be32 daddr; //目的 IP 地址
};
```

（2）函数 analysis_ip()用来处理 IP 层的数据，其部分代码如下。

```
void analysis_ip( char * data )
{
global.packet_ip ++;
struct iphdr * ip;
ip = ( struct iphdr * ) data;
if( global.print_flag_ip )//如果打印标示符为 1，则打印信息
    print_ip( ip );
......
 }
}
```

（3）函数 show_ip()用来输出 IP 头信息，其代码如下。

```
/* 打印 IP 信息 */
void show_ip( struct iphdr * ip )
{
  printf("-------------- IP 头信息 --------------\n");
  printf("IP 首部长度:%d\n", ip->ihl * 4 );
  printf("IP 版本:%d\n", ip->version );
  printf("服务类型(tos): %d\n", ip->tos );
  printf("总长度字节: %d\n", ntohs(ip->tot_len) );
  printf("标识: %d\n", ntohs(ip->id) );
  printf("frag off: %d\n", ntohs(ip->frag_off) );
  printf("生存事件: %d\n", ip->ttl );
  printf("协议: %d\n", ip->protocol );
```

```
printf("首部校验和: %d\n", ntohs(ip->check) );
printf("源 IP 地址: %s\n", inet_ntoa( *(struct in_addr *)(&ip->saddr)) );
printf("目的 IP 地址: %s\n", inet_ntoa( *(struct in_addr *)(&ip->daddr)) );
}
```

实验六 基于信息安全策略的网络防火墙流量统计

1．实验原理

（1）IP 报文解析

实验五已经完成了对 IP 报文的解析工作，这里不再赘述。

（2）TCP 报文解析

TCP 报文头部格式如附表 4 所示。

附表 4　　　　　　　　　　　　　　　　**TCP 报文头部格式**

源端口号							目的端口号
顺序号							
确认号							
头部长度	保留	U R G	A C K	P S H	R S T	S Y N	F I N	窗口大小
校验和							紧急指针
可选项							
数据							

下面对各字段进行解释。

① 源、目标端口号字段：占 16 比特。TCP 协议通过使用"端口"来标识源端和目标端的应用进程。

② 顺序号字段：占 32 比特。用来标识从 TCP 源端向 TCP 目标端发送的数据字节流，它表示在这个报文段中的第一个数据字节。

③ 确认号字段：占 32 比特。只有 ACK 标志为 1 时，确认号字段才有效。它包含目标端所期望收到源端的下一个数据字节。

④ 头部长度字段：占 4 比特。给出头部占 32 比特的数目。没有任何选项字段的 TCP 头部长度为 20 字节；最多可以有 60 字节的 TCP 头部。

⑤ 标志位字段（U、A、P、R、S、F）：占 6 比特。各比特的含义如下。

URG：紧急指针（Urgent Pointer）有效。

ACK：确认序号有效。

PSH：接收方应该尽快将这个报文段交给应用层。

RST：重建连接。

SYN：发起一个连接。

FIN：释放一个连接。

⑥ 窗口大小字段：占 16 比特。此字段用来进行流量控制。单位为字节数，这个值是本机期望一次接收的字节数。

⑦ TCP 校验和字段：占 16 比特。对整个 TCP 报文段，即 TCP 头部和 TCP 数据进行校验和计算，并由目标端进行验证。

⑧ 紧急指针字段：占 16 比特。它是一个偏移量，和序号字段中的值相加表示紧急数据最后一个字节的序号。

⑨ 选项字段：占 32 比特。可能包括"窗口扩大因子""时间戳"等选项。

（3）UDP 报文解析

UDP 报文头部格式如附表 5 所示。

附表 5　　　　　　　　　　　　　　　　　UDP 报文头部格式

源端口号	目标端口号
长度	校验和
数据	

下面对各字段进行解释。

① 源、目标端口号字段：占 16 比特。作用与 TCP 数据段中的端口号字段相同，用来标识源端和目标端的应用进程。

② 长度字段：占 16 比特。标明 UDP 头部和 UDP 数据的总长度字节。

校验和字段：占 16 比特。用来对 UDP 头部和 UDP 数据进行校验。对 UDP 来说，此字段是可选项。

2. 实验环境

Linux 系统主机。

3. 实验步骤

（1）TCP 关键代码示例

① 使用 tcphdr 结构，tcphdr 是 Linux 下 TCP 数据包的描述结构体，所在头文件为 netinet/tcp.h。其结构体信息如下：

```
struct tcphdr {
__be16 source;//源端口号
__be16 dest;//目的端口号
__be32 seq;//顺序号
__be32 ack_seq;//确认号
......//标志位
__be16 window;//窗口大小
__be16 check;//校验和
__be16 urg_ptr;//紧急指针
};
```

② 函数 analysis_tcp()用来处理 TCP 层的数据，其部分代码如下：

```
/*处理 TCP*/
void analysis_tcp( char * data )
{
global.packet_tcp ++;
struct tcphdr * ptcp;
ptcp = ( struct tcphdr * )data;
if( global.print_flag_tcp )
print_tcp( ptcp );
}
```

③ 函数 show_tcp()用来输出 TCP 头信息，其代码如下：

```
/* 打印 TCP */
void show_tcp( struct tcphdr * tcp )
{
printf("----------------- TCP 头信息 ------------------\n");
printf("源端口号  : %d\n", ntohs( tcp->source ) );
printf("目的端口号: %d\n", ntohs( tcp->dest ) );
printf("顺序号   : %u\n", ntohl( tcp->seq ) );
printf("确认号: %u\n", ntohl( tcp->ack_seq ) );
printf("头部长度: %d\n", tcp->doff * 4 );
printf("------------6 个标志位-------------\n");
printf("紧急指针 urg : %d\n", tcp->urg );
printf("确认序号位 ack : %d\n", tcp->ack );
printf("接受方尽快将报文交给应用层 psh : %d\n", tcp->psh );
printf("重建连接 rst : %d\n", tcp->rst );
printf("用来发起连接的同步序号 syn : %d\n", tcp->syn );
printf("发送端完成任务 fin : %d\n", tcp->fin );
printf("窗口大小: %d\n", ntohs( tcp->window ) );
printf("校验和: %d\n", ntohs( tcp->check ) );
printf("紧急指针: %d\n", ntohs( tcp->urg_ptr ) );

if( tcp->doff * 4 == 20 ){
printf("选项数据: 没有\n");
} else {
```

```
    printf("选项数据: %d 字节\n", tcp->doff * 4 - 20 );
    }


    char * data = ( char * )tcp;
    data += tcp->doff * 4;
    printf("数据长度: %d 字节\n", strlen(data) );
    if( strlen(data) < 10 )printf("数据: %s\n", data );
}
```

（2）UDP 关键代码示例

① 使用 udphdr 结构，udphdr 是 Linux 下 UDP 数据包的描述结构体，所在头文件为 netinet/udp.h，其结构体信息如下。

```
struct udphdr {
__be16 source; //16 位源端口号
__be16 dest;   //16 位目的端口号
__be16 len;    //指 udp 首部长度和 udp 数据的长度总和长度
__sum16 check; //校验和，校验的是 udp 首部和 upd 数据的校验和
};
```

② 函数 analysis_udp()用来处理 UDP 层的数据，其部分代码如下。

```
    /* 解析 UDP */
    void analysis_udp( char * data )
    {
    global.packet_udp ++;
    struct udphdr * udp = ( struct udphdr * )data;
    if( global.print_flag_udp )
print_udp( udp );
    }
```

③ 函数 show_udp()用来输出 UDP 头信息，其代码如下。

```
    /* 打印 UDP 信息 */
    void show_udp( struct udphdr * udp )
    {
    printf("---------------- UDP 头信息 -------------------\n");
    printf("源端口号   : %d\n", ntohs( udp->source ) );
    printf("目的端口号:   %d\n", ntohs( udp->dest ) );
```

```
    printf("UDP 长度: %d\n", ntohs( udp->len ) );

    printf("UDP 校验和: %d\n", ntohs( udp->check ) );

if( ntohs( udp->len ) != sizeof(struct udphdr ) && ntohs( udp->len ) < 20 ){

 char * data = ( char * )udp + sizeof( struct udphdr );

printf("UDP 数据: %s\n", data );

    }

    }
```

（3）全局设置

全局信息用来进行流量控制，显示内容包括总共截获的字节数，总共截获的包数、量、ip 包数量、tcp 包数量及 udp 包数量，其功能实现如下。

① 定义全局变量结构体，用来记录全局信息。

```
    struct global_info {
unsigned int bytes;                /* 网卡接收的总字节数      */
unsigned int packet_num;           /* 网卡接受的帧的总数量     */
unsigned int packet_ip;            /* 接收到的 ip 包的数量      */
unsigned int packet_tcp;           /* 接收到的 tcp 包的数量     */
unsigned int packet_udp;           /* 接收到的 udp 包的数量     */
    int print_flag_frame;          /* 是否打印帧头信息标志, 1 表示打印, 0 表示不打印 */
int print_flag_ip;                 /* 是否打印 ip 头信息标志    */
int print_flag_tcp;                /* 是否打印 tcp 头信息标志   */
int print_flag_udp;                /* 是否打印 udp 头信息标志   */
};
```

② 函数 show_global ()用来输出 UDP 头信息，其代码如下。

```
/* 打印全局信息的函数 */
void show_global( struct global_info info )
{
printf("\n\n------------- 全局信息 --------------\n\n");
printf("总共截获的字节数: %d kb.\n", info.bytes / 1024 );
printf("总共截获的包数量: %d\n\n", info.packet_num );
if( info.packet_ip )    printf("ip 包数量: %d\n", info.packet_ip );
if( info.packet_tcp ) printf("tcp 包数量: %d\n", info.packet_tcp );
if( info.packet_udp ) printf("udp 包数量: %d\n", info.packet_udp );
printf("\n");
}
```

实验七 网络安全扫描工具 Nessus 的使用

1. 实验目的

（1）掌握网络安全扫描工具 Nessus 的安装方法和主要功能。

（2）利用 Nessus 对特定主机和指定的网段进行服务和端口开放等情况的探测、分析和判断。

2. 实验环境

Windows 系统主机。

Nessus 扫描工具。

3. 实验步骤

（1）网络安全扫描工具 Nessus 的安装。

① 到 Nessus 官方网站下载 Nessus，进行安装，如附图 20 所示。

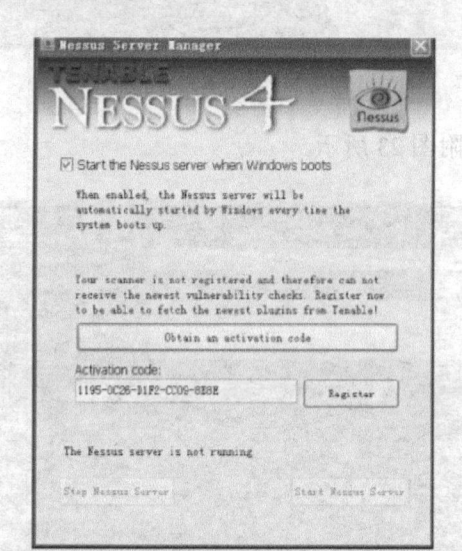

附图 20　安装 Nessus

② 注册本地用户，通过安装目录下的 nessus-adduser 可执行文件进行用户名的注册和密码的确认，如附图 21 所示。

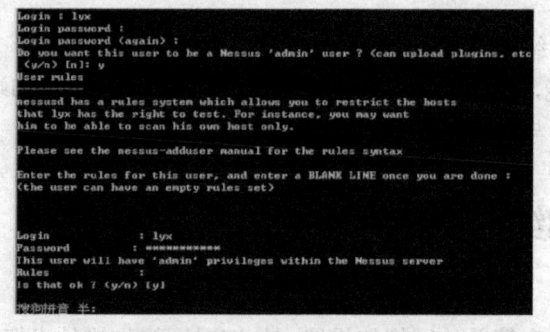

附图 21　用户注册信息确认

（2）Nessus 的功能和使用。

① 在浏览器中输入 https://localhost:8834/进入客户端登陆界面，如附图 22 所示。

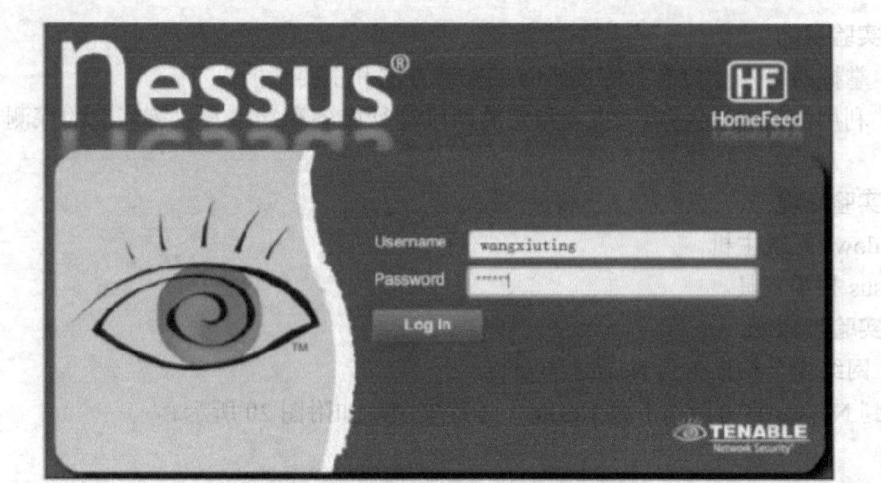

附图 22　登录客户端系统

② 配置扫描策略，如附图 23 所示。

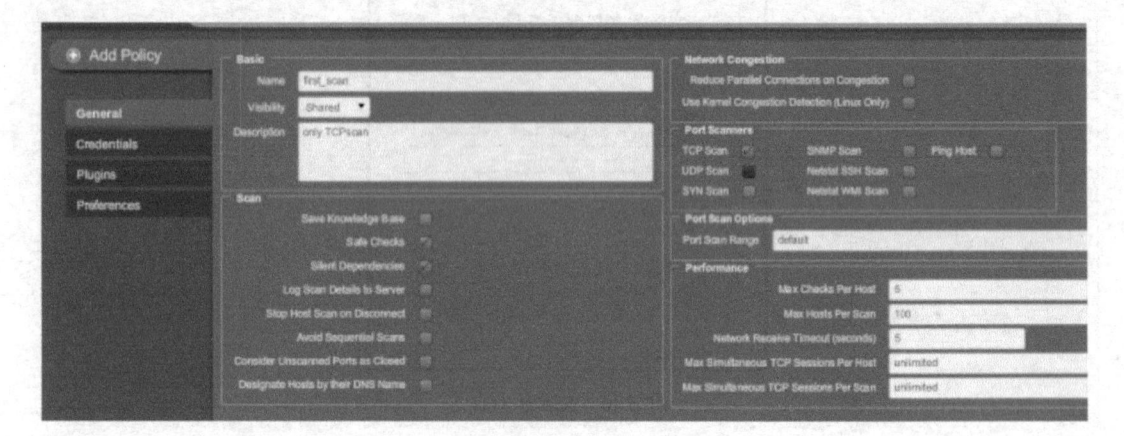

附图 23　配置扫描策略

③ 新建一个扫描任务，开始扫描。

④ 查看扫描报告。

（3）扫描主机和网络。

利用 Nessus 的功能，对指定的主机和学生所在的网络进行服务和端口开放等情况的扫描。

（4）实验结果分析与总结。

实验八　简单网络扫描器的设计与实现

1. 实验目的

通过设计和实现一个简单的网络扫描器，加深对网络扫描技术概念和基本原理的理解，培养学生基本的计算机系统风险探测软件的设计与实现能力。

2. 实验环境

C++或 JAVA 程序设计环境。

3. 实验步骤

（1）简单网络扫描器的设计。

设计网络扫描器的功能、支持的扫描策略、主要界面、主要软件模块，以及采用的技术路线和方法。

（2）编程实现所设计的网络扫描器。

在 C++或 Java 程序设计环境下，编程实现基于 Libnet 函数库的网络扫描器。要求实现的网络扫描器至少具备以下功能。

① 可以向远程主机发送 TCP 或 UDP 探测数据包，记录响应信息，得出目的主机、服务端口的状态和提供的服务。

② 支持用户配置扫描策略。

③ 支持单个主机及指定网络的扫描。

④ 自动记日志到文件，支持扫描结果的查询。

（3）软件测试及优化。

在实验室所在的局域网内，对设计实现的网络扫描器进行简单的测试，对发现的问题和软件存在的缺陷进行改进和优化。

（4）实验分析和总结。

参 考 文 献

[1] 钱伟中. "信息安全概论"课程教学研究与探索[J]. 计算机教育, 2007, (23): 26-28.

[2] 李明, 吴忠. 信息安全发展研究与综述[J]. 上海工程技术大学学报, 2005, 19 (3): 258-262.

[3] 吴世忠, 江常青, 孙成昊. 信息安全保障[M]. 北京: 机械工业出版社, 2014.

[4] GBT 20274. 1-2006, 信息安全技术信息系统安全保障评估框架第一部分: 简介和一般模型[S].

[5] 郝文江, 马晓明. 美国信息安全发展对中国发展战略的启示[J]. 信息安全与技术, 2011, (1): 3-7.

[6] 徐东华. 改革开放三十年中国信息安全管理的发展[J]. 北京电子科技学院学报, 2009, 17 (1): 12-16

[7] 沈昌祥. 信息安全工程导论[M]. 电子工业出版社, 2003.

[8] 沈昌祥, 蔡谊, 赵泽良. 信息安全工程技术[J]. 计算机工程与科学, 2002, 24 (2): 1-8.

[9] 张焕国, 崔竟松, 王丽娜. ISSE 在信息系统中的应用[J]. 计算机工程, 2003, 29 (19): 29-31.

[10] 余颖, 李晓昀. SSE-CMM 结构特点及应用[J]. 现代计算机, 2007 (12): 79-81.

[11] 谢小权, 马瑞萍. 系统安全工程能力成熟度模型 (SSE-CMM) 及其应用[C]. 全国计算机安全学术交流会, 2003.

[12] 冯登国, 张阳, 张玉清. 信息安全风险评估综述[J]. 通信学报, 2004, 25 (7): 10-18.

[13] 宋如顺. 基于 SSE-CMM 的信息系统安全风险评估[J]. 计算机应用研究, 2000, 17 (11): 12-14.

[14] 范红, 冯登国, 吴亚非. 信息安全风险评估方法与应用[M]. 清华大学出版社, 2006.

[15] 文伟平, 郭荣华, 孟正. 信息安全风险评估关键技术研究与实现[J]. 信息网络安全, 2015 (2): 7-14.

[16] 张弢, 慕德俊, 任帅. 一种基于风险矩阵法的信息安全风险评估模型[J]. 计算机工程与应用, 2010, 46 (5): 93-95.

[17] 赵战生, 谢宗晓. 信息安全风险评估: 概念方法和实践: concepts, methods and practice[M]. 北京: 中国标准出版社, 2007.

[18] 杨辉. 运用 PDCA 循环法完善信息安全管理体系[J]. 中国公共安全: 学术版, 2006 (2): 78-81.

[19] 张心明. 信息安全管理体系及其构架[J]. 现代情报, 2004, 24 (4): 204-205.

[20] 张建军. 信息安全风险评估[M]. 北京: 中国标准出版社, 2005.

[21] 任帅, 慕德俊, 张弢, 等. 信息安全风险评估方法研究[J]. 信息安全与通信保密, 2009 (2): 54-56.

[22] 高文涛. 国内外信息安全管理体系研究[J]. 计算机安全, 2008 (12): 95-97.

[23] 赵刚, 王兴芬. 电子商务信息安全管理体系架构[J]. 北京信息科技大学学报 (自然

科学版），2011，26（1）：21-25.

[24] 韩硕祥，张洪光. 信息安全管理体系中的资产管理[J]. 中国标准化，2007（4）：18-20.

[25] 袁震，刘军，肖军模. 信息安全管理体系标准 ISO17799[J]. 电视技术，2003（10）：79-81.

[26] 王亚东，吕丽萍，汤永利，等. 信息安全管理体系与等级保护的关系研究[J]. 北京电子科技学院学报，2012，20（2）：26-31.

[27] 王奇. 数字校园信息安全管理体系（ISMS）建立与研究[J]. 浙江教育技术，2012（4）：59-60.

[28] 杨义先. 我国信息安全产业现状及发展研究[J]. 云南民族大学学报（自然科学版），2005，（01）：8-12.

[29] 何蒲，于戈，张岩峰，鲍玉斌. 区块链技术与应用前瞻综述[J]. 计算机科学，2017，44（04）：1-7+15.

[30] 岳峰，张大鹏. 掌纹识别算法综述[J]. 自动化学报，2010，36（03）：353-365.

[31] 李慧. 信息安全管理体系研究[D]. 西安电子科技大学，2005.

[32] 上海社会科学院信息研究所. 信息安全辞典. 上海：上海世纪出版股份有限公司，上海辞书出版社. 2013.

[33] 吴昌伦，王毅刚. 信息安全管理系列专题之六——PDCA 过程模式在信息安全管理体系的应用[J]. 中国计算机用户，2003，（43）：42-43.

[34] 王晓亚. ISMS 信息安全管理体系成熟度的应用研究[D]. 重庆大学，2008.

[35] 杜治国，徐东风，周运华. 实验室信息系统安全与规范化管理模式探究[J]. 实验技术与管理，2013，30（07）：217-220. [2017-08-07]. DOI：10. 16791/j. cnki. sjg. 2013. 07. 059.

[36] 曲成. 在企业建立有效的信息安全管理体系[J]. 计算机安全，2011，（11）：70-72.

[37] 杨继华. 信息安全风险评估模型及方法研究[D]. 西安电子科技大学，2007.